云南咖啡

范蒙蒙　著

云南大学出版社

YUNNAN UNIVERSITY PRESS

—— 昆　明 ——

图书在版编目（CIP）数据

云南咖啡 / 范蒙蒙著. -- 昆明 : 云南大学出版社,
2025. -- ISBN 978-7-5482-5268-9

Ⅰ. TS971.23

中国国家版本馆CIP数据核字第2024R98H26号

策划编辑：李俊峰
责任编辑：李俊峰
封面设计：范蒙蒙　王婳一
摄　　影：云南旷自视觉摄影工作室
手绘插画：洪翔翔
封面题字：方国胜

范蒙蒙 \ 著

出版发行：云南大学出版社
印装：昆明理煜印务有限公司
开本：787mm×1092mm　1/16
印张：17.625
字数：415千字
版次：2025年1月第1版
印次：2025年1月第1次印刷
书号：ISBN 978-7-5482-5268-9
定价：198.00元

社　　址：昆明市一二一大街182号（云南大学东陆校区英华园内）
邮　　编：650091
发行电话：0871-65033244　65031071
网　　址：http://www.ynup.com
E - mail：market@ynup.com

若发现本书有印装质量问题，请与印厂联系调换，联系电话：0871-64167045。

范蒙蒙

1991年生于浙江平阳，2017年毕业于德国比勒菲尔德大学社会学系，文学硕士。精品咖啡协会全科认证讲师（SCA AST），阿拉比卡品鉴师（CQI Q-Grader）。

留德期间，因经常深夜赶论文养成了喝咖啡的习惯。2017年回国后进入深圳的科技出海公司从事海外运营的工作，咖啡成为上班提神和休闲的必需品。2019年一次肯尼亚的旅程，让她决定将咖啡作为终身事业发展。2021年起兼任上海倍羽实业有限公司OEM事业部销售顾问，服务多家品牌。同年发起《云南咖啡》的写作计划。

在产区调研的过程中，她察觉到中国的咖啡原产地文化有其独特的价值和魅力，也意识到当下急速发展的中国咖啡产业上下游所面临的深刻矛盾。2024年，结束《云南咖啡》的写作后，在上海青浦创办了造磕肥店·两栖咖啡实验室，旨在传播中国咖啡文化，探索中国咖啡产业的新解决方案。

致　谢

《云南咖啡》这本书是我个人发起的出版项目。为保证内容的中立性和客观性，我拒绝了书中个别企业提出的赞助意向，全书的创作成本都由我本人承担，包括但不限于实地调研过程中产生的差旅费、人员工资以及资料收集所需的费用。

在此，我要感谢云南省农业科学院热带亚热带经济作物研究所、云南农业大学热带作物学院、普洱大开河咖啡专业合作社、临沧秋珀庄园有限公司、澜沧宏丰粮油贸易有限公司、保山比顿咖啡有限公司、云南精品咖啡社群、怒江粒述咖啡有限公司、云南农垦咖啡有限公司、雀巢咖啡中心、Torch 炬点咖啡、云南沃尔咖啡有限责任公司、德宏黑柔咖啡有限公司等科研机构和咖啡企业，保山市隆阳区新寨村党总支书记王加维、普洱市茶叶和咖啡产业发展中心副主任王永刚、旅日留学生香菜、退伍军人祁浩磊等人参与了本书的采访工作，为本书的内容提供了第一手的素材。

感谢陪同和帮助我完成产区走访与摄影工作的云南旷自视觉摄影工作室和负责本书手绘插图工作的插画师洪翔翔。感谢我的家人在我创作这本书的过程中为我提供了全部的精神支持和家庭支持，让我在无数个可能放弃的关口坚持了下来，最终完成了这本书的创作。如果我们不再关心人，那么咖啡也将毫无意义，爱你们！

目　录

序　言

云南，咖啡的新故乡

尊敬的读者和咖友：

您好！我是云南省农业科学院热带亚热带经济作物研究所科技人员黄家雄，作为我国咖啡科技战线上从事咖啡新品种新技术研究近40年的一名老兵，我很荣幸受范蒙蒙女士之邀，为其大作《云南咖啡》作序。

其实，我和范蒙蒙之前并不认识。2022年初的某一天，她从一个云南咖啡的微信群里加了我，说她正在阅读我1994年发表的《云南咖啡发展的回顾和展望》一文。当时我以为她只是一位普通的咖啡爱好者，只是客套地回应了两句，并未放在心上。

大约过了半年，她突然又联系我，说明她正在准备撰写一本以"云南咖啡"为题的图书，希望拜访面谈一下，并希望得到我们的帮助。云南省农业科学院热带亚热带经济作物研究所是省级公益性事业单位，为咖啡产业服务是我们义不容辞的职责和义务，于是我欣然接受了她的拜访，并就咖啡话题进行了深入的交流。要写一本关于咖啡的书很不容易，不仅需要查阅大量的国内外相关文献资料，而且还要深入实地进行走访调研，收集第一手资料，对有40年"咖龄"的我都深感困难，更何况只有4年"咖龄"的范蒙蒙女士，我想应该是难上加难的。好在范蒙蒙女士坚持不懈，经过近2年的努力，终于完成《云南咖啡》书稿，我通读全文，有一种耳目一新之感，顿感后生可畏。

各位读者和咖友，当您手捧一杯芳香四溢的咖啡，您可知道一杯咖啡的前世今生？看一看、读一读《云南咖啡》就一目了然了。咖啡是什么？是一种农作物，是一种商品，是一种文化，是一种饮料，在新时代里更是一种"续命神器"！咖啡的故乡在哪里？在遥远的非洲埃塞俄比亚，她漂洋过海几经辗转来到遥远的东方，1884年传入台湾，1893年传入云南，1908年传入海南，此后，广东、广西、福建等地纷纷引种，从此咖啡在中华大地生根发芽。

自咖啡引入云南100多年来，特别是自1952年云南省农业科学院热带亚热带经济作物研究所从事咖啡科学研究和推广以来，在各级党委政府的领导下，经过几代咖啡人的共同努力，云南省咖啡产业得到长足发展，已成为边疆经济社会发展的重要支柱产业，在新时代脱贫攻坚和乡村振兴中发挥着重要作用。据统计，2022 年我国咖啡种植面积 129.45 万亩，居全球第 22 位；咖啡产量 11.51 万吨，居全球第 14 位；咖啡出口量 5.60 万吨，出口金额 2.96 亿美元，出口量居全球第 16 位；咖啡进口量 17.53 万吨，进口金额 11.00 亿美元，进口量居全球第 7 位；咖啡消费量 28.80 万吨，居全球第 7 位，同比增长 14.29%，为全球增速的 31.07 倍；全国咖啡市场规模近 5000 亿元，其中云南省咖啡综合产值 418.24 亿元（包括一产 34.48 亿元、二产 220.92 亿元、三产 162.84 亿元）；云南省咖啡面积、产量和农业产值占全国的 98% 以上。总之，我国咖啡消费势头强劲，已成为全球重要的咖啡生产大国、贸易大国和消费大国之一。

打开《云南咖啡》将是您了解咖啡、认识咖啡的一个很好的窗口！

云南省农业科学院热带亚热带经济作物研究所

咖啡创新团队资深首席科学家/研究员

2024 年 2 月 28 日

咖啡人才培养，迫在眉睫

"成功了！"2024年3月19日，教育部发布的2024年普通高等学校本科专业目录中"咖啡科学与工程"专业赫然在列。这是一个振奋人心的好消息。这意味着国家肯定了咖啡行业对高层次专业人才的需求，也意味着云南农业大学热带作物学院将有可能获得更多优质教学资源用于咖啡人才的培养。

其实，早在2015年我们就已经开始了"咖啡科学与工程"本科专业的申报工作。在此之前，中国云南在全球的咖啡产业链中一直扮演的是一个原材料产地的角色，因此，我们国内院校对咖啡人才的培养主要侧重于农学和食品工程学方向，也就是咖啡的种植和加工技术这一领域。一些咖啡领域的专家学者，也多是从热带作物院校的农林专业毕业，对咖啡的种植和加工技术见解颇深，而在咖啡的杯品、市场营销以及产业经济学方面却难以找到有此专长的老师。现今，国内的咖啡市场开始进入蓬勃发展阶段，云南咖啡在国内形成了从种植端到消费端的"内循环"，咖啡产业链各环节对人才的需求激增，市场尤其缺乏同时具备农学、食品工程学、市场营销、经济学和管理学等复合型背景的综合性人才。

2015年至今，云南农业大学热带作物学院（后称热作学院）陆续开设了"咖啡风味化学""咖啡加工学""咖啡烘焙与品评学""咖啡调配与咖啡文化"等一系列咖啡相关的课程。为了提升学生的实践能力，适应企业发展的需求，我们学院与普洱当地的相关企业合作建立了23个实践基地。功夫不负有心人，经历了10年的筹备和打磨，我们的咖啡专业终于达到了教育部对本科办学的要求。2024年，云南农业大学成为国内第一个开设咖啡类本科专业的高等院校，咖啡专业也成为普洱这座咖啡之城的特色专业。

2022年2月，本书的作者范蒙蒙女士找到我，希望拜访热作学院，为她的《云南咖啡》一书收集素材。见面后我才了解她的背景，原来她既不是科研人员，也不是媒体记者，而仅仅是一个咖啡从业者出于对云南咖啡的好奇以及对写作的热情发起了这一项目。当时她的提问还有些青涩稚嫩，我也像平时对待学生那样知无不言。其间我们也聊了对目前市场上的咖啡书籍的看法，她希望能做一本既能展示云南咖啡的广度，又能在知识和信息性上具有一定深度的咖啡书。等她回到上海后，因为新冠疫情和工作繁忙，我们没有刻意保持联系。当她再次联系我时，则是邀请我为本书作序，书稿已成型，篇幅接近 22 万字。作为主编过多本咖啡教材的编者，我理解个中的艰辛。写书过程已非常不易，还要克服第一次出书过程中遇到的一些困惑，我为她的勇气和毅力点赞。

《云南咖啡》全书通读下来，我认为除了对咖啡学的知识和云南咖啡产业的展现有了足够的广度和深度之外，最打动我的地方在于，作者在写作的过程中始终将自己摆在一个忠实的记录者的位置，尽力克制着自我的表达。在一些章节的末尾，她才谨慎地提出自己的观点和总结，帮助读者去理解产区和咖啡企业的发展模式对整个咖啡产业带来的启示。我很乐意向所有对云南咖啡有兴趣的读者推荐这本书。在未来的学科教学中，也许我们可以将其选用为教辅资料。

云南农业大学热带作物学院 李学俊

2024 年 5 月 19 日

点点火炬微光，终成星河万丈

这几年，云南咖啡似乎一夜之间"爆了"，很多人戏称这段时间为"云南咖啡元年"。然而，任何事情在走入公众视野前，都必然有关于坚持和努力的无数故事。

回顾2014年我初抵普洱的时光，云南咖啡市场正处于一个很微妙的时期：市场普遍认为中国产的咖啡质量欠佳，产地的咖啡种植者也对自己的劳动成果感到迷茫。这两个本应息息相关的端口却存在着巨大的信息断层。但我相信每一个原产地都有其不可忽视的价值和魅力，终有一天大家会看到云南咖啡的潜力。

怀着这种信念，在普洱创办咖啡培训之初，就将"庄园游"纳入我每一堂课中。"庄园游"不仅仅是向咖啡爱好者展示"种子到杯子"这一过程，更是通过这一方式架起市场和咖农之间的桥梁。

前来普洱学习咖啡的人往往专注于"小而美"的理念，但他们在云南品尝到优质咖啡时，更愿意向自己的圈子推荐云南咖啡。同时，许多人因为感受到产地的魅力，选择留在云南深入研究云南咖啡。

咖农和市场之间的断层因为沟通桥梁的建立而缩小。当咖农像茶农了解茶叶一样，去了解咖啡；当市场开始接受云南咖啡、选择云南咖啡……

所有个体的选择与坚持，才是云南咖啡一夜爆火的原因，点点火炬微光，终成星河万丈。

炬点咖啡

2024 年 1 月

前　言

为什么要写这本书

在中国，云南咖啡的种植历史已超过一百年。过去，云南咖啡豆一直是国内外咖啡品牌商业拼配的主要原材料之一，但由于消费者们普遍认为国外的咖啡豆品质更好，因此云南咖啡豆的产区极少被标注在咖啡菜单上。直到 2017 年，星巴克推出了第一款来自云南的单一产区咖啡豆。此后的五年里，曾经低调的云南咖啡在国内咖啡市场风头乍起，国内的咖啡烘焙商们纷纷前往云南产区寻找精品咖啡，并推出了自己的云南咖啡产品。云南精品咖啡受到追捧的背后，一方面，受新冠疫情和自然灾害影响，全球的咖啡生豆库存下降，同时期，国内的咖啡消费市场出现爆发式增长，对咖啡豆的需求出现缺口；另一方面，在人工成本日益上涨的压力下，由国际期货指数决定价格的商业级咖啡豆利润日渐微薄，云南的部分咖啡庄园开始积极寻求转型，转而生产溢价更高的精品咖啡。

云南的咖啡原材料供应链受国内市场的倒逼正在经历急剧进化的同时，更多的消费者对云南咖啡的认知依然停留在"小粒咖啡"和"旅游特产"阶段。在北、上、广、深等一线城市，国内精品咖啡市场发育最早的地方，咖啡爱好者虽然可以在一些连锁品牌和独立咖啡馆喝到少数几个优质的云南精品咖啡批次，但由于精品咖啡的客单价较高，受众的消费习惯依然停留在低频次的享受型消费阶段，咖啡爱好者对云南咖啡的印象更多地来源于偶然的消费体验，因而无法形成对云南咖啡产区整体的有效认知。

2017 年，一部叫作《内心引力》的纪录片上映。雕刻时光咖啡馆的创始人庄崧冽作为影片所记录的七位创业家之一，在前往云南西双版纳寻找咖啡豆的旅途中，结识了从上海来云南插队的老知青张老大和他一手建立的云澜庄园，这是云南咖啡首次作为院线电影的题材被搬上大荧幕。然而庄崧冽和云澜庄园的故事，仅仅是全片所记录的七个创业故事中的一个。作为相对小众的纪录片，《内心引力》上映后并没有获得较多的关注。

三年后的国庆档，由刘昊然、彭昱畅和尹昉主演的电影《一点就到家》上映并获得了票房上的成功，云南咖啡第一次被带出了圈。主角魏晋北（刘昊然饰），在经历了多次风口创业失败后，在快递员彭秀兵（彭昱畅饰）的老家云南普洱偶然喝到了李绍群（尹昉饰）耗费五年时间精心培育的精品咖啡豆，由此发现了云南咖啡创业的商机，最终和小伙伴一起克服了种种矛盾和困难，获得了创业的成功。柑橙、梅子、橘子皮、杏子、野姜花，混合了黑巧克力浓郁的香气，片中这支获得世界咖啡生豆大赛银奖的豆子，其风味描述被抽象化为主角口中的"远山树林的味道",这也成了云南咖啡出圈的一个"梗"。

但《一点就到家》在故事的内核上仍然是一部类似《中国合伙人》的商业片,剧本仅仅呈现了创业过程中那些雄心壮志的时刻,主角团在面对国外资本吞并野心时出现的内部分化,以及最终因为坚持初心而走向成功的简单逻辑。为了突出人物性格和剧情的主要矛盾,影片隐去了对百年云南咖啡历史的回溯,对拍摄所在的翁基古寨也做了虚化处理,取而代之的是大量虚构的情节和艺术加工。短暂的观影快感,确实让一部分观众对普洱咖啡感到好奇,但并没能撼动庞大的消费市场对云南咖啡长久以来形成的根深蒂固的认知。咖啡产业供应链上下游长期存在的信息不对称,让国内的咖啡爱好者难以分辨可靠的购买渠道而频繁"踩雷",更不要说从内心深处去真正认可云南咖啡,在日常消费中形成选择云南咖啡的习惯了。

我迫切地想要对云南产区的历史和背景有一个真实而完整的认知,为此我开始查阅与云南咖啡有关的资料和文献。在查阅的过程中我发现,目前网上关于云南咖啡的信息,大多来自咖啡品牌出于推广产品的需要所做的商业策划以及自媒体的报道。前者不可避免地存在一定的美化,后者多是为了迎合流量在短时间内快速炮制的文章,内容和观点上往往东拼西凑、自相矛盾。长期阅读这类信息,容易陷入互联网给我们制造的"信息茧房",反而失去对产区更真实的理解。

在出版领域,中国目前并没有一本能完整介绍云南咖啡产区的中文书。在2020年再版的《世界咖啡地图》中,James Hoffmann首次在书中加入了云南产区,但云南作为全书提到的几十个咖啡产区中的一个,仅仅占有短小的两页篇幅。由于这本书引进中国的时间比较久远,书中的数据相对陈旧。除此之外,我还没有找到一本能完整地介绍云南咖啡产区概况的书。于是在2021年初,我萌生了想要创作一本面向大众读者介绍云南咖啡产区的中文图书的想法,只是当时这个构想还不够成熟。

2021年9月,因为一个项目的机会,我开始真正走进产区,与那些深耕产区多年却鲜少发声的庄园主和专家学者进行了对话。在那一次的旅程中,我了解到一些已经成功的企业背后鲜为人知的创业故事,也看到有一股新生力量正在凭借自己的直觉进行探索和尝试。回到上海后,我产生了一种强烈地想要把他们的故事记录下来的冲动。比起只是了解他们的种植工艺和产品,我更感兴趣的是:在云南咖啡的发展进程中,他们扮演了什么样的角色,为产区当地带来了什么?作为个体,他们的个人命运又是如何与中国咖啡行业的发展交织在一起和相互推动的?

2022年的春节,我刚好读到经济学家何帆的《变量》三部曲,在第一部的前言他提出了一个宏大的设想:假如中国的人口以每30年为一代,每一代人中能有一个人将自己观察到的社会趋势记录下来,那么我们只需要167个人的传承,就可以还原中华上下五千年中每一个时代的历史面貌,以及那些相对微观的趋势变量。于是他提出了一个写作计划,每一年出版一本书,来记录他在过去一年中,在中国社会中观察到的那些看似微小的趋势,这些小趋势有可能在未来成长为影响中国社会变迁的巨大力量。我被何帆的设想和写作计划深深地打动。我们当下经历的时代,正是咖啡进入中国一百多年以来,咖啡产业增长和变化最迅速的时代。我们作为身处其中的个体,可以称得上是历史的见证者和参与者。因此,我非常希望能够将云南咖啡近几年的发展记录下来，让更多的人了解云南咖啡背后的故事。

有人说，行业上游的故事，消费者没有必要知道。但是我想，作为中国的咖啡从业者，如果我们不能向全世界的咖啡爱好者讲好云南咖啡的故事，我们又如何向他们讲好与我们的心理距离更遥远的国外产区的故事？作为咖啡爱好者和消费者，如果我们对为我们创造手中这一杯咖啡的生产者漠不关心，我们又如何能奢望他们在生产的过程中始终带着对消费者的关怀和诚意？

于是，经过近一年时间的酝酿，2022年2月，我正式启动了这本书的素材收集和写作计划。

这是一本什么样的书

在开始素材收集和写作之前，我必须先想清楚一个问题：关于云南咖啡，我们到底需要一本什么样的书？

首先，它必须具备一定的科普价值。无论是面向咖啡爱好者还是对行业具有一定认知的咖啡从业者，在读完这本书之后都可以对云南咖啡的产区概况有一个大概的了解，并且这种了解是真实可靠、与时俱进和带有一定深度的。因此，我将采用来自云南、海南的研究热带经济作物的专家学者们近年来公开发表的一些学术论文、书籍和官方报告作为信息源，减少对自媒体信息的使用。

但仅仅作为一本科普类的工具书，它所能为我们提供的观察和了解产区的视角是有限的。在走访产区的过程中，我深刻地体会到，在咖啡的种植加工上能否作出创新，在企业的经营中能否有所突破，并不完全取决于对知识和技术的掌握。更多时候，它关系参与到这一过程中的人的价值观和思维方式，也与这些人所处的时代背景息息相关。对身处我们这个时代的读者来说，这些价值观和思维方式将成为一种宝贵的借鉴和参考。因此，作为一个旁观者和记录者，我希望能尽可能客观和真实地理解和传递他们的故事，减少主观的价值判断和干扰，故书中很多斤、公斤、千克、亩等单位并未像学术书籍一般统一为国际单位，这样保留也是为客观和真实所屈服。

基于以上构想，这本书在内容上将由四个部分构成：第一部分，围绕咖啡作为农作物、饮料、商品和文化的四个属性，介绍咖啡的一些基础知识，方便没有咖啡知识基础的读者理解本书中可能出现的一些概念，了解咖啡种植和生产的流程和工艺。第二部分，介绍云南咖啡产区概况。如果你赶时间，可以直接从这一部分开始阅读。我将回顾云南咖啡的种植历史、种植品种和感官品质的演变，分享产业报告的数据，探讨现阶段咖啡行业关于云南咖啡的一些争议和疑问。第三部分，云南咖啡产区地图。从地县的维度对云南咖啡六大主产区下的各个小产区的情况进行介绍和横向对比。该部分涉及的人口、国民生产总值的相关基础数据均来自"2022云南统计年鉴"。第四部分，云南咖啡的那些人，那些事。这一部分我将根据实地走访所收集的素材和访谈的内容，整理云南咖啡背后的一些故事，希望我们能在享受咖啡风味的同时，更多地关注和关怀那些为我们创造风味体验的人。

2024 年 1 月 31 日

第一部分
咖啡是什么

咖啡是一种农作物

咖啡是一种饮料

咖啡是一种商品

咖啡是一种文化

咖啡是一种农作物

在植物学上，咖啡的定义是一种茜草科（Rubiaceae）仙丹花亚科（Ixoroideae）咖啡族（Coffeeae DC）咖啡属（*Coffea*）的多年生常绿灌木或小乔木。根据基因溯源的结果，植物学家推测咖啡的自然起源可以追溯到15万~35万年前的非洲大陆，西非沿海的下几内亚地区可能是最早出现咖啡的地方。

关于咖啡的植物学研究最早出现于1713年，由于当时物种资源的局限，当时的植物学家对咖啡的了解仅限于如今我们熟知的小粒种（*C. arabica*），又称阿拉比卡。对咖啡属植物相关系统的分类出现在1947年，Auguste Chevalier in *Les caféiers du globe* 一书中列出了咖啡属以下的4个组，分别是：真咖啡（Eucoffea）组、马达加斯加咖啡（Mascarocoffea）组、巴拉咖啡（Paracoffea）组、白咖啡（Argocoffea）组，4个咖啡组共包含66个种，我们所饮用的阿拉比卡、罗布斯塔（*C. Canephora*）和利比里卡（*C. Liberica*）都属于真咖啡组。

咖啡种群的物种多样性一直处于被低估的状态。随着新的野生咖啡种不断被发现，咖啡的物种基因库在持续补充和更新。到2019年，人类已知的野生咖啡种共有124种，其中59种分布于马达加斯加一带，48种分布在非洲大陆，其余的分布在澳大利亚以及南亚和东南亚的热带地区。现在我们在全世界各个产区进行规模化种植的阿拉比卡和罗布斯塔都是经过数百年的人工引种和栽培逐渐稳定下来的品种。

咖啡树的植物学形态

一棵咖啡树由根、茎、叶、花、果5个部分组成。植物学家 Aaron P. Davis 曾对野生咖啡属的植物学特征作过以下描述：

- 生命形态为单一树干的树或小树，树干坚硬高密度，分枝为水平或接近水平方向。
- 花序成对，腋生，存在花萼且花萼通常引人注目，花萼截断呈波浪状边缘或浅裂；开花后不再增大，花雌雄同体，花瓣为白色或少数呈淡粉色；花瓣裂片在芽中向左重叠；花药外露，花柱长，外露。
- 果实为含2颗种子（少数只有1颗种子）的浆果，每颗种子平坦的一侧有内陷或深沟。

不同品种的咖啡树在植物学形态上会有一些不同的表现。李学俊等人在《咖啡栽培学》中总结了阿拉比卡咖啡树的以下植物学特征：

- 根系：直根系，由主根和侧根组成。主根一般深70厘米左右，其中大部分分布在深0~30厘米的土层。侧根呈水平分布。根系一般超出树冠外沿15~20厘米。

• 茎干：茎直生，嫩茎近似方形，绿色，木栓化后呈圆形，褐色，节间长（即茎上长叶长芽的位置的间隔）一般为 4 ~ 7 厘米。咖啡幼苗栽培后，主干会逐年长出真叶和分枝，自第三年起开始形成树冠并少量结果。

• 叶片：一般为单叶对生，个别为 3 叶轮生，绿色，革质有光泽，呈椭圆形至长椭圆形，叶片末端尖长，大小约（12 ~ 16）厘米 ×（5 ~ 7）厘米，叶片边缘有明显的波纹；罗布斯塔和利比里卡的叶片通常比阿拉比卡更大。

• 花：花序丛生于叶腋间，一个花轴上通常有 2 ~ 5 朵花，花瓣数量为 5 片，呈白色或粉红色，花管呈圆柱形，雄蕊数目与花瓣数目相同，通过昆虫授粉。一年多次开花，花期集中。

• 果实：咖啡果实为阔椭圆形浆果，长 9 ~ 14 毫米，幼果为绿色，成熟时呈红色、紫红色，部分品种成熟时果皮为黄色。每颗果实通常含有种子 2 粒，少数鲜果的种子数目为单粒或 3 粒。

咖啡树的形态

咖啡果实的结构

因为咖啡果实有着酷似樱桃的结构形态，它在英文中又被亲切地称为"咖啡樱桃"（coffee cherry）。如图，咖啡果实的结构由外到内分别为：

1. 外果皮（outer skin），覆盖在鲜果最外面的一层薄果皮。

2. 果肉（pulp），又称内果皮，是带有甜味的、纤维结构的一层浆状物质。

3. 果胶（mucilage），有一定黏性的胶状物，不容易去除。有时为了增加咖啡豆的风味，在处理时会连带果胶一起发酵。

4. 羊皮纸（parchment），由石细胞组成的一层角质壳，干燥后可以保护咖啡豆减少与外部的空气和水分接触，有利于延长咖啡豆的保存。因此通常保留到发货前才去除（脱壳）。

5. 银皮（silver skin），紧紧附着在咖啡豆上的一层薄薄的种皮，需要经过烘焙加热才能脱离。

6. 种子（bean），也就是我们喝的咖啡豆，背面凸起，腹面平坦有沟槽。

7. 胚芽（embryo），胚芽的功能是储存咖啡种子中的营养物质。当胚芽活跃时，咖啡种子种下后可以发芽，胚芽会长成叶和茎。胚芽死去后，咖啡生豆的老化和变质会加速。

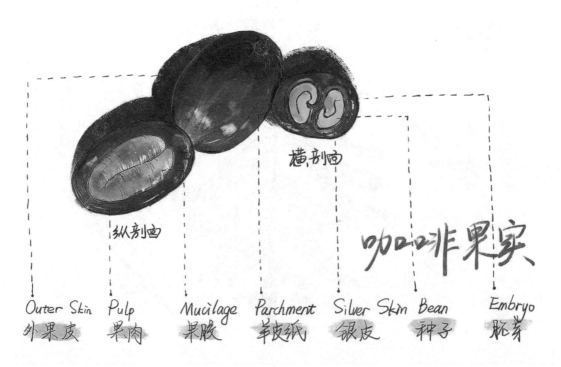

咖啡果实的结构

咖啡果实的成熟时间通常与品种和气候有关，阿拉比卡咖啡果从结果到成熟通常需要 8～10 个月时间，罗布斯塔咖啡果需 10～12 个月，利比里卡咖啡果为 12～13 个月。由于咖啡树一年多次开花，同一棵树的果实成熟时间也会有先后。果实的成熟度直接影响到果肉果胶及咖啡豆中的糖分等干物质的积累，全熟果加工后的咖啡生豆一般具有更好的风味和品质。

咖啡品种

阿拉比卡和罗布斯塔

在人类已知的 124 个咖啡种中，只有阿拉比卡、罗布斯塔和利比里卡三大物种经历了时间和空间的考验，成了全球人类的杯中风味。在每年全世界的咖啡产量中，阿拉比卡占 60%～70%，剩余的几乎都是罗布斯塔，只有极小部分（1%～2%）为利比里卡。

阿拉比卡树种起源于埃塞俄比亚西南部海拔 1000～2000 米的高地、苏丹的博马高原和肯尼亚的马萨比特山。据说，公元 575 年阿拉比卡从埃塞俄比亚被带到也门，开启了人类种植阿拉比卡的历史。但这一说法只来源于传说故事，并无确切的历史文献可考。也有文献认为阿拉比卡从埃塞俄比亚传入也门的时间为 15 世纪或 16 世纪。

罗布斯塔被传播到非洲以外的历史则要近得多。起初，野生罗布斯塔树种占据了非洲西部和中部，包括刚果、乌干达、坦桑尼亚等国家，当时利比里卡生长的区域和罗布斯塔大致重合。直到 20 世纪，由于印度尼西亚的咖啡树遭遇严重的叶锈病，罗布斯塔才被当作一种对抗叶锈病的替代树种被引种到当地，之后因其抗病性良好和易高产的特性被推广到了其他国家。

阿拉比卡能在全世界产区得到如此广泛的种植，很大程度上是因为人们长期以来将阿拉比卡咖啡豆当作高品质咖啡的代名词，并且不同产区的阿拉比卡能形成各自独特的香气和风味。就算是不喝咖啡的人，想必也在各类媒体上看到过"100% 阿拉比卡"的广告语。罗布斯塔则被认为是缺乏风味复杂度的商业咖啡，因其浓烈的口感通常被用到咖啡馆的意式拼配中以增加厚重感，或用于速溶咖啡的生产。但由于阿拉比卡对生长环境的要求比罗布斯塔更苛刻，随着气候暖化、森林砍伐和病虫害的威胁加剧，英国皇家植物园已将阿拉比卡列入国际自然保护联盟的濒危物种名单。为了应对未来阿拉比卡产量可能锐减的局面，已经有咖啡研究人员和产地庄园开始探索开发精品罗布斯塔的可能性。

阿拉比卡之所以能表达出复杂的风味多样性，与它独特的基因结构有关。科学家发现，在所有的咖啡属种中，只有阿拉比卡是异源四倍体，染色体数目为 $2n = 4x = 44$。其他咖啡属种，包括罗布斯塔和利比里卡，无一例外都是二倍体。有趣的是，阿拉比卡和罗布斯塔在基因上可能并非毫无关系。有学者认为，阿拉比卡的四倍体形态，正是来源于罗布斯塔和另外一种野生咖啡属种丁香咖啡（*C. eugeniodes*）杂交的结果。在繁殖形式上，阿拉比卡通过自花授粉进行繁殖，罗布斯塔则是通过异花授粉进行繁殖，这种基因上的差异从根本上决定了阿拉比卡和罗布斯塔无论是在品种的自然演化路径，还是人工育种策略的选择上，都有很大区别。

阿拉比卡　　　　　　　　罗布斯塔

	阿拉比卡	罗布斯塔
海拔 (米)	600-2200	0-800
降雨量 (毫米)	1200-2200	2200-3000
温度 (摄氏度)	15-24	18-36
咖啡因 (%)	1.2	2.2
绿原酸 (%)	5.5-8.0	7.0-10.0
蔗糖 (%)	6-9	3-7
油脂 (%)	15-17	10-11.5
染色体对数	44	22
市场份额 (%)	70	30

阿拉比卡和罗布斯塔咖啡豆的对比

自然变种和人工育种

由于阿拉比卡可以通过自花授粉繁殖，理论上只要有一棵阿拉比卡树被移植并存活，这棵树就能通过自交繁衍出自己的后代。这也是为什么早期只有阿拉比卡树种能走出非洲，在世界各地开枝散叶的原因。在自交繁殖的过程中，虽然后代的基因都来自同一母株，但仍有一定的概率会发生突变，经过数代的自然演化，当后代植株的性状呈现某种一致的特征时，就形成了新的品种（variety）。

在野生状态下，阿拉比卡也可通过与另一棵阿拉比卡植株或其他二倍体咖啡属植株杂交，获得新的品种。在没有人工选择和人为干预的情况下，杂交形成的后代基因改变充满了不确定性。阿拉比卡与二倍体咖啡属植株自然杂交的后代有可能表现为二倍体、三倍体或四倍体。值得注意的是，以阿拉比卡为母株与其他二倍体杂交获得的后代，都被视为阿拉比卡种。

其他二倍体咖啡属植株之间的自然杂交也并不鲜见，在印度尼西亚就曾发现罗布斯塔和利比里卡的自然混种，其后代植株表现出树干更高大、叶片更大、果实成熟后不易掉落、更耐咖啡虫小蠹等特点。但二倍体与二倍体之间的混种由于缺乏阿拉比卡风味基因的优势，商业价值有限，因此只能被视作物种基因库的一部分，尚未得到充分利用。

由于自然繁殖和杂交产生的后代在基因表达上存在不确定性，人类很早就学会通过肉眼观察，筛选出品质更好，或是抗病性更佳、更高产的植株作为良种培育。咖啡也不例外。在咖啡的现代化种植中，人工育种的目标不外乎以下两点：一是获得外观、风味和口感具有差异性和优势的新品种，以提高咖啡的商业价值。二是获得更好的环境适应性和抗病虫害能力，以提高咖啡的产量。

咖啡常见的人工育种手段有以下几种：

1. 系谱法，选择具有目标表型的单个植株作为母株，通过自交进行反复种植，其后代单独形成一个株系。这种方式仅限于自花授粉的阿拉比卡咖啡。比如巴西的黄波旁，是当地种植的铁皮卡品种经过突变产生了结有黄色果实的后代，这些后代偶然与后来从留尼汪岛引进的红波旁品种自然杂交形成了果实为黄色的波旁种，当地的科学家将第一株黄波旁植株带回实验室进行研究和种植，最终培育出巴西特有的黄波旁变种。

2. 回交改良，在两个品种杂交的子一代 F1 中，筛选具有目标表型的植株与母株进行一次或者二次回交，在后代中再采取系谱法筛选，最终形成某个单一性状被强化的新品种。比如卡杜艾品种，就是巴西农业研究所将新世界（Mundo Novo）和卡杜拉（Caturra）两个品种杂交的后代再与卡杜拉母株回交产生的新品种。

3. 种间杂交（Interspecies Mating），如以阿拉比卡与罗布斯塔杂交获得的后代，既能保留阿拉比卡的风味优势，又可以获得罗布斯塔的环境适应性和抗病虫害基因。比如印度从 1937 年开始实验的罗布比卡（Robarbica）品种。

在人类的咖啡育种史中，培育一个新品种的过程，往往不只是通过单一的手段，而常常是利用偶然发现的自然变种，结合多种人工育种的手段进行了数代的实验和种植后最终达到品质和产量的稳定。一个品种的迭代至少要经历数十年的周期。我们如今见到各个产区五花八门的品种，都是人们经过反复尝试和实验，最终通过产量和品质的筛选留存下来的成果。那些宣告失败的品种，大部分都已消失在人类历史的长河里。

常见的咖啡品种

铁皮卡（Typica）

铁皮卡被认为是最能代表阿拉比卡种特征的咖啡品种，这从人们赋予它的英文名称就能洞悉。"Typica"的词源与英文的"类型的"（typical）一词相同，来自拉丁语的"类型"（typus）。这一品种的特征是：具有良好的风味潜力，树形高大，树叶为古铜色，产量低，易感染咖啡病虫害。

自从第一棵阿拉比卡树从埃塞俄比亚

被带到也门后，咖啡作为一种提神饮料迅速风靡了阿拉伯半岛。1670 年，印度穆斯林朝圣者巴巴布丹（Baba Budan）为了打破当时也门对咖啡贸易的垄断，将 7 颗咖啡种子带到了印度的马拉巴尔山脉种植，1696—1699 年，咖啡种子又流传到了巴塔维亚岛，也就是如今印度尼西亚的爪哇岛。这批咖啡树就成了以后遍布世界各地庞大的铁皮卡分支的起源。1706 年，当时的海上霸主荷兰人从殖民地爪哇岛带走了一棵铁皮卡树苗，种植到了荷兰阿姆斯特丹的皇家植物园。1714 年，荷兰人将种植在皇家植物园里的一棵咖啡树送给了法国。从此铁皮卡跟随着荷兰和法国的海上殖民贸易路线传到了中南美洲的殖民地各国。

印度尼西亚和中南美洲的咖啡生产国都保留有一部分的铁皮卡树种，但由于铁皮卡产量低且易感染咖啡病虫害，后来逐渐被当地的新品种取代。大名鼎鼎的牙买加的"蓝山咖啡"和夏威夷的"科纳"都是铁皮卡品种，之所以价格昂贵，一方面是因为它每年的产量极低，另一方面也要归功于这两个产区实施"精品咖啡"品牌策略的成功。印度尼西亚生产的曼特宁中，也有一部分是铁皮卡种，但也经常混入卡杜拉等其他变种。

波旁（Bourbon）

波旁分支的起源，略晚于铁皮卡。1715—1718 年间，法国人将一批咖啡树种从也门的摩卡港带到了波旁岛（今法属留尼汪岛，马斯克林群岛的岛屿之一）。由于这批咖啡树的果实与当时荷兰人种植的铁皮卡相比豆形较圆，因此这批咖啡树种被命名为波旁。波旁品种的特点是：风味潜力好，树形高大，树叶为绿色，产量中等，

易感染咖啡病虫害。

巴西于 1860 年左右引进波旁品种，虽然波旁和铁皮卡一样同样易感染病虫害，但产量却比铁皮卡高且风味不输铁皮卡，因此受到了当地农民的欢迎。后来又传播到了中南美洲的其他地方。波旁品种是当今世界咖啡变种最重要的基因来源之一。中南美洲现在种植面积最广的卡杜拉品种，就是波旁的自然变种。经过上百年的演化，波旁在不同产区也产生了各具特色的变种，如巴西的黄波旁、哥伦比亚的粉波旁，都以成熟果实的颜色命名。据说，1810 年左右留尼汪岛当地还曾发现一种叫尖身波旁的变种，因其豆形狭长且两端较尖得名，咖啡因含量只有其他阿拉比卡品种的一半，是"天然的低因咖啡"。后来由于甘蔗取代咖啡成为留尼汪岛的主要经济作物，尖身波旁一度绝迹。直到 2001 年日本上岛咖啡的专家经过寻访，才在留尼汪岛当地发现了少量野生尖身波旁咖啡树。经过多年的复育，尖身波旁才得以在市场上重见天日。

除了在中南美洲广受欢迎，波旁也是非洲卢旺达和布隆迪的主要种植品种。只是这两个国家种植的波旁并非非洲当地的原生品种，而是于 20 世纪 50 年代由刚果民主共和国的基因库传入卢旺达，而该基因库的波旁品种正是来自中南美洲。如今种植在卢旺达和布隆迪的波旁品种已和早期引进的老品种有很大区别，为波旁—玛雅圭斯 139 和波旁—玛雅圭斯 71 两个变种，最显著的特征是其树叶为古铜色，豆形上也比原波旁品种略大。

我国云南自 1950 年开始在保山大规模种植的咖啡品种，来源于从缅甸传入瑞丽的铁皮卡和波旁，后来也被抗叶锈病性更好的卡蒂姆品种取代。因此，在云南当地，

铁皮卡和波旁也被称为老品种。

卡杜拉（Caturra）

卡杜拉是 1915—1918 年间发现于巴西的波旁自然变种，其命名来自巴西当地方言瓜拉尼语的"小"，其特征是植株矮小且分枝紧密。由于这两个特征能让农民在有限的空间里更密集地种植并且获得更多的果实，因此巴西农业研究所于 1937 年开始从具有类似特征的咖啡树中选取一批表现优异的植株进行人工育种，最终形成了卡杜拉这一品种。

如今卡杜拉已成为中南美洲经济上最重要的咖啡品种之一，尤其是巴西、哥伦比亚、洪都拉斯、巴拿马等生产国。由于品质和产量具有很好的平衡性，并且能高密度种植，卡杜拉在中南美洲被长期当作新品种对比的对照组。

在新品种培育中，卡杜拉也常常被当作亲本使用，使后代的植株相对矮小，以适应高密度种植，提高农业效率。比如卡杜艾（Catuai），就是将产量较高的品种新世界与卡杜拉杂交所获得的新品种。新世界是波旁和铁皮卡的自然混种，在南美洲种植相对广泛，但在中美洲因其树形高大导致采收效率低，不受农民喜爱。因此将新世界与卡杜拉混种后，获得的新品种卡杜艾既有较高的产量，又相对紧凑，中美洲各国引进后很快就在当地进行广泛的种植。

HDT（Timor Hybrid）

HDT 是 20 世纪 20 年代出现在帝汶岛上的阿拉比卡和罗布斯塔的自然混种，因带有罗布斯塔的基因而具备对叶锈病的抗病性。HDT 是葡语 Hibrido de Timor 的缩写。1959 年，葡萄牙的咖啡叶锈病研究中心（CIFC）从当时属葡萄牙殖民地的帝汶岛选育了一些 HDT 种子，后来 CIFC 开始研发携带抗叶锈病基因的新品种时，将 HDT 832/1、HDT832/2 分别与卡杜拉和维拉萨奇进行混种，得到了卡蒂姆和萨奇姆两个新的品种分支。哥伦比亚也曾用 HDT1343 作为亲本与卡杜拉混种培育出了另一个卡蒂姆品系。

卡蒂姆（Catimor）

卡蒂姆并不是一个单一品种的名称，而是代表了一个由相似亲代杂交获得的一个基因相近的品种群。目前，我们看到的世界各地的卡蒂姆品种，主要来自两个原始品系：一支为 1967 年 CIFC 在研发携带叶锈病抗性基因的新品种时，将 HDT832/1 与红卡杜拉混种获得的 HW26。这一分支首先由巴西引进，经过数代优选后分发给其他中南美洲的咖啡生产国，以应对当时席卷中南美洲的叶锈病。70 年代，哥斯达黎加热带农业教育研究中心（CATIE）先后从巴西引进了第三代（F3）卡蒂姆 T5175 和第五代（F5）卡蒂姆 T8667。80 年代，通过对这两个品种继续进行优选，中南美洲的咖啡生产国又开发出了当地的新品种，如 CATIE 研发的哥斯达黎加 95（CR）、洪都拉斯的伦皮拉（Lempira）和萨尔瓦多的卡提斯克（Catisic）。

另一支由哥伦比亚国家咖啡调查中心（Cenicafe）自 1968 年开始研发，将 HDT1343 与卡杜拉混种获得，在哥伦比亚当地以国家名"哥伦比亚"命名。经过数代持续的优选培育，形成了卡斯蒂略（Castillo）和 Cenicafe 1。1970 年肯尼亚将这一卡蒂姆品系引入非洲，在当地用来作为培育 Ruiru 11 品种的母本，如今广泛种植于马拉维、赞比亚、津巴布韦的卡蒂姆 129，也来自这一品系。

两个品系的卡蒂姆在植物学特征上存在共性：植株相对矮小紧凑，种植在中南美洲地区时叶片多为古铜色或深黄铜色，在个别生产国叶片为绿色。豆形上哥伦比亚品系较 CIFC 培育的 HW26 品系要更大一些。在对咖啡病虫害的抗性上，两个品系都表现有良好的抗锈性，但由于 HDT 的母本不同，哥伦比亚品系的卡蒂姆对咖啡浆果病表现出了良好的抗性，而广泛种植于中南美洲的 HW26 品系的后代普遍不具有对抗咖啡浆果病的基因，并且容易感染一种叫咖啡褐斑病的疾病。

我国云南目前主要种植的卡蒂姆品系，是 1978 年至今先后从不同地区引进的。1978 年中国热带农业科学院香料饮料研究所（香饮所）的专家从墨西哥引入当地品种，其中一份相对抗锈、高产的种质被命名为"卡杜拉 7 号"，于 80 年代末被赠予云南潞江农场试种。1995 年云南德宏热带农业科学研究所将潞江农场的其中一棵植株与同年从香饮所引入的另一支"墨西哥 9 号"一起定植到自己的咖啡种质资源圃保存，经过 3 代连续观察培育，分别定名为"德热 3 号"和"德热 132 号"，两个品种都表现出一定的抗锈性，其中"德热 3 号"曾经 CIFC 专家鉴定，推测应为卡杜拉和 HDT 杂交后代，也就是卡蒂姆品种群。

另外雀巢 1988 年从 CIFC 引进的卡蒂姆 7963 和 1991 年引进的 P3 和 PT，这些引进品种经过多年的种植和选育，也在当地形成了一些新品种，并广泛种植在普洱、保山、德宏、西双版纳等主产区。遗憾的是，随着时间的推移，叶锈病会不断变异，

卡蒂姆品种的抗锈性会逐渐削弱。目前一些产区的卡蒂姆品种已经出现较高的发病率，因此需要不断寻找和培育新的抗锈品种。

维拉萨奇（Villa Sarchi）

维拉萨奇是波旁的另一个自然变种，最早发现于 20 世纪 50 年代到 60 年代的哥斯达黎加。这一品种的特征和卡杜拉类似，植株相对紧凑矮小，叶片为绿色，豆形较小，能对抗强风。维拉萨奇本身易受咖啡叶锈病、浆果病、线病等咖啡病虫害的感染，因此并未被广泛引种到其他生产国，只有洪都拉斯于 1974 年引进过。

1967 年 CIFC 在实验抗锈新品种时，将 HDT832/2 与维拉萨奇进行杂交获得了混种 H361（Hybrid 361），这一品种经过进一步选育，其后代被命名为萨奇姆。

萨奇姆（Sarchimor）

萨奇姆和卡蒂姆有着相同的身世，都来自于 CIFC 当年研发抗锈品种的混种实验。从维拉萨奇和 HDT832/2 混种得到的后代 H361 中，CIFC 又筛选出表现最好的 5 个单株，分发到其他国家进行进一步的选育。后来巴西将 H361 的后代及其全部衍生品种统一命名为萨奇姆。

哥斯达黎加热带农业教育研究中心在引进 H361 后将其编号为 T5296，后被引进到洪都拉斯、萨尔瓦多、波多黎各等咖啡生产国进行进一步选育，并在当地衍生出帕莱尼玛（Parainema）等新品种。

目前我国云南已经开始了萨奇姆品种的选育工作，以替代失去抗锈性的卡蒂姆品种。

瑰夏（Geisha）

瑰夏的得名是因为这一品种发现于20世纪30年代埃塞俄比亚班其马吉省的戈里瑰夏森林，后被送到坦桑尼亚利亚穆古（Lyamungu）研究站。1953年CATIE将该品种引进到中美洲，编号为T2722。因瑰夏的基因对叶锈病有一定的耐受性（但没有卡蒂姆那么强），20世纪60年代被推广到巴拿马种植。然而那个年代精品咖啡的概念还未出世，对当地农户来说种植产量偏低的瑰夏远没有方便采收产量又高的卡杜拉那么实惠，因此瑰夏并未得到广泛种植。直到2003年，波奎特产区的彼得森家族以一支瑰夏获得了巴拿马精品咖啡协会主办的"最佳巴拿马"（Best of Panama，BOP）生豆大赛冠军，从此瑰夏就几乎成了巴拿马咖啡的代名词。

巴拿马瑰夏最令人惊艳的是杯测时明确和清晰的花香、柑橘和杏桃风味。在推崇"花香果酸"风味调性的精品咖啡浪潮下，巴拿马瑰夏的价格也水涨船高，每年都在刷新世界记录。2021年BOP竞拍最高价为努果庄园（Finca Nuguo）的一支预发酵日晒瑰夏，价格高达2568美金/磅（约38000人民币/公斤），令人咋舌。

有趣的是，巴拿马并不是唯一种植瑰夏品种的产区，但其他地区生产的瑰夏却很难达到巴拿马瑰夏这样高的品质，包括瑰夏的故乡埃塞俄比亚产的瑰夏。从基因上，巴拿马瑰夏已被证实虽然来源于T2722，但已所有不同。另外农学家推测，水土会对咖啡品种的风味产生极大影响，瑰夏只有种植在高海拔地区才能产出带有迷人花香的高品质咖啡。为了区分不同产区的瑰夏，英文中一般采用Geisha作为巴拿马瑰夏的拼写，而其他产区的瑰夏则使用"Gesha"作为拼写。

我国云南已经有少数庄园尝试引种国外的瑰夏品种，但引种时间过短尚未形成环境适应性，存活率和产量都非常低，风味上的表现仍有待时间的检验。

埃塞俄比亚原生种（Heirloom）

原生种在植物学上是指非人为移入自然生长于某个区域的品种。目前，全世界只有埃塞俄比亚使用原生种来作为当地种植超过一百年的咖啡品种的统一称呼。虽然有业内人士提出，在精品咖啡的浪潮下，如果对埃塞俄比亚的咖啡品种进行鉴定和划分，以品种的好坏重新区分市场，可以进一步提高当地农民的收入。但长期以来，人们还是习惯使用原生种这一笼统的描述，这其中有一定的历史原因，也有出于对当地农业现状的考虑。

作为阿拉比卡的发源地，埃塞俄比亚至今保存着非常丰富的咖啡种质资源。西达摩、耶加雪菲、哈拉尔、利姆等精品产区久负盛名又各有特点，吉玛产区生产的商业豆品质稳定、性价比极高。实际上原生种的概念并不代表单一品种。埃塞俄比亚九大咖啡产区目前保有的咖啡树品种，都存在着一定的差异。这些品种经过了数百年甚至上千年的自然演化，要对品种基因进行一一鉴定尤为艰难。出于对地方农业经济的保护，当地的农业部门也更倾向于对自己所在产区的品种研究成果进行保护。再加上当地的咖啡种植形态以小农经济为主，每个农户能提供的鲜果产量非常有限，为了满足出口订单的需求，处理站只能先将农民上交的咖啡鲜果混合再进行加工。因此我们现在喝到的大部分埃塞俄比亚咖啡，都只能被笼统地标注为原生种。

咖啡主要品种谱系图

前几年因为巴拿马瑰夏的名气和价格不断攀升，产自埃塞俄比亚瑰夏村的原生品种也重新以瑰夏的名称销售到海外，但品质和价格都仍有很大差距。

我国云南有少数庄园也引种过埃塞俄比亚的原生品种，如果直接沿用"原生种"的描述会产生歧义，于是，有一些庄园采用了该品种的原产区名称进行命名。比如前两年我们喝到的云南耶加雪菲就是以这样的规则命名的。

开展咖啡的品种研究和良种选育工作是咖啡的农学研究中至关重要的一个环节。短期来看，许多咖啡生产国依然受到叶锈病等咖啡病虫害的威胁，开发带有良好病虫害抗性的新品种，是提高农业产量和提升农民收入的关键。长期来看，在气候暖化的大趋势下，开发具有环境适应性并且适合人类饮用的新品种，关系到人类未来是否还能继续喝到咖啡。这不是任何一个咖啡生产国应该独自去承担的责任，而是人类作为命运共同体需要一起去面对和思考的议题。幸运的是，目前非洲仍保有大量除阿拉比卡以外的咖啡野生品种，为我们未来的品种开发提供了丰富的种质资源和基因库。然而，咖啡品种的开发和更替往往需要数十年的周期，在后发的咖啡生产国往往由于短期内难以见到收益而没有受到重视。十年树木，百年树人。这需要产区的管理者坚持对农业科研领域的长期投入，同时搭建起科研和应用领域之间的桥梁，面向数以万计的中小型农户做好品种的保育和更迭工作。

咖啡树的种植

咖啡树的生长环境

咖啡起源于非洲热带地区，经过长期的进化，咖啡对生长环境形成了特定的要求，通常生长在温凉湿润、少风、荫蔽或半荫蔽的地带。阿拉比卡和罗布斯塔对生长环境的要求有很大不同：

作为人类历史上一种重要的热带经济作物，咖啡树的产量和果实品质的好坏直接关系到农民的经济收入。世界各国的农学家对影响咖啡生长的环境因素做了充分的研究，以寻找最适宜种植咖啡的区域。对咖啡种植影响最大的环境因素为：气温、降水和土壤。

气温会影响种子发芽和枝干发育的速度，其中年平均气温和最冷月平均气温是与咖啡的生长发育情况关系最直接的指标。研究证实，当气温低于13℃或高于28℃时，阿拉比卡咖啡会出现生长缓慢的现象。当气温低于10℃时，会抑制开花和减产。罗布斯塔对气温的要求略高于阿拉比卡。此外，昼夜温差会影响果实的最终品质。在昼夜温差大的地方，白天温暖，咖啡树的光合作用活跃，生成较多的糖类、有机酸和蛋白质。夜间气温较低，咖啡树的呼吸作用缓慢，分解的有机物较少，因此果实内部最终积累的营养物质总量较高，咖啡豆的风味和品质相对更好。

降水会影响咖啡的花期和结果，也会影响土壤的排水和植株扎根。另外，如果采收季节降水过多，容易使咖啡鲜果产生霉变，不利于咖啡鲜果的加工处理。目前，世界咖啡主产区的年降水量通常在1000～1800毫米之间。对于降水量过少的产区，需要兴修水利，确保旱季灌溉；而降水过多的产区，则要做好土壤的排水，防止水土流失。采收后的鲜果要及时处理干燥，防止过度潮湿出现霉变。

土壤土质决定了咖啡植株是否能充分扎根，营养物质是否能充分被咖啡根系吸收。适宜种植咖啡的土壤结构应当疏松肥沃，土质为pH值在5.5～6.5之间的微酸性土壤。

巴西农学家Guimaraes等人提出，适合种植咖啡的地块应当具备以下条件：

- 适宜的气温，最适宜种植阿拉比卡的气温为19～22℃，罗布斯塔为23～26℃。
- 降水充足，季节分配相对均匀。
- 靠近水源，水利灌溉便利，排水通畅。
- 土壤颗粒中等，土层深度不少于120厘米，避开黏土或砂土这样过紧或过松的土质和表面有碎石的地块。
- 避开有强风或没有自然挡风屏障的地块。

地形和纬度要素并不直接影响咖啡果实的品质，而是通过对气温、降水等气象要素的再分配，构成了咖啡特定的生长环境，进而影响植株的发育、开花和结果。如埃塞俄比亚等靠近赤道的区域，日照充分，种植阿拉比卡的极限海拔可以达到2300米。而像我国云南这样靠近北回归线的产区，种植阿拉比卡的极限海拔至多为1600～1800米，过高的海拔将导致咖啡树容易遭受霜冻灾害而难以存活。

在纬度相近的地区，高海拔山区相对低海拔平地，大气层的保温性更弱，因此昼夜温差更大，一定程度上更有利于果实内干物质的累积。在危地马拉，人们按照海拔的高度对咖啡豆进行分级，海拔超过1364米的咖啡被分级为SHB（Strictly Hard Bean），海拔在1212～1364米之间的咖啡为HB（Hard Bean），SHB等级的咖啡被认为品质高于HB，因为SHB咖啡具有更高的硬度。但全世界的咖啡生产国众多，每个生产国的气候条件和地理环境有所不同，内部的不同产区之间也存在微气候的差异，因此不能以纬度或海拔等单一要素，作为衡量产区或地块优劣的标准，而应该从气候、地形、人文等综合因素去考虑。

咖啡栽培和田间管理

咖啡是典型的多年生作物，一棵咖啡树的寿命可以长达百年以上，但经济使用年限通常只有20～30年。从种子发芽到第一次结果至少需要经历3年的时间，第5年开始进入稳定的丰产期，之后每年的鲜果产量为3～5公斤，直到第20年左右开始进入衰老期。咖啡树的栽培和管理是一项长期工程，从选种育苗到田间管理，每一个环节都会影响咖啡树的产量和果实的品质，并直接关系到农户的收入。因此，在开始种植咖啡前必须做好长期的规划，才能节约投入并实现经济效益的最大化。Guimaraes等人总结了巴西当地种植咖啡的经验，提出在种植的过程中应该做好以下

环节的规划和实践。

1. 选种育苗。在咖啡种植产业相对成熟的生产国，这项工作通常由政府认证的机构和农学家在育苗园中进行，目的是保证农户获得的咖啡种苗是目前正在推广的品种，并且品质符合标准。他们会在全国范围内挑选出产量高、抗病能力强或是风味特别突出的植株，采集鲜果后脱去外果皮和果胶，将附着着羊皮纸的带壳豆一起干燥储存，这样就得到了咖啡种子。阿拉比卡的咖啡种子，胚芽活性最多能维持半年，而罗布斯塔的种子活性只有3个月，因此必须在种子失去活性前尽快完成播种。除了传统的播种方式，体胚再生、花药培养等生物科技也正在被逐步应用到咖啡种子的育苗领域。在幼苗长出第二对真叶后，还需要经历大约30天减少灌溉和增加日照的健化，以逐渐适应地块的环境。

2. 选择和规划地块。上文我们提到咖啡种植的地块应该选在温度适宜、靠近水源并且土质疏松的区域。在选择好合适的地块后，要提前作好咖啡种植密度和排列的规划，此时需要结合日照方向、品种植株高矮、海拔高度、田间管理的方式和人力成本等一系列因素进行考量。目前机械化种植的咖啡园，种植密度通常在每公顷6000～7000棵。在一些依靠人工作业的产区，为了节约人工成本，种植的密度可能更高。而在类似危地马拉这样地形坡度比较大的产区，每公顷种植的咖啡植株一般不超过5000棵。除此之外，每隔70～100米还要留出空间作为运输肥料等物资车辆通行的道路。

3. 移植幼苗。育苗园提供给农户的咖啡幼苗一般分为两类，一类是播种后半年左右的"半年苗"，一类是播种后大约一年

的"一年苗"。农户移种比较普遍的是半年苗，因为这类幼苗的价格更低，更容易运输。只有在半年苗第一次移种失败后，才会从育苗园尝试移种一年苗，以保证移植后的植株的结果时间大致接近。有时农户也会直接从生长过于茂盛的植株上剪下新长出的枝干作为幼苗。根据农学家的研究分析，这类幼苗在成活率和产量上并不比传统方式获得的幼苗低。

4. 施肥和评估。在幼苗移植后的30～40天，农户需要完成第一轮的土壤表层施肥，并根据幼苗的适应情况评估是否需要补种。在头两年，农户需要对植株的生长状况进行持续的观察和评估，直到作物的状态稳定下来。在田间管理时，要特别注意做好预防病虫害的工作。

5. 田间管理。农户的日常田间管理主要包括灌溉、施肥、除草等几项工作。在降水充沛的产区，合理的地块规划可以提高植株对自然降水的利用率，但同时要注意做好水土保持和排水工作。在自然降水不足以满足咖啡生长需求的地区，则需要进行人工灌溉。为了提高水资源的利用效率，类似膜下滴灌等先进的灌溉技术已经被应用到一些咖啡产区中。在日常的施肥作业中，也应当采用高效和可持续的策略。在施肥前应先做好土壤分析和酸碱度校正，再根据土壤分析的结果，采用化学肥料和有机肥料相结合的方式，适当地补充土壤缺失的元素，改善土壤肥力。当田地里出现杂草时，要先对杂草的种类进行辨认分析，有一些杂草可以与咖啡植株共生，并且有利于水土保持，只有那些会与咖啡争夺水分和营养的杂草才需要去除。此时应当尽量采用机械或人工的物理除草手段，当必须采用化学除草剂时，应在专业人员

的指导下使用。

在咖啡树结出第一批果实之前，有可能因为种种原因导致种植失败，农户需要密切观察咖啡树的生长情况，及时进行补种。在进入盛产期后，日常的田间管理既需要日复一日的劳作，更需要投入物资和科技，以实现可持续的发展。对农户来说，一旦选择种植咖啡，就要做好连续投入20～30年，并且头3年没有产出的心理准备。因此，稳定的市场信心和农业部门的长期投入支持，是一个产区发展咖啡种植业的有力保障。

常见的咖啡病虫害

和人类一样，咖啡树也会生病。当咖啡树出现营养不良、枝干中空、叶片变色或显著减产等症状时，就要立即考虑是否有病虫害的发生。有时候，疾病是由多种因素同时造成的，因此在症状的表现上呈现一定的复杂性和重合性，给诊断带来了一定的困难。但我们仍然需要了解咖啡的主要病虫害种类及其对应的症状和防治手段，以期最大限度地降低它们对咖啡树的伤害。

我们将咖啡常见的病虫害分为两大类：疾病和虫害。疾病通常是由真菌或细菌引起的，会随着风传染给附近的其他咖啡植株，因此在移植咖啡幼苗时不宜间隔过密，同时要做好防风措施。当发现咖啡树受到病菌感染时，可以采用对应的杀菌剂来控制病菌的繁殖和传播。虫害由具有破坏性的咖啡害虫引起，由于咖啡害虫可能寄生在根部、枝干、叶片、果实等不同部位，因此要对植株的各个部位进行监测和管理，以及时发现虫害。一般采用消灭害虫生存的环境条件或是引入天敌的生物手段

来控制虫害。

叶锈病

叶锈病由驼孢锈菌引起，主要侵染的部位是咖啡叶片，有时也感染幼果和嫩枝。自1861年人类于东非首次发现至今，叶锈病几乎传播到了世界所有的咖啡产区。染病初期，咖啡树叶片出现浅黄色的小斑，周围有浅绿色晕圈。染病后期，病斑扩大，叶片背面会形成橙黄色粉状孢子堆和不规则的大斑，至晚期干枯成深褐色。最后，叶片和枝条干枯掉落，甚至整棵树会枯死。叶锈病会引起咖啡10%~40%的减产。

由于驼孢锈菌存在生理分化的现象，并且叶锈病会给咖啡产区造成巨大损失，人类从20世纪30年代就开始了与叶锈病抗争的历史，至今仍在延续。1955年，美国与葡萄牙合作成立了咖啡叶锈病研究中心（CIFC），这是人类与咖啡叶锈病作抗争的一个重要里程碑。1967年，CIFC开发了卡蒂姆、萨奇姆等抗锈品种，帮助70年代受到叶锈病攻击的中南美洲产区躲过了这场灾难。80年代以来，我国云南也相继从CIFC引进抗锈品种进行推广种植。此外，世界各个咖啡产区都可以通过CIFC进行咖啡锈菌生理小种的鉴定，以跟踪当地叶锈病的发展进程。

除了研发抗锈品种，叶锈病还可以通过使用三唑酮、戊唑醇等杀菌剂进行喷雾防治。已经感染叶锈病的咖啡园，要注意提供合理的荫蔽防护和肥料，及时修剪枝叶，降低营养不良、过度结果等问题对咖啡树的伤害。

咖啡炭疽病

咖啡炭疽病是由围小丛壳菌引起的。

侵害叶片时，叶片上下表面会呈现不规则的淡褐色到黑褐色病斑。感染枝条或果实时，会引起枝条回枯和僵果落果，造成减产。几乎所有栽培咖啡的地方都有炭疽病的发生。

通过合理施肥、修枝整形、提供荫蔽可以使咖啡树提高抗病力，必要时可以喷洒1%波尔多液和50%多菌灵可湿性粉剂500~600倍液进行化学防治。

咖啡褐斑病

咖啡褐斑病的病原菌是名为咖啡生尾孢的真菌。这种病常发于幼苗期，主要危害咖啡树的叶片和浆果。顾名思义，褐斑病发生于幼苗期时，咖啡叶片会出现红褐色病斑，并且有一个灰白色或白色的中心点，病斑扩大后会相连。该病会导致幼苗落叶，感染的果实可能脱落，导致减产。

预防咖啡褐斑病，要注意合理补充钾肥和钙肥，适度遮蔽，以消灭咖啡树容易染病的环境。由于该病多发于幼苗期，育苗园可通过使用铜制剂、百菌清等药剂进行防治，成龄咖啡园则不需要使用药剂。

咖啡浆果病

咖啡浆果病由咖啡刺盘孢引起，常见于非洲，如肯尼亚、卢旺达、乌干达、埃塞俄比亚等产区。当环境湿度较高时，容易使孢子萌发扩散，引起发病。病菌可能从开花到果实成熟的任何时期侵入花和浆果，未成熟的咖啡浆果会出现黑褐色的病斑，在病菌扩散时会出现粉红色的黏状物。感染的花朵会提前凋谢，果实可能会枯死。

咖啡浆果病主要通过雨水和雾气传播，在田间管理时一般采用修剪树冠保持通风、降低湿度的方法进行防控，雨季时可采用己唑醇、环唑醇、三唑酮等制剂进行化学防治。

咖啡线虫病

咖啡根系容易受到多种线虫的侵害，感染线虫的植株会出现长势缓慢的现象，植株根部能看到许多瘤状突起物。目前报道过的咖啡线虫有 7 种，分布在不同的产区，并且会寄生在香蕉、杧果等其他热带作物上。

对于还未发现某种线虫的产区，要加强植物检疫，防止线虫入侵。对已经感染线虫的植株，可以使用阿维菌素药液灌根进行控制。

咖啡虫小蠹

咖啡虫小蠹是一种非常普遍的咖啡害虫，在爪哇、菲律宾、巴西、秘鲁、哥伦比亚等产区都有发现。这种黑色的小昆虫会在咖啡果实中产卵，孵化后的幼虫会啃食咖啡的种子，直接造成咖啡减产和果实品质下降。当 3% ~5% 的鲜果出现感染时，就要使用防治手段进行干预。但现有的化学药剂会产生一定的毒素残留，因此农学家仍在研究更好的化学药剂，以降低毒副作用。

咖啡虫小蠹喜欢生活在潮湿的环境，在防控时要注意保持作物间的间距和通风，降低湿度。对于已经感染的植株，可以提前将果实采收下来，远离未感染的植株，防止咖啡虫小蠹存活至下一个产季。

咖啡潜叶蛾

咖啡潜叶蛾的幼虫以咖啡树的叶片组织为食，感染的叶片会出现大面积的组织坏死，叶片可参与光合作用的面积变小，最终导致叶片掉落，植株减产。

当叶片减少超过 30% 时，可以采用建立风屏障、除草、合理灌溉和喷洒药剂的方式进行人为干预。但是如果咖啡园有咖啡潜叶蛾的天敌黄蜂存在，可以只采用生物防治手段，不需使用化学药剂。

相比使用化学药剂进行控制，通过品种改良来获得先天带有对某种病虫害抗性的咖啡品种，是一种相对天然高效的防治手段，也是现代农学家努力的方向。一些抗病品种的推广，在一定的历史时期内确实为农户避免了大量减产的悲剧。但这种方法并不能做到一劳永逸，因为病菌和害虫也会根据环境不断进化，这种抗性基因经过多代遗传后会逐渐减弱。因此新品种的开发是一项需要全世界的农学家和科研机构持续不断共同努力的课题。

建立复合咖啡园生态系统

当今世界咖啡产区规模化种植的咖啡园形态大致可分为两类：纯咖啡园生态系统和复合咖啡园生态系统。在商业咖啡生产比较成熟的产区为了提高机械化效率，或是一些产区早期发展的阶段由于缺少经验，会采用纯咖啡园生态系统作为主要的栽种模式。在纯咖啡园的生态系统中，只栽培咖啡树一种作物，经过一段时间的适应，咖啡园会自然形成一个相对单一的生物群落与咖啡树共生，包括昆虫、杂草等。早期，这类咖啡园在环境良好的产区能取得不错的产量。但近几十年随着人们对咖啡品质要求的提高，以及发展可持续农业概念的提出，纯咖啡园栽种模式的劣势越来越明显。

1. 由于没有种植其他高层乔木，咖啡

树受到的光照过多，咖啡果实出现提前成熟的情况。提前成熟的果实还没有积累足够的物质，加工后得到的咖啡豆在品质上显著下降，影响了咖啡的商业价值。

2. 每个产季的产量不稳定，有明显的大小年，对农民来说，这意味着每年收入的不稳定。

3. 由于咖啡树受到的日照强烈，生态结构相对单一，纯咖啡园内比较容易发生咖啡病虫害，并且通常只能通过化学手段进行防控，极大程度地影响了咖啡的产量和品质。

复合咖啡园生态系统，是指在咖啡园中引入可以为咖啡树提供荫蔽的树种，以及其他与咖啡良好共生的草本植物，形成上中下三层的群落栽培模式。相比纯咖啡园生态系统，复合咖啡园生态系统有非常明显的优势。上层乔木能为咖啡提供良好的遮阴，下层的草本能巩固水土，保持土壤的温度和肥力，为咖啡树的生长和发育提供了有利的环境。咖啡果实获得了充分的成熟时间，颗粒更饱满，品质更好。相对复杂的生物群落，有利于益虫或是害虫天敌的生存，咖啡树的抗病虫害能力更好。在咖啡园中间作其他经济作物，也可以提高土地的利用效率和经济效益，规避市场风险。

综合来看，复合咖啡园是一种整体经济效益更高，更符合可持续发展理念的栽种模式，也是当下许多咖啡优质产区的主流模式。但在规划阶段，要注意共生品种的选择。选择错误的品种可能会导致作物与咖啡争水争肥，或是容易寄生和感染咖啡病虫害，导致咖啡树营养不良甚至出现减产。适合与咖啡树共生的乔木有南洋楹、柚木、辣木、银桦树等，可以与咖啡树间作的经济作物有澳洲坚果、龙眼、香蕉、杧果等。

咖啡豆的加工处理

过去，我们在谈论咖啡豆的处理时，所关注的仅仅是咖啡鲜果在采收后进行去壳和干燥的方式，即咖啡豆的初加工工艺。传统的咖啡处理法不外乎三类：日晒、水洗、蜜处理。就本质而言，这三类处理法的根本区别在于处理过程中外果皮和果肉的保留程度以及干燥的时长。由于咖啡鲜果的果肉带有一定的糖分和果酸，这些物质通过参与发酵，会产生新的风味物质的转化，因此在处理过程中对果肉作不同程度的保留，会使咖啡豆的风味产生不同的变化。

但在精品咖啡浪潮兴起的今天，这种关于咖啡处理工艺的简单分类已远远不足以帮助我们理解那些走在产业前沿的精品产区和庄园的生产实践。虽然咖啡品种的基因和鲜果的品质会极大地影响咖啡豆的风味，但对于种植品种和环境没有绝对优势的产区来说，改善品种和种植实践是一个经年累月循序渐进的过程。当人们发现通过对加工处理环节的精进和改良，可以在短期内提升咖啡生豆的风味和品质时，各式各样眼花缭乱的新式处理法就出现了，并且在市场上取得了相当正面的反馈。在精细化程度较高的精品咖啡产区，这种对处理工艺的精益求精，已不单单限于发酵和干燥等初加工环节，而是延伸到了初加工前的采收和初加工后的精制处理等环节。

鲜果采收和除杂分级

咖啡产季通常长达 4 个月之久，因为

咖啡树的果实总是分几批先后成熟，这注定了咖啡鲜果的采收是一个漫长而磨人的过程。相比青绿色的未熟果，红色或紫红色的成熟鲜果内部积累的物质更充分，颗粒和风味更饱满，这个道理几乎人人都懂。但在过去只有商业咖啡的时代，根据果实成熟的时间分批采收，每批只采收全熟的果实的做法，就显得不是那么划算了。在人力相对昂贵的产区，机械化采收是当地的主流做法，咖啡园在规划时也考虑到了后期机械化的需要，采用相对扁平无遮蔽的结构。在人力相对便宜的产区，为了降低反复作业的成本，即便是手工采收也通常会一次性采摘包括未熟果在内的全部果实。

精品咖啡浪潮的推动，让全红果采收成为一种被倡导的实践，而精品咖啡的采购商需要为此支付更高的价格。出于对品质的追求，他们会要求农户在采收时只采摘外果皮为红色或紫红色的全熟果实。在一些精细化程度更高的产区，甚至会使用糖度仪对鲜果的糖分进行实时检测，保证鲜果果胶甜度达到20%以上。需要注意的是，在全红果采收的过程中，由于采摘期往往需要雇佣大量的短期工，这些工人可能会由于缺乏指导和经验而采摘了未达到成熟标准的果实，因此在产季开始前，采购商最好派遣专人对雇佣的工人进行培训，在采收过程中进行抽样监督，以确保鲜果的品质达到全红果标准。采收后的鲜果当

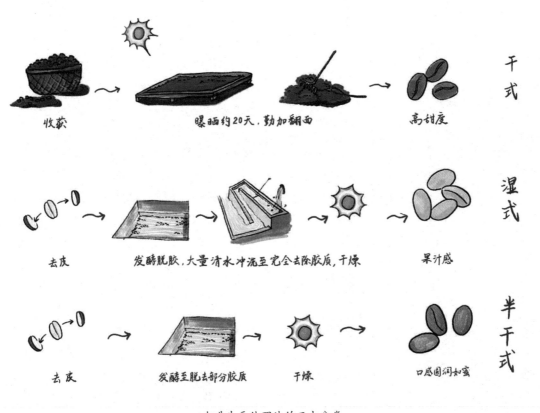

干式　收获　曝晒约20天，勤加翻面　高甜度

湿式　去皮　发酵脱胶，大量清水冲流至完全去除胶质，干燥　果汁感

半干式　去皮　发酵至脱去部分胶质　干燥　口感圆润如蜜

咖啡生豆处理法的三大分类

天必须被送到鲜果处理厂进行除杂分级。鲜果可分为一级果、二级果和三级果三个等级，所有鲜果都必须除去石头、土块、金属等异物，以保护脱皮机不被损坏。一级果是指正常成熟外果皮无疤痕的全红鲜果；二级果则是指正常成熟但外果皮有疤痕的红果、熟度略差的稍绿果和过熟的紫色果实，除一级果和二级果以外的其他果实，包括未熟青果、黑果、采收后未及时处理而出现过度发酵的鲜果都属于三级果，又称级外果。级外果的价格只有一级果的一半，一般直接脱壳干燥作为三级咖啡豆出售。通过鲜果的除杂分级可以弥补采收环节的缺陷，使各个级别的鲜果以对应的市场价格出售，满足不同的商业用途。

除杂分级的常见方法有：利用水的浮力进行虹吸处理、利用色选机进行色选分级、利用不同孔径的筛网振动进行粒径筛分等。

干式处理法、湿式处理法和半干式处理法

最近几年，商家为了追求品牌的差异化，推出了以各种名称的新式处理法加工的咖啡豆产品。作为对咖啡生豆处理工艺不甚了解的消费者，类似"双重厌氧日晒""96 小时厌氧日晒""酵素水洗"这样的处理法听起来既神秘又"高大上"。但实际上这些五花八门的处理法，本质上万变不离其宗。庄园和处理厂在选择处理法时，往往受到产区当地气候和水资源的限制，因此目前各个产区使用的处理法可以根据处理环节的用水量，分为干式处理法、湿式处理法和半干式处理法。

传统的日晒处理法就属于干式处理法的一种，做法是将预分级的鲜果直接铺在水泥地或架设的晒床上晾晒或者使用干燥机干燥，将含水率干燥至 10% ~ 12%。在机械干燥出现以前，只有像巴西、埃塞俄比亚这样日照充足、缺乏水资源的产区会使用日晒处理法。虽然日晒处理的咖啡豆在干燥过程中由于完整地保留了果肉果胶，在风味上会有突出的热带水果和莓果类特征以及较高的甜感，但由于产区的基础设施不好，晾晒厚度、翻动频率等操作细节缺乏控制，日晒咖啡豆容易暴露土腥味、过度发酵等缺陷。如今，大部分产区已经通过现代化的生产管理，如改良晒床、铺设雨布、控制晾晒厚度和翻动频率等方法规避了日晒处理法的缺陷，放大了风味上的优势。

除了传统的日晒干燥处理法外，通过增加厌氧发酵的步骤或是拉长日晒时间等操作细节，可以衍生出一些新的干式处理法。比如厌氧日晒处理法，是指将咖啡鲜果放入密封的发酵桶中，在 25 ~ 35℃的条件下进行低温发酵后将果肉去除，再进行自然晾晒。慢速日晒处理法是通过人为地调整遮阴和温湿度来延长日晒干燥的时间。

传统的水洗处理法属于湿式处理法的一种，是指先使用脱皮机脱去咖啡鲜果的外果皮和果肉，再通过带水发酵、大量冲水等方式去除果胶再进行干燥的处理方式。由于干燥前已除净果肉果胶，传统的水洗处理咖啡豆具有酸质明亮干净的特点。过去，像哥伦比亚这样缺少日照的中南美洲产区，多采用水洗处理法。但由于每生产 1 千克咖啡生豆需要消耗 50 ~ 100 千克水，同时会产生大量污水，因此一些产区正在进行处理法改良和污水处理的实验，以降低对环境的影响。

通过结合干式发酵、浸泡式发酵、加

酶发酵等方式，衍生出了能形成不同风味效果的湿式处理法。比如双重酵素水洗，就是将果胶发酵的过程拆分为两次，第一次发酵脱去 80%～90% 的果胶，再通过二次发酵脱去剩余果胶。在发酵过程中会加入特定的酵素参与反应，使咖啡豆产生玫瑰花、水蜜桃等特殊的风味。

蜜处理法属于半干式处理法，介于干式处理法和湿式处理法之间。半干式处理法的诞生，是因为在一些水资源有限的产区，无法采用传统的水洗处理法完全去除果胶，因此在去除果皮果肉后，生产者会将带有果胶的带壳豆直接进行干燥。蜜处理法根据果胶保留程度的多少，可以分为：白蜜（去除了几乎 80%～90% 的果胶），黄蜜（保留了 30%～50% 的果胶），红蜜（保留了 50%～75% 的果胶，无发酵），黑蜜（几乎保留全部果胶，经 24 小时轻微发酵后干燥）。

通过对预处理、发酵和干燥环节的精细化控制，蜜处理法也衍生出了很多创新。比如金蜜处理法，和黑蜜处理法一样保留了几乎全部果胶，但在干燥时通过人为控制温度、湿度拉长了干燥时间。哥斯达黎加著名的葡萄干蜜处理，是将采收后的咖啡鲜果在晒床上晾一晚，晾晒成接近葡萄干的状态，再进行蜜处理。经过葡萄干蜜处理的咖啡，发酵风味和甜感的浓郁度更高，会有接近蜂蜜、杏脯、葡萄干的风味特征。

发酵的魔法

发酵被誉为自然的魔法师，从中国的腐乳、腊肠、泡菜，到西方的面包、奶酪、火腿，全世界任何一个国家的饮食文化中几乎都能找到发酵食物的一席之地。在现代食品工业出现之前，人们已经学会利用天然发酵来生产美食。

在人类加工处理咖啡生豆的历史中，发酵从未缺席。早期，人们主要利用发酵的原理来去除黏稠的果胶，发酵时间的长短取决于采用哪种处理法。使用水洗处理法时，人们将采收的鲜果去掉果皮果肉后，将带果胶的带壳豆放在无水的容器中或是有水的发酵池中进行发酵。这个发酵过程通常持续 24～48 小时，此时黏稠的果胶变得容易去除，再使用流动的清水洗去残留的果胶。在这个过程中，如果发酵的时间不够，就无法彻底去除果胶，发酵的时间过长咖啡豆则会出现臭味。使用日晒和蜜处理法时，由于咖啡生豆保留了全部果肉果胶或者是表面附着了部分果胶，干燥的时间比水洗处理法更长。在漫长的干燥过程中，咖啡的果肉果胶全程都在进行自然发酵，果肉果胶中的糖分经过分解，能为咖啡带来更高的甜度。在这个过程中需要控制好环境的温度湿度，勤加翻动，不然果肉果胶长时间堆积在阳光下容易出现发霉或者发酵过度的问题，产生刺激性的口感，极大地影响咖啡的品质。如今我们在某些产区的日晒咖啡豆中仍然能喝到这种令人不悦的过度发酵瑕疵。

随着现代生物工程技术的发展，人们开始认识到发酵现象的本质是糖类、蛋白质等复杂有机物在微生物的作用下分解为简单有机物、水分和挥发性气体的生物化学反应。发酵技术在食品加工领域的应用变得越来越可控，应用范围也越来越广，在咖啡生豆的加工处理领域也是如此。过去几年已有研究证实，在生豆处理过程中对发酵的条件作精细化的控制，适度拉长发酵时间，可以增加烘焙后的咖啡豆中所包含的风味和芳香物质的种类，提升咖啡的感官体验。

根据发酵过程中氧气的参与程度，咖啡处理中的发酵反应可分为有氧发酵和厌氧发酵，细菌、真菌或酵母等微生物在这两类发酵反应中都扮演了重要角色。Silva等人的研究发现，在咖啡生豆处理过程中，参与发酵的微生物种类可达50多种。微生物通过呼吸作用将果胶中的多糖、纤维素和淀粉降解成酶类、醇类和酸类物质。目前，在生豆处理加工中应用最多的是酿酒酵母（Saccharomyces cerevisiae），这种酵母天然存在于可可、葡萄等植物中，同样被用来进行面包发酵和酿酒。在有氧环境下，咖啡果胶中的糖分在醋酸杆菌等细菌的作用下会生成醋酸、甲酸等有机酸，这些产物和咖啡本身的柠檬酸、酒石酸等结合，形成了层次更丰富的水果酸质和风味。在无氧环境下，乳酸菌和酵母将咖啡果胶中的碳水化合物转化成乳酸和乙醇，乙醇会进一步和咖啡中的有机酸结合发生酯化反应，生成酯类芳香物，因此经过厌氧发酵的咖啡会有热带水果的香气、明显的酒味和乳酪般厚重的口感。

通过改变菌种、温度、氧气的参与程度和发酵时长会使发酵的产物发生变化，从而对咖啡品质产生不同的影响，这为精品咖啡产区如何提升咖啡生豆品质提供了新思路。由于有氧发酵的环境相对难以控制，厌氧发酵处理法是目前各个产区实验的主要方向。如二氧化碳浸渍法是指在密封的发酵罐内填充二氧化碳，达到使罐中的氧气完全排出的目的。厌氧日晒处理法是指将咖啡鲜果先放入密封的发酵罐或塑料袋进行厌氧发酵，再进行日晒干燥。双重厌氧则是将发酵过程拆分为两段，通过控制两段发酵时间的长短可以产生不同的

风味。另一个实验的方向是在发酵过程中引入新的菌种共同参与反应，形成新的芳香化合物种类。这两年因对科技的应用而在国内名声大噪的哥伦比亚天堂92庄园，就是声称在发酵的进程中加入了特定酵素，才获得了水蜜桃、草莓的特殊风味。

天然干燥和机械干燥

过去，咖啡鲜果或是加工后的带壳豆一般都是在太阳底下进行晾晒干燥。水洗处理法的生豆需要7天左右时间，含水量才能干燥至10%～12%，而日晒处理法所需要的干燥时间更长，通常需要14天以上。采用这种天然干燥方式只需要投入一大片晒场或者晒床，以及雇佣人力来进行手动翻动。但这种干燥方式极度依赖天气，干燥期间一旦出现降水就可能使咖啡受到污染，出现霉变和不受控制的发酵，给庄园和农户造成巨大的损失。即便没有出现强降水的天气，气温和湿度也会影响咖啡干燥的效率，造成品质的不稳定性。

为了最大限度降低干燥过程给咖啡生产带来的风险，咖啡干燥机应运而生。主流的咖啡干燥机类型有托盘式干燥机、旋转式干燥机、流床式干燥机以及微波干燥机4种。托盘式干燥机、旋转式干燥机和流床式干燥机都是通过加热空气温度，增大咖啡豆与空气的接触面积以及增加空气的流动性来提高干燥效率，而微波干燥机的原理则是通过振动咖啡内部的水分子，使其游离到表面再蒸发到空气中。咖啡干燥机的温度需要控制在40℃左右，一般使用电力或生物燃料作为主要能源。目前，一些干燥机型号已经可以使用软件进行干燥曲线的控制，以达到对干燥过程更精准、更稳定的控制。

咖啡干燥棚和晒架

但使用电力或生物燃料的干燥机的价格比较昂贵，并且后期使用需投入大量的能源成本。为了降低能源消耗，一些产区开始投入使用太阳能干燥棚。这种太阳能干燥棚使用透光性和保温性良好的塑料膜覆盖，咖啡铺晒在搭建好的晒架上。棚顶或棚壁搭载的太阳能电池，驱动棚内的风扇产生气流，再从预先留好的气孔排出。这种干燥方式需要投入的资金和能源成本较低，节能环保，又兼具防雨的功能，值得在世界各个产区大范围推广。

静置和脱壳

干燥后的干果和带壳豆需要静置2～3个月，使活跃的水分子稳定下来，同一批次的咖啡风味得到均衡完整的发展。最理想的静置环境应该恒温、恒湿，通风良好，在气候多变的产区，应当对静置中的干果和带壳豆的状态密切观察和监测，进行小范围翻动，防止因为堆积而出现过度发酵和霉变。在运输前，咖啡仍以干果或是带壳豆的形态储存，目的是将生豆尽可能与空气和水分隔绝开，延长保存的期限，同时让风味得以持续发展。

到了运输环节，果皮和羊皮纸的体积和重量会增加不必要的运输成本，因此需要使用咖啡脱壳机将壳脱去。在脱壳环节，如果干果和带壳豆在之前的干燥环节没有达到10%～12%含水量的标准，就很容易出现瑕疵和缺陷。干果和带壳豆的含水量过高的话，脱壳后的生豆容易变白，含水量过低则容易被机械挤压造成破损和碎豆。

生豆分级

根据订单的需求，脱壳后的生豆通常需要再经过一轮分级，同一级别的生豆以60公斤或30公斤的规格装入麻袋再装车发货。

每个产区采用不同的标准对生豆进行分级。在咖啡贸易相对比较成熟的产区，通常以颗粒大小、瑕疵率或海拔高度作为商业生豆分级的标准和依据，当地政府通过制定法律确保分级标准得到贯彻和执行。虽然每年因为气候的变化、自然灾害等因素，同一产区的咖啡品质会受到一定影响，但通过法律来统一和规范分级的标准，一定程度上保证了产区每年出口的商业咖啡品质的相对稳定。

生豆分级采取的主要方法有筛网分级、重力分级和色选分级。筛网分级是利用不同孔径大小的筛网对生豆的颗粒大小进行筛分。重力分级的原理，是通过振动和风机气流，使不同密度的生豆和杂质按照不同的路径流动，达到去除杂质和分级的目的。色选分级则是利用光学影像技术，扫描和辨识出豆色和完整度与正常生豆不同的破损豆、霉变豆、未熟豆等瑕疵生豆。在经济相对不发达的产区，往往会使用人力来挑选瑕疵，完成色选分级的工作。

熏蒸和贮存

咖啡生豆在进出口前后必须经过熏蒸等无害化处理和植物检验检疫，杜绝咖啡虫小蠹、咖啡潜叶蛾、咖啡线虫等虫害进入进口国。熏蒸可以采用高低温、二氧化碳气调、甲酸乙酯、磷化氢等方式进行处理。我国咖啡豆进出口一般采用磷化氢熏蒸方式，具体方法是在 18～23℃ 的熏蒸温度下，用 57% 磷化铝以 6 克/立方米的气体浓度，或是磷化氢以 2 克/立方米的气体浓度连续熏蒸 168 小时。

贮存咖啡生豆的区域应当保持阴凉通风，温度控制在 20℃ 左右，湿度在 60% 以内。阳光直射、过高的温度或湿度都会加速生豆内胚芽的呼吸作用，使生豆内的营养物质分解过快，生豆品质快速衰退。过于潮湿的环境也会使生豆出现霉变。一些价格较高的精品生豆批次可以采用真空避光的方式储存，可以有效地延缓生豆品质的衰减速度。除此之外，咖啡生豆仓库还要做好清洁和防病虫害管理，防止生豆被污染。

咖啡是一种饮料

咖啡烘焙

新鲜的咖啡生豆外表是略微发暗的绿色，闻起来带着强烈的草青味，看起来和杯子里散发着诱人香气的棕黑色液体毫不相干。作为初级农产品的咖啡生豆是不能直接食用的，必须经过烘焙才能转化为香喷喷的咖啡熟豆。在烘焙的过程中，咖啡豆到底发生了什么样的神秘变化？烘焙后的咖啡带有的迷人香气和兼具酸味、甜味和苦味的复杂风味，这些风味又是从何而来？

咖啡烘焙的四个阶段

除了像日式慢烘和北欧快烘这样特殊的烘焙风格，大部分咖啡烘焙都会在10～15分钟内结束。烘焙的困难之处在于，在烘焙过程中每一次火力、风门的调整，甚至是环境的变化都会引起烘焙机锅炉内的热量变化，不同的咖啡豆对这种热量变化会作出不同的反应，而依靠烘焙机显示的豆温、风温等温度数值作为依据来判断咖啡豆的烘焙节奏，这个过程往往是滞后延迟的。对于刚刚接触烘焙的新手来说，当他在烘焙开始的第 3 分钟意识到咖啡豆的升温过快而手忙脚乱地进行减小火力的操作时，这种弥补可能已经为时过晚。咖

啡豆内部积蓄的热量差异需要在一个足够长的时间里逐渐平衡，因此只调节当下的火力而不考虑对剩余烘焙进程的整体影响，得到的成果可能天差地别。最惨的是，烘焙是一个不可逆的过程，无论生豆原料多么昂贵，一锅烘坏了的豆子往往难逃报废或是成为低价产品的原料的命运。一个有经验的烘焙师，需要根据烘焙环境及咖啡豆当下的反馈预测烘焙的发展，及时对烘焙参数和烘焙节奏做出恰如其分的调整，这需要对不同咖啡豆特性的了解和经年累月的经验。

咖啡烘焙的全过程可以划分为四个阶段，在各个烘焙阶段咖啡豆会对热量作出的不同反应，并发生相应的物理变化和化学变化。咖啡豆所处的烘焙阶段可以透过烘焙机的观察镜或是取样棒目测，或是听爆裂声来判断。这是烘焙师能准确把握烘焙节奏，创造最佳风味的前提。

脱水期（烘焙开始—转黄）

脱水期，这一阶段通常持续 5 分钟左右，主要任务是完成咖啡生豆内部水分的干燥。随着水分的减少，咖啡豆的颜色由灰绿色逐渐转为发白，之后逐渐转黄，气味由草青味转为烤面包味。咖啡豆的外观在 150℃ 左右完全转为黄色，标志着下一个烘焙阶段的到来。

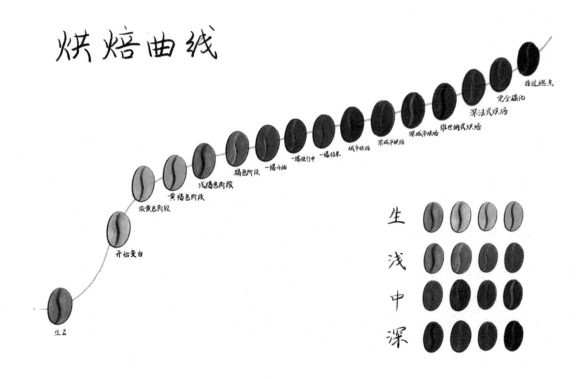

烘焙曲线

咖啡烘焙曲线

催化期（转黄——爆开始）

催化期，这一阶段持续 3~4 分钟，美拉德反应和焦糖化反应相继启动，咖啡豆的颜色由黄色转为肉桂色，再转为浅棕色。咖啡豆内的水蒸气和二氧化碳持续累积，细胞壁内的压力越来越强，直到冲破表面，发出响亮而清脆的爆裂声，这就是一爆的开始。一爆的温度并不是固定的，会受到咖啡豆种类和烘焙机状况的影响，一般发生在 180~200℃ 之间。在烘焙不熟悉的生豆时，在这个温度区间要密切监听和记录一爆的起始点。

一爆风味发展期（一爆开始—二爆前）

大部分咖啡烘焙的一爆起始点会在烘焙开始后的 8~10 分钟之间到来，密集而清脆的爆裂声是这一阶段最显著的特征。此时美拉德反应的速率放缓，焦糖化反应占了主导地位。与此同时，烘焙机锅炉内相对缺氧的环境，使糖分发生类似热裂解的反应。随着烘焙的进程拉长，咖啡豆外表的棕色逐渐加深，气味从烤面包味转为我们熟悉的烘焙咖啡味。一爆的声音越发密集后开始减弱，在短暂的寂静后，咖啡豆会再次发出更急促微弱的爆裂声，这标志着一爆结束、二爆开始。崇尚浅烘的精品咖啡一般会在一爆结束前终止烘焙，此时出豆时机的选择至关重要，既要保证咖啡豆内的风味物质得到充分发展，又不至于因烘焙味过重而掩盖原产地风味。

二爆热解碳化期（二爆开始—二爆结束）

二爆的开始一般发生在220℃左右，与一爆开始的时间相隔约4分钟。在这个温度区间，焦糖化反应几乎停止，但更复杂的美拉德反应和热裂解反应仍在继续，豆子内部积蓄的二氧化碳等气体再次冲破咖啡表面的细胞壁。细胞壁的纤维受到二次爆裂的破坏，咖啡豆内的可溶解物质更容易渗出。咖啡豆内部的气孔继续膨胀扩大，形成了通道，咖啡豆包含的天然油脂透过通道渗出到咖啡表面。此时如果烘焙还未终止，烘焙的产物会转变成带有焦香和松脂气味的挥发性化合物。到二爆末期，咖啡豆的纤维在热裂解反应下逐渐碳化，外表颜色由深棕色逐渐转黑。

对咖啡烘焙进行阶段划分是为了指导烘焙师在日常操作中能准确地把握烘焙节奏。在现有的关于咖啡烘焙的研究中，也有以咖啡豆表转为肉桂色为分界线，将催化期分割为两个阶段的。在日常的烘焙实践中，因为催化期持续的时间较短，中途一般不会进行火力、风门的调整，再加上大部分精品咖啡豆的烘焙师会在一爆结束前下豆，因此许多烘焙师的烘焙思路中只包含了三个阶段的设计。这类关于咖啡烘焙阶段具体该如何划分的认知差异无关对错，而必须要从实践的角度去理解。

烘焙中的物理变化

吸热和放热

咖啡烘焙的本质是，通过提供热量，使咖啡豆升温至美拉德反应、焦糖化反应等化学反应所需的温度，以实现挥发性芳香物质和风味物质充分的转化和发展。在烘焙开始前需要将烘焙机预热到一定温度（通常在180～200℃之间）再投豆，此时咖啡豆的起始温度为室温，与烘焙机的锅炉壁和锅炉内的气流之间存在温差，热量从高温区向低温区传导。在整个烘焙的过程中，咖啡豆的吸热现象一直存在，直到烘焙结束咖啡豆被排出锅炉。

在咖啡烘焙的四个阶段中，咖啡豆还会经历两次放热的过程，那就是一爆和二爆。热裂解反应需要吸收充分的热量才能发生，但是它本身属于放热反应，发生时不仅会产生大量的水蒸气和二氧化碳，还会放出大量的热量，这些热量又被咖啡豆吸收，使热裂解反应继续发生。

这听起来像绕口令，但理解这一点，就不难明白为什么大部分烘焙师都会在一爆发生时减小火力，甚至关火滑行，因为咖啡豆在一爆时放出的热量可以支撑锅炉内的温度继续上升，化学反应继续进行。

水分的蒸发和失重

根据烘焙度的不同，咖啡生豆经过烘焙会失去12%～25%的重量，其中绝大多数是水分的蒸发。生豆的含水率一般在10%～12%之间，而烘焙后的咖啡含水量仅为1%左右。在烘焙的全过程中，只有脱水期干燥的水分完全来自于生豆本身含有的水分。在温度爬升的过程中，由于咖啡豆内部存在巨大压力，水在高压环境下沸点提高，因此生豆本身含有的水分会在150℃左右完全蒸发，而不是100℃。脱水期结束时，咖啡豆的重量相比原来的生豆重量损失了8%～10%。其余阶段，咖啡豆损失的重量中既有水蒸气，也有二氧化碳及其他挥发性化合物，这些气体绝大部分来自于美拉德反应、焦糖化反应和热裂解反应等化学反应的产物。

在同样的烘焙条件下，咖啡豆的失重比例会随着烘焙度的加深而提高。有时，烘焙师会通过计算咖啡豆的失重比例，代替色度仪等工具对烘焙度的一致性进行判断。

体积膨胀，密度下降

咖啡生豆的密度受品种、种植环境等因素影响，烘焙前的咖啡生豆密度一般在800g/L左右。生豆的密度高，意味着内部积累的物质含量更多，生豆表面的硬度也越高。

未烘焙的咖啡生豆，豆体呈坚硬的玻璃状。当豆温达到150℃左右时，豆体的状态转变为有弹性的橡胶状，这个温度称为玻璃化转变温度。随着咖啡豆内的水蒸气和二氧化碳等气体向外膨胀，咖啡豆内部逐渐形成通道，体积膨胀，豆表的银皮脱落。在同样的烘焙条件下，烘焙的时间越长，体积的膨胀率越高。豆体的橡胶状将一直维持直到烘焙结束，咖啡豆经过冷却再次回到玻璃化转变温度，重新转变为坚硬的玻璃状。烘焙过程中的体积膨胀和重量损失，导致烘焙后的咖啡豆密度下降。

咖啡豆的膨胀状态可以作为判断烘焙效率的参考依据之一。咖啡豆的膨胀率过低，说明在烘焙过程中排出的水分和二氧化碳等气体过少，美拉德反应、焦糖化反应等化学反应的速率过低，风味物质发展不足。由于内部的通道打开不够，这类豆子在萃取过程中可溶解物质渗出会比较慢，容易出现萃取率低的问题。在下一次的烘焙中，可以采用适当增加火力以提高升温速率，或是增加空气对流使咖啡豆受热更均匀的方式进行改善。

烘焙中的化学变化

美拉德反应

诺贝尔化学奖得主 Jean-Marie Lehn 曾经说过：美拉德反应是世界上应用最广泛的化学反应。美拉德反应又称作羰氨反应，属于非酶褐变反应的一种，在任何一种食品烹饪工艺中都有可能发生。法国化学家 Louis Camille Maillard 在 1913 年发表的论文中首次揭示了美拉德反应的机制，它并不是一个独立的化学反应，而是一系列化学反应的总称。羰基化合物（还原糖类）和氨基化合物（蛋白质和氨基酸）在烹饪过程中相互反应生成一些中间化合物，这些中间化合物再继续反应生成更多带有香气和风味的化合物。食物的 pH 值、含水量和温度都会影响美拉德反应的速率以及产生的化合物种类，因此同样的食材采用不同的烹饪方式会产生不同的香气。在 100℃ 以前，美拉德反应同样会发生，只是速率非常低。随着温度的升高，美拉德反应的速率会加快，直到180℃左右美拉德反应才会变缓。由于不同食材本身含有的还原糖和氨基酸种类千差万别，再加上美拉德反应在各个阶段的许多产物具有很强的活性或是量太少，难以提纯分离，化学界对美拉德反应的研究仍在探索阶段。

在咖啡烘焙中，目前可以确认的是，美拉德反应产生了一类棕褐色、结构复杂、聚合度不等的高分子聚合物混合物，叫作类黑精。科学家在烘焙过的咖啡中发现了3类高分子类黑精组分：多糖类、氨基酸类和绿原酸类。多糖类类黑精主要由咖啡生豆中的半乳甘露聚糖和阿拉伯半乳聚糖两类多糖转化而来；氨基酸类类黑精由生豆中的蛋白质和氨基酸转化而来，其中丙氨酸、天冬氨酸/天冬酰胺、谷氨酸/谷氨酰胺和甘氨酸的含量最多，组氨酸、赖氨酸、蛋氨酸和酪氨酸含量最少；绿原酸类类黑精由生豆中的绿原酸转化而来，包含绿原酸类化合物极其一系列衍生物，包括咖啡酸、阿魏酸、奎宁酸和 5－O－咖啡酰奎尼酸，另外绿原酸中的奎宁酸部分在烘焙过程中会失去一个水分子结构形成绿原酸内酯。咖啡中的类黑精是咖啡豆外表棕色的主要来源，被证实具有抗氧化性、调节肠道菌群、抗菌消炎、预防龋齿和高血压等多种健康功效。除了咖啡，类黑精还广泛存在蜂蜜、食醋、酱油等食品中。

美拉德反应还会产生一类副产物——丙烯酰胺。丙烯酰胺的聚合物是聚丙烯酰胺，是广泛应用在化工行业的一种原料。过去，大家关注到丙烯酰胺是因为在工作中可能接触到这类原料，直到 2002 年瑞典的研究机构发现，像薯片、曲奇饼干等经过高温烹煮的日常食物中都含有丙烯酰胺。咖啡生豆经过烘焙，生豆中的天冬酰胺和还原糖经过美拉德反应也会生成丙烯酰胺。迄今为止，丙烯酰胺对人类是否致癌的证据尚不充分，而且每杯咖啡中含有的丙烯酰胺不超过 5 微克，远低于我们每天从炒菜中摄入的丙烯酰胺总量，因此我们大可以放心饮用咖啡。

焦糖化反应

焦糖化反应，糖类尤其是单糖在加热到熔点以上时发生脱水和降解产生的非酶褐变反应。在烘焙的过程中，焦糖化反应会在 170～200℃ 之间时发生，咖啡生豆中含有的蔗糖经过脱水和降解形成两类产物：一类是蔗糖分解后的葡萄糖和果糖经过重新聚合形成的焦糖；另一类是分子结构更小的醛类、酮类等挥发性物质。焦糖为咖啡的甜感提供了更复杂的层次，而挥发性的醛类、酮类中包含了二酮、糠基硫醇、烷基吡嗪和呋喃类化合物等芳香物质，为咖啡提供了类似黄油、坚果、果味和烘烤类的香气。

热裂解反应

热裂解反应又称热解反应，是有机物质在几乎无氧的状态下进行的高温分解反应，与干馏反应十分相近，但仍有非常细微的差异和不同的用途。因为烘焙机的锅炉并不是完全封闭的结构，在氧气供应较少的情况下，咖啡豆中的纤维素燃烧发生类似热裂解的反应，散发类似松脂的醇厚香气。如果烘焙进入到二爆末的阶段，出现烘焙节奏控制不当，升温过高的问题时，咖啡豆纤维将发生碳化。碳化也属于热裂解反应的一种，生成的产物带有类似焦油、焦炭的刺激性气味。

在咖啡烘焙的不同阶段，起主导作用的化学反应类型不同，生成的产物类型对咖啡最终的香气和风味有不同的影响。目前人们从烘焙后的咖啡中辨认出了超过 1000 种挥发性化合物，这些挥发性化合物包括烃类、醇类、醛类、酮类、羧酸类、酯类、吡嗪类、吡咯类、吡啶类、呋喃类、呋喃酮类、酚类等。其中美拉德反应在香气物质的生成中扮演了最重要的角色，其次是焦糖化反应。

咖啡烘焙度

一杯咖啡的风味首先是由生豆决定的，

其次是烘焙。但对于消费者来说，要通过分辨每个产区的豆种和风味特征来作出正确的购买决策，实在是有点强人所难。在日常选购中，我相信大部分人是通过烘焙度来挑选自己所喜欢的咖啡。浅烘的咖啡比较酸，中烘的咖啡酸苦平衡，深烘的咖啡香醇浓郁，就同一款豆子而言的确如此。

但是，这种避免踩坑的方法往往只在你一直从固定的烘焙商处购买咖啡时奏效。当你站在超市的货架前，或是在网上对比不同烘焙商的页面时，你仍然会感到迷茫困惑。有些烘焙商并不直接用"浅中深"来描述烘焙度，取而代之的是诸如"城市烘焙""法式烘焙""意式烘焙"这样的表达。甚至当你从两家烘焙商购买了同样标注为"中度烘焙"的咖啡时，收到的两袋咖啡豆的豆色有着肉眼可见的显著差异。

为什么烘焙商不能使用统一的标准来标注产品的烘焙度呢？这和咖啡文化的区域性历史有关。在现代工业化烘焙出现以前，咖啡烘焙是一门完全依赖烘焙师经验的手艺。烘焙商主要靠观察烘焙过程中豆子的颜色变化和爆裂的声音来判断出锅的时机，以保持烘焙度的相对一致性。由于每个区域的个体烘焙商数量众多，一旦某一家的烘焙风格受到当地人的欢迎，很快就会引起其他烘焙商的效仿，由此形成了一种地区性的咖啡口味偏好。法式烘焙（French Roast）的说法源自 19 世纪的法国，当时的法国人喜爱油光发亮、带着烟熏味的深烘焙。城市烘焙（City Roast）则是指当时纽约城（New York City）中人们喜爱的烘焙度，相比法式烘焙更浅，带有轻微的酸质。随着现代商业烘焙的发展，星巴克等连锁品牌使区域间的咖啡文化相互融合并走向全球化，以地域命名的烘焙度描述被大烘焙商沿用了下来，成了全球通用的表达。

由于这套烘焙度的描述体系需要一定的市场教育，一些中小型烘焙商也在使用浅烘、中烘、深烘这样的表述方式来标注产品的烘焙度，但随着精品咖啡概念的提出和市场的扩大，许多精品咖啡烘焙商倾向于使用比过去更浅的烘焙度来表现原产地风味。烘焙风格多元化造成的后果是，每家烘焙商对"浅中深"烘焙度的划分都有着各自的理解和标准，消费者在对比选购不同烘焙商的咖啡豆时，反而失去了参考。

烘焙度定义和标准的模糊，使世界各地的烘焙师无法在同一个维度上学习交流。在杯测样品时，烘焙的不一致性也会对杯测的结果造成影响。为了统一烘焙度的标准，美国精品咖啡学会（SCAA）联合阿格状（Agtron）公司推出了以红外线波长测定咖啡焦糖化程度的咖啡烘焙度色值仪，以数值为 1～100 的阿格状值作为烘焙度的描述方式，数值越小烘焙度越深。除此之外，SCAA 还将 1～100 之间的阿格状值划分成了 8 个烘焙度区间，并对它们分别所处的烘焙阶段以及对应的传统烘焙度表述做了关联和参照（表 1－1）。

表 1-1　Agtron 色值与对应的烘焙度定义

Agtron 色值	烘焙程度	下豆时间
#95	浅度烘焙（Light Roast）	一爆密集即将结束
#85	肉桂烘焙（Cinnamon Roast）	一爆结束时
#75	中度烘焙（Medium Roast）	一爆结束后
#65	深度烘焙（High Roast）	一爆与二爆之间的沉静期
#55	城市烘焙（City Roast）	二爆开始
#45	全城市烘焙（Full City Roast）	二爆密集前
#35	法式烘焙（French Roast）	二爆密集时
#25	意式烘焙（Italian Roast）	油脂开始渗出豆表

对烘焙师而言，使用色值仪检验阿格状值可以作为日常检验烘焙一致性的重要参考。阿格状公司虽然和 SCAA 共同制定了烘焙度的数值标准，但阿格状公司推出的色值仪一台动辄上万美金，让许多中小烘焙商望而却步。后来台湾省的 Lighttells 公司利用同样的原理，研发推出了价格更低也更便携的 CM100，2000 美金左右的售价使 CM100 迅速成为国内最普及的烘焙度色值仪。

作为消费者，并不需要购买一台色值仪来检验咖啡豆的实际烘焙度，可以采用目测的方式来估测。烘焙度不仅对咖啡的风味和口感有很大影响，也关系到如何使用设备和器具进行更好的萃取和冲泡。需要注意的是，同一烘焙度的咖啡，如果出自不同的烘焙师之手依然有可能呈现出不同的感官体验，这与烘焙师对生豆的理解、烘焙风格以及设备的使用情况等一系列因素都有关。

咖啡烘焙的工业化生产

很多作者在谈到咖啡烘焙的工业化生产时，喜欢将商业咖啡烘焙和精品咖啡烘焙区分开来。James Hoffmann 在《世界咖啡地图》一书中也对商业烘焙嗤之以鼻，劝告读者远离商业烘焙生产的深烘焙咖啡。但我认为，无论是使用价格相对低廉的商业级生豆生产的深烘焙咖啡豆，还是使用产量稀少风味独特的精品级生豆出品的精品咖啡豆，两者只是在受众市场的定位上有所不同。一旦咖啡烘焙被当作一项商业经营，无论是大型的烘焙工厂，还是小型的精品烘焙坊，安全生产和食品安全都是日常生产运营最重要的两条底线。与此同时，要想积累长期的回头客并持续获得盈利，还需要保持烘焙的一致性并做好品控。

安全生产

市面上的工业烘焙机分为燃气型和电热型两类，燃气型又分天然气版和煤气罐版。燃气型烘焙机使用的是明火热源，要注意烘焙场地远离易燃易爆物品，测试并确认燃气管道的密封性后再开始烘焙。电热型烘焙机虽然不使用明火，但咖啡豆的木质纤维结构和脱落的银皮在高温状态下都处于易燃状态，因此要定期清理烘焙机滚筒、银皮收集桶、排烟管道中的碎豆、

咖啡烘焙的工业化生产

焦豆和银皮,对烘焙机进行维护,预防设备老化等问题造成的生产事故等风险。烘焙场地要注意通风,并配备灭火器等消防设备。

由于烘焙过程中会产生二氧化碳、一氧化碳等气体和颗粒物状的粉尘,烘焙车间的员工务必佩戴防毒面具,防止肺部和呼吸道疾病的发生。烘焙时的投豆量越大,产生的有害气体就越多,因此操作大载量机型的烘焙师要格外小心。

食品安全

食品安全是每一位消费者在购买产品时首先关心的问题,也是我国市场监管部门对食品加工领域进行监管的重中之重。咖啡生豆属于初级农产品,由于参与初级农产品销售的主体多为个体农户,我国法律对咖啡生豆的加工和销售的监管相对比较宽松。一旦涉及将咖啡生豆烘焙成熟豆进行销售,就必须先取得对应品项的食品生产许可证等相关资质。

各个省份对于取得咖啡烘焙类食品生产许可证的要求有不同的规定。如果你计划投资一家咖啡烘焙工厂,在做预算的时候不仅要考虑采购设备的价格,还要考虑建设配套场地的投入,这包括为生豆原料准备的仓储空间、配豆间、内包间、外包间、品控室、质检实验室等等。为避免员工的流动对食品造成污染,烘焙车间和内包间在生产时必须保持封闭状态,员工每次进入生产区域都必须经过二次更衣和消毒。

任何一家烘焙工厂,无论规模大小,都应该建立关于安全生产和食品安全的标准规范和流程,并将它们纳入工厂的日常运营管理之中。

保持烘焙的一致性

虽然烘焙师都知道应该遵循测试和研发时确定的烘焙曲线进行烘焙,但由于同一批次的生豆状况随着时间在变化,再加上烘焙机锅炉内的热量和气流很容易受到环境的影响,重复同样的烘焙操作有时仍会得到差异很大的结果。对一个品牌来说,无法保持烘焙的一致性将成为品牌长期持续发展的致命伤。咖啡馆更愿意从固定的烘焙商那里持续采购同一款意式拼配,这能提高他们日常门店出品的一致性,烘焙的不稳定会导致反复调试的损耗和成本增加。即便是 SKU(库存量单位,Stock Keeping Unit)数量众多、库存变动频繁的精品咖啡烘焙商,客户也不希望在回购同一支耶加雪菲时获得相差很大的品质。

Scott Rao 在 *Coffee Roasting：Best Practices* 一书中提供了一些可以让烘焙师们保持烘焙一致性的经验：

1. 保持投豆时生豆温度的一致性。
2. 对烘焙机进行充分的预热。
3. 管理好烘焙场地的温度，尤其是冬季。
4. 每个烘焙炉次之间执行一个锅间流程后再开始下一锅烘焙。
5. 烘焙过程中尽可能贴近曲线进行操作。
6. 尽可能使用 1～2 个固定的投豆量，合理安排烘焙顺序。

品控和质检

仅仅是依靠烘焙师在烘焙上的操作来保证出品的一致性是远远不够的。专业的咖啡烘焙工厂，会建立自己的一套品控和质检流程，确保消费者收到的产品是符合出品要求和质量标准的。以上海的一家烘焙工厂为例，每个烘焙批次需要保存烘焙曲线、测试烘焙粉值、除石、色选、留样等步骤才能进入包装环节。包装完成的咖啡豆还需要经过金属异物探测、出厂检验后才能进入市场销售。出厂后一周内，品控团队会对每批次留存的样品再次进行感官测试并记录测试结论。当接到消费者的投诉时，品控人员可以根据生产批次调取样品，再通过烘焙记录、测试记录及车间监控对烘焙和生产环节进行溯源，以快速纠正问题。

家庭式烘焙的乐趣

如果你并不打算售卖，而只是想自己体验咖啡烘焙的过程，了解咖啡烘焙的原理，你可以尝试使用这几种工具进行家庭式烘焙：①平底锅。②烤箱。③手网。④手摇式滚筒。使用这几种工具进行咖啡烘焙的原理和烘焙机基本相同，只是由于工具本身的局限，咖啡豆所接触到的热量不够均匀，在烘焙过程中需要通过快速翻动防止咖啡豆烤焦。在咖啡豆快到达一爆的温度时，由于体积膨胀，脱落的银皮会四处飞舞，需要及时将银皮吹开防止起火。

在家庭式烘焙的过程中，当你听到咖啡豆进入一爆时发出的噼里啪啦的声音，闻到咖啡豆在进行美拉德反应时转化出的香气，你就会很直观地体会到咖啡烘焙的乐趣。只是这些自己烘焙得到的咖啡豆，就不要奢望在风味和口感上有多美妙了，毕竟对新手来说，能全部烘熟就已经很考验技术了。

咖啡的冲泡和制作

经过烘焙的咖啡豆，其结构的 70% 都是不可溶解的木质纤维，其余 30% 才是包含了芳香物质的可溶解物。干嚼咖啡豆可能不是一个好主意，你只能尝到咖啡渣粗糙刺口的口感和因为浓度过高带来的苦味。如果你想通过干嚼咖啡豆来提神，效率依然不如直接饮用一杯冲泡好的咖啡，因为干嚼 15 克咖啡豆可能是一个痛苦的过程，而通过冲泡你可以将获取等量咖啡因的过程变成一种享受。

冲泡和制作咖啡的方式和工具有很多种，根据萃取的原理，可以分为滴滤式萃取、浸泡式萃取、压力式萃取和蒸馏式萃取四类。目前应用最广的制作手冲咖啡的工具 V60 滤杯，就属于滴滤式萃取。许多爱好者在家冲泡使用的法压壶，属于浸泡式萃取。咖啡馆中使用意式咖啡机进行咖啡浓缩液的萃取，或是使用比较少见的爱乐压进行冲泡，属于压力式的萃取。而摩卡壶和虹吸壶则是利用水沸腾时产生的压力，使沸水上升与咖啡粉混合后进入上壶，获得过滤后的咖啡，属于蒸馏式萃取。

使用不同的冲泡方式能带出咖啡的不同风味口感，造成这种变化的原因是由于咖啡液中溶解的各类风味物质的比例和浓度有所不同，从而引起饮用者在感官上的体验差异。咖啡豆所能溶解出的风味物质的类型和总量，在生豆和烘焙环节已经注定，冲泡并不能改变咖啡豆本身所包含的风味物质的结构。巧妇难为无米之炊，如果咖啡豆本身的品质不佳，咖啡师只能通过冲泡的调整减少负面风味物质的析出，让它不那么难喝，但不太可能用它做出一杯好喝的咖啡。

虽然我知道很多读者希望通过阅读本书学习如何在家制作一杯更好喝的咖啡，但关于咖啡的冲泡和制作网上不乏一些非常实用的视频教程。理论上，冲煮咖啡的过程中需要考虑的几个主要变量不外乎是研磨粗细、萃取水温、萃取时间等，但实际的冲煮环境中还会受到手法等细节的影响。出于对本书篇幅的考虑，我不想只是为了给读者提供标准答案而忽略对许多变量的探讨。有兴趣的读者可以通过其他渠道获得更多关于冲煮的方法，并在日常的冲泡中进行验证和练习。对爱好者而言，冲煮咖啡的过程应当是一种体验和享受，而不应该成为一种考试。只有通过日常的实践和检验，才能找到自己最喜欢的味道和最适合自己的冲煮方式。

法压壶　　Chemex　　爱乐压　　虹吸壶　　V60　　意式机　　土耳其咖啡

7 种常见的咖啡制作工具

咖啡是一种商品

传说咖啡最早起源于公元 6 世纪，但在其后的近一千年里，生活在非洲和中东以外地区的人们仍未有机会品尝到咖啡的美味，直到 15 世纪也门的摩卡港开始向全球其他国家出口咖啡豆，咖啡成了全球贸易的重要商品之一。随着欧洲各国进入航海时代，殖民主义的发展和利润的刺激加速了咖啡在全球范围内的传播。如今，全世界任何一个角落的消费者都可以方便地买到一杯咖啡。

咖啡的现货贸易

在现代金融体系出现之前，咖啡的交易主要指的是咖啡这一实物商品的流通，也就是现货贸易。在咖啡生豆、焙炒咖啡、咖啡制品等大类中，生豆又因其更易储藏运输，进出口条件更为宽松，并且附加值更高的特点，成为全球咖啡现货贸易中的主流商品。从原产地到消费地，咖啡生豆的现货贸易往往需要经过以下几个环节才能到达消费者的手中：种植→加工处理→出口→运输→进口→烘焙→批发零售。

传统进出口模式

在以上提到的 7 个环节中，由于每一个环节都对买方和卖方在所拥有的资源和专业知识上提出了不同的要求，因此在传统的进出口模式中，参与到不同环节的主体逐渐形成了一系列专业化的分工，分别是：农户、处理站/庄园、出口商、物流商、进口商、烘焙商、零售商/咖啡馆。

在过去数百年中，这些主体通过长期的商业实践所形成的专业壁垒逐渐稳固，各个环节在产业链整体利润的分配上也形成了相对稳固的模式。其中上游环节（农户和处理站/庄园）分配的利润占整个咖啡产业链的 1%，中游环节（进口和烘焙）占咖啡产业整体利润的 6%，下游环节（批发零售）占整体利润的 93%。

这样的利润分配看起来对上游有些不公，但在具体的商业环境中有其现实的合理性。上游的农户和庄园往往只需要占有少数的生产资料就可以进入生产和流通环节，而越到下游环节利润占比越高的主体，不但在持有生产资料上需要支付更高的成本，更重要的是在商业素养和服务意识上往往需要进化到最高阶段，才能真正实现其商业价值。因此，上游的农户和庄园往往因为在现代化的商业素养等关键要素上的缺失，而很难简单地通过扩大生产资料的投资直接跳过中游和下游环节，获取到整个产业链的全部利润。比如在非洲的埃塞俄比亚、卢旺达等商业发展较为缓慢的产区，优质的生豆出口资源依然牢牢地掌握在专业出口商的手中。

但随着全球咖啡消费市场的进一步发展和成熟，咖啡消费者开始对生豆品质提出了更高的要求，传统的生豆进出口模式因其涉及的供应链环节过长，开始显露出明显的弊端：

1. 小农户生产的咖啡存在产量少、品质不稳定的情况，这对中下游在采购环节的品质控制形成了很大的压力和挑战。

2. 上游在面对下游的市场需求变化时往往反应过慢，造成市场上不同品质的咖啡的供需结构不平衡，价格剧烈波动，影响市场稳定。

3. 下游对采购的生豆存在严重的信息不对称，难以对咖啡的种植生产环节进行溯源，消费者难以获得完整的知情权。

4. 由于主体之间缺乏信任，上游和中游之间往往采用交易成本更高的现金交易方式，这对企业的现金流来说是一个巨大的考验。

直接贸易

由于传统进出口模式存在上述弊端，一些咖啡企业开始尝试跳过进出口商，直接向原产地的咖啡庄园进行生豆采购，这种采购方式称为直接贸易。在直接贸易的生豆交易模式中，涉及的产业链环节如下：农户、处理站/庄园、烘焙商、零售商/咖啡馆。

对于那些本身具备跨国采购能力的国际咖啡品牌来说，直接贸易给他们带来的好处显而易见。通过向产地庄园提前下达预订单，这些跨国咖啡企业可以保证采购的生豆数量基本满足来年的生产销售需求，并且在品质上相对稳定可控。更重要的是，省去了支付给进出口商的利润，直接贸易每年可以为这些跨国咖啡企业在生豆采购

上节约一笔相当可观的成本。像雀巢、星巴克这样的大公司，还会通过直接在原产地投资种植基地，进一步加强对原材料采购环节的控制。

除了这些跨国企业，一些独立的精品咖啡烘焙商也在小范围地开展直接贸易。这种贸易方式加深了品牌与原产地之间的连接，通过买断或定制特定的生豆批次，那些无法与大公司抗衡的小品牌可以在激烈的市场竞争中获得差异化优势。但由于独立的精品咖啡烘焙商相比大型咖啡企业的采购规模较小，产地卖家为了应对销售往往需要投入更多的精力和资源，因此并不能提供向大公司那样足够低的采购价，再加上小批量的生豆运输不得不采用昂贵的空运方式，这种直接贸易的采购方式并无法为身在消费地的买家节约实际的采购成本，因此这些独立品牌的消费者并不能直观地感受到直接贸易带来的价格优势。

直接贸易的采购模式并非无懈可击。近年来，国外的咖啡品牌正在广泛地使用"直接贸易"的描述，为了向消费者展示一个"道德采购"的品牌形象。但目前还没有对应的法规对"直接贸易"这一营销话术的使用作出监管，品牌究竟向原产地的农户和庄园支付了什么样的采购价格，农户和庄园在与相对小规模的公司直接交易的过程中是否需要承受更大的交易风险，这些问题往往无法在品牌的推广中得到披露。因此，国外的媒体和受众也在质疑"直接贸易"是否正在被品牌滥用。

竞　拍

传统进出口模式和直接贸易模式通常适用大批量的商业级咖啡生豆或是有一定库存量但在品质和市场价值上不够稀缺的

精品咖啡生豆批次。在一些产量比较小的产国，为了使本国出产的高品质咖啡尽可能卖出高价，当地的咖啡协会等机构引入了竞拍制度，吸引了来自全世界的买家参与拍卖。竞拍模式在交易流程上与直接贸易模式有相似之处，但在原产地的庄园和消费地的买家之间多了一个第三方的竞拍机构作为中介。

目前，全世界的咖啡产区推行较为成功的竞拍制度，以巴拿马一年一度的 BOP（Best of Panama）与主要在中南美洲与东非推行的 COE（Cup of Excellence）为代表。巴拿马的 BOP 竞拍每年在 10 月份举行，每年将从巴拿马全国的咖啡庄园中预选出 36 支瑰夏与 14 支其他品种的咖啡参与最后的竞拍，其中瑰夏组还分为水洗组与非水洗组各 18 支。如进入最后的国际竞拍环节，每支咖啡需要提交 100 磅（45.4 公斤）库存以保障竞拍结束后的交货。

第一届的 BOP 竞拍出现在 1996 年，在此之前，和其他产区的商业咖啡一样，巴拿马的咖啡生豆价格依赖于国际期货价格的走势。1989 年咖啡国际期货价格一度暴跌，往日 1.2 美元/磅的售价突然下落至 0.74 美元/磅，当时巴拿马的咖啡市场曾经因此遭遇崩溃。随着 90 年代精品咖啡概念的推广，巴拿马的农户开始寻求通过竞拍等方式摆脱商业咖啡的价格危机。于是，BOP 竞拍诞生了。第一届 BOP 的成功举办具有历史性的意义，从组织到运营完全由巴拿马当地的咖农和庄园自发进行。第二届的 BOP 则是在 6 年后的 2002 年举办，当时竞拍出的最高价由艾力达庄园以 2.37 美元/磅的价格获得。2003 年，翡翠庄园的 Petersons 家族首次向 BOP 提交了在他们的地块已经被种植超过 50 年，但风味潜力尚

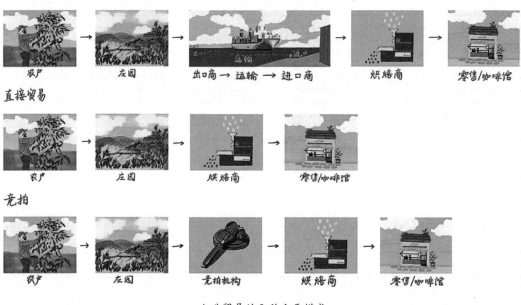

咖啡贸易的 3 种主要模式

未得到开发的瑰夏品种，这一批次也以 21 美元/磅的价格卖出了当年的最高价。从此以后，越来越多的庄园找到了自己地块上种植的瑰夏进行开发。经过往后近 20 年的连续运营，每年 BOP 拍出的最高价水涨船高，2023 年的水洗组更是拍出了 10005 美元/磅的历史新高，巴拿马瑰夏不仅成了巴拿马最具影响力的明星品种，也超越了蓝山咖啡、猫屎咖啡，成为世界上最昂贵的咖啡品种之一。

BOP 竞拍的成功运营确实为巴拿马咖啡在国际市场上赢得了足够的声誉。如今，巴拿马咖啡早已摆脱了往日的价格危机，那些曾经在 BOP 上赢得名次的咖啡庄园也因此可以掌握咖啡的定价权，摆脱国际贸易中的被动局面。这几年 BOP 产生的令人咋舌的高价纪录也引起了亚洲买家的关注，参与竞拍的买家中绝大多数来自中国大陆、台湾省和日本。但巴拿马瑰夏的品质虽好，过高的售价也让 BOP 在国内的咖啡消费市场中叫好不叫座。2023 年的"标王"的竞拍价换算成人民币接近 15 万元一公斤，这还没有算关税、运输等进口成本，许多咖啡馆的菜单也开始以巴拿马瑰夏的名义出售上千元一杯的咖啡，这让一些不了解其中原委的普通消费者提出了质疑。当咖啡成为奢侈品，应该如何在一个新兴的消费市场中找到它的定位，是中国的买家们在参与竞拍前需要认真思考的问题。

咖啡的期货交易

与粮食、大豆等其他农产品一样，咖啡的生产具有季节性，在收获季节，市场上短期内会出现大量库存，导致价格暴跌，而在其他季节市场上的库存减少，价格又出现暴涨。交易价格的大幅波动极大地损害了下游烘焙商和消费者的利益，影响了市场的繁荣。为了稳定咖啡交易的价格，1882 年，纽约咖啡交易所成立，期货合约的引进是全球咖啡交易现代化的标志之一。

几经更迭合并的纽约咖啡交易所如今已经演变为美国期货交易所，和欧洲期货交易所、加拿大期货交易所共同组成了全球领先的洲际交易所集团（ICE）。位于纽约的美国期货交易所交易的美国 C 型咖啡期货是全球阿拉比卡咖啡交易的最主流期货，而位于伦敦的欧洲期货交易所交易的罗布斯塔咖啡期货代表了全球罗布斯塔咖啡的交易水平。

期货作为一种金融手段，其本意是为咖啡行业中下游的参与者提供一个避险的工具。期货的价格水平反映了市场上人们对全球的消费需求量和可交易的库存之间变化关系的预期。在全球消费需求量不变的情况下，当人们预期明年全球的咖啡产量整体上升，期货价格就会下降，反之则上涨。因此全球的大型生豆买家都将期货价格作为每年生豆采购价的重要参考工具，根据不同产区当年的品质和产量再给予一定的升贴水。

但即便是给予了升贴水的政策，这种定价方式对于产量较低的小产区来说依然极为不利。因为每年的期货价格水平几乎完全由巴西、越南等大产区的产量决定，而这些产区恰恰是咖啡规模化种植水平最高，生产成本相对较低的。对于产量较低的小产区来说，相对落后的规模化种植水平和相对更高的人工成本，让他们在咖啡期货价格较低的年份容易入不敷出，引发市场危机。因此，小产区的农户和庄园往往必须通过提高咖啡品质，发展精品咖啡种植和加工来平衡收入。

期货交易的另一个风险在于市场上的投机客。由于咖啡期货交易只涉及合同的换手，不需要对咖啡库存进行实物交易，因此期货交易也被一些市场的投机客当成投机套利的工具。当投机客进行频繁的交易时，此时合同的交易量和换手率无法真实地反映市场对需求的预期，期货价格容易出现较大波动，进而波及现货交易市场的稳定。

任何一种金融工具都具有两面性。虽然中国还未引进本土的咖啡期货，但咖啡产业链中任何一环的从业者都可以通过关注每天全球咖啡期货市场的价格走势，为自己的商业决策提供重要的参考和支撑。

咖啡的品质

古汉语中"品质"一词是用来指代人的品性和资质，直到现代科学的出现，"品质"一词才开始被人们用来形容物品的质量。在英文中，"品质"对应的概念是"quality"，起源最早可追溯至古希腊时期亚里士多德提出的哲学概念。亚里士多德认为，品质的概念从哲学上可以划分为三大类：第一类是个人态度上的品质，包括能力、爱好、美德、行为倾向等。第二类是感官上的品质，包括声音、颜色、气味等能被人类感官捕捉到的一切品质。第三类是可以客观测量的品质，如速度、长度、强度等物理学概念。

"品质"一词最早被应用到现代化的工业生产中用来形容产品的质量，是在二战以后。在此之前，虽然工业革命一定程度上带来了生产效率的提高，但这种产能的提升仅仅局限在纺织业等个别行业，其他行业的商品产能仍然十分有限，品质控制更是无从谈起。二战期间，美国军队深受品质低劣的军事装备所害，美国国防部不得不为此专门设立了一个部门对接收的武器和装备进行品质控制。1951年，约瑟夫·朱兰出版了《品质控制手册》一书，奠定了现代工业生产中广泛应用的品质管理科学的基础。50年代中期，朱兰的品质管理学说被引入到日本，品质改善为日本战后经济的重建带来了奇迹，也造就了一系列全球知名的日本品牌。

如今，我们的商业社会中，几乎每一家品牌或制造商为了获得市场和客户的认可，都在强调自己的品质。illy咖啡的主席安德里亚·意利（Andrea Illy）曾指出，西方工业自20世纪80年代后期就在滥用"品质"一词，因为他们发现自己在全球化的竞争中正在受到日本工业的威胁。而由于品质这一概念所表达的内涵过于宽泛，生产者和消费者对"品质"一词似乎很难达成一致的理解。在咖啡产业中，人们常常将咖啡生产制作过程中的品质管理和咖啡作为食品给消费者所带来的感官品质混为一谈，甚至很多生产商自己也没有搞清自己的品牌对品质的定义，这就造成了在咖啡的市场竞争中人人都在谈品质，但对品质的定义和理解千差万别，产品品质依然参差不齐的现象。

咖啡的感官品质

作为一种食品，烘焙过的咖啡天然能为人们带来相应的感官体验，尤其是在嗅觉、味觉和触觉上。正如人们对其他食物的评价各不相同，人们对咖啡的感官体验也是极其主观的。过去，人们对咖啡的印象大多数只有"香"和"苦"，不同产地生产的咖啡之间在感官上的细微区别对大部分消费者来说是不存在的，但这不妨碍他们对咖啡的喜爱以及咖啡这一饮品在全球范围内的流行。

对于身处咖啡产业链中的从业者来说，使用统一的语言和工具对主观的感官描述进行沟通却显得很有必要，这意味着行业标准的建立。第一个关于咖啡感官体验的研究出现在 1922 年，在 Ukers 等人编辑出版的 *All About Coffee* 一书中，出现了关于使用杯测方法进行咖啡感官测试的最早记录。在"咖啡词典"一章中，Ukers 等人总结了 17 个用于咖啡感官描述的常见词汇。令人惊讶的是，在这 17 个描述词中，有 13 个都是负面描述词，如干涩、烧焦味、泥土味、木质味等等，"中性"和"醇厚"是中性词，而只有"酸味"和"丰富的"是正面描述词。从中我们不难看出，当时的咖啡感官测试是以检查咖啡中的瑕疵和负面风味为主要目的。

1974 年，在美国旧金山一家咖啡公司任职采购员的艾娜·努森（Erna Knutsen）女士首次提出精品咖啡（Specialty Coffee，也有专家认为应译作原产地咖啡）的概念，定义那些在特殊的地理条件及微气候下生产的具有独特风味的咖啡豆为精品咖啡。1982 年，努森女士参与创立了美国精品咖啡协会，开始致力于将精品咖啡发展成一套行业标准，并在全世界范围内进行推广。

进入 20 世纪 90 年代，行业中的人们开始意识到精品咖啡的理念为咖啡产业链中各个环节所带来的好处，于是人们开始致力于在过去采用的杯测方法和感官描述工具的基础上，重新发展出一套适用于精品咖啡的感官评价体系。1995 年，泰德·林格（Ted Lingle）为美国精品咖啡协会开发了第一版精品咖啡风味轮，这套风味轮将咖啡给人带来的味觉分为了酸、甜、咸、苦四大类，将香气分为酶化反应、焦糖化反应和干馏反应三大类。每个大类分别对应 2～3 个小类，小类中又划分为不同的群组，如花香组、柑橘组、莓果组、坚果组等等，每个群组中可以包含更具象的风味描述，如咖啡花、柠檬、杏、烤花生等等。这套风味轮首次对咖啡中的正面风味作出了相对科学的分类，为后来巴拿马、埃塞俄比亚、哥伦比亚等知名产区精品咖啡的崛起提供了有力的支持。

在泰德·林格的首版风味轮启用了 20 年后，人们发现一些精品咖啡发展成效比较突出的产区，通过品种和处理法的创新，开始创造出了许多该版咖啡风味轮中未曾包含的新风味，因此该版咖啡风味轮被认为有些过时。2016 年，SCA 发布了新版咖啡风味轮，其中将咖啡的风味简化为了九大类，包括花香类、水果类、酸味/发酵类、植物/蔬菜类、烘烤类、香料类、坚果/巧克力类、甜味类和其他。9 大类中又包含 28 组共 110 个具象描述词，如水果类莓果组包含黑莓、覆盆子、蓝莓、草莓，酒精/发酵组包含红酒、威士忌、发酵、过度成熟等。

但仅仅是更新已经过时的咖啡风味轮并没有让咖啡感官科学的研究者感到满意。2017 年，WCR（World Coffee Research，非营利性咖啡研究组织）编写发布了《感官词典》（*Sensory Lexicon*）一书，对新版风味轮中出现的 110 个具象描述词给出了明确的定义和如何使用食材调配出相应风味的配方，以减少人们对相对抽象的风味描述词的误解和争议。比如该书中对"过度成熟"的定义是，水果或蔬菜超过其最佳成熟度后带有的甜味、微酸、潮湿、霉味和泥土味等特征，参考物是过熟的香蕉。将冷冻的过熟香蕉放在微波炉中加热1分钟后捣碎成泥，再将1茶匙香蕉泥放入一个中等大小的高脚杯中盖上盖子，通过这个配方还原后的过度成熟气味强度为6.5。由于配方中对一些食材的规定甚至具体到了品牌，我们很难在国内进行完全的复刻，但这不妨碍我们在阅读这本"实验手册"时依然可以体会到入门食品感官科学的乐趣，并且可以尝试在家中对其中一些简单的配方进行还原。

除了风味轮外，我们最常听到的一个有关咖啡感官评价的词是"杯测"。虽然人们使用杯测进行咖啡感官品质评价的做法由来已久，但真正对咖啡的感官品质进行系统性的打分，还是在精品咖啡产业出现后才开始的。目前全球范围内使用最广泛的两套杯测打分体系，是SCA的杯测评分体系和COE的竞拍评分体系。两套评分体系都建立在对咖啡的正面风味和缺陷的评价基础之上，因此在内在逻辑上有高度的相似性。在开始杯测前，评分者都要对咖啡的烘焙度色泽和香气的强度进行观察和评价，杯测过程中再针对风味、酸质、醇厚度/口感、余韵、干净度、甜感等小项进行打分，对杯测中喝到的瑕疵和缺陷进行扣分，最后得到的杯测总分作为评判咖啡品质高低的客观依据。

在打分规则的细节上，SCA杯测评分体系与COE竞拍评分体系在分数上采用了各自的度量衡，在干净度和甜感两个小项上，SCA的打分规则更为宽容，只要咖啡本身没有重大瑕疵都给予10分满分，而COE在这两项上则需要像其他小项一样给出具体的评分。而且COE的评审们相信，

一支咖啡在甜感上的绝佳表现往往体现了更好的种植环境以及生产者在种植、加工环节上更加精细的处理，因此在COE的杯测中，对干净度和甜感两项的评价通常更为谨慎，甜感一项的评分也成为拉开不同样品之间分数差距的关键。

在通过感官评价对咖啡品质进行分级时，无论是SCA还是COE都将80分划为精品咖啡的及格线，85分以上的咖啡则被认为具有相当优秀的品质。理论上我们的确可以将杯测评分作为判断一支咖啡品质高低最主要的参考，但在实际的杯测实践中，我们还是会发现，即便是常年接受专业训练和感官校准的杯测师，也无法完全避免在不同时间、地点和场合下进行杯测所出现的感官差异。在参与竞赛级咖啡的杯测时，杯测师们也容易受到心理暗示而给出比往常更高的打分。在COE的竞拍中，经常会出现一些95分以上的超高分咖啡，而在使用SCA进行杯测评分时，获得95分以上的咖啡可以算是凤毛麟角。2022年入围BOP竞拍的50支咖啡中，杯测分达到95分以上的仅有4支，而2021年没有一支BOP样品获得杯测分数在95分以上。

近几年我们在市场流行的咖啡中也发现了一个危险的趋势，我称它为杯测分数的"通货膨胀"。由于咖啡的杯测评分依然需要依赖杯测师，一些生豆贸易商或咖啡品牌出于市场竞争的目的，有意地抬高了咖啡的杯测分数，甚至将其用在广告宣传语中。另一个危险的趋势是，有一些杯测师片面地将SCA的感官评价标准理解为，花香和水果类的香气强度越高的咖啡品质越高，而忽视了对口感、甜感与平衡感的整体评价。这让一些不诚实的生产者有机可乘，在生豆的处理工艺中加入了一些

"人工添加物"使咖啡获得了无比浓郁的香气,从而卖出高于市场价数倍的高价。因此作为咖啡产业的相关从业者,我们可以将卖家提供的杯测分数作为参考依据之一,但在日常的经营中依然有必要通过杯测的实践对咖啡的实际品质再次作出验证和判断,建立自己相对客观的评价体系。

咖啡生产的品质管理

在 20 世纪以前,人们很少谈论咖啡的品质,无论是咖啡生豆的流通还是咖啡饮料的流行,都还是非常地域化和个性化的事,咖啡豆原料的采购和烘焙完全依赖咖啡店的店主对于消费者喜好的理解和个人经验。由于现代海关制度尚未形成,店主们对于采购的咖啡生豆的信息几乎一无所知,更不要说对原产地的生豆生产过程进行溯源和管理了。

随着现代工业的发展以及跨国食品企业的出现,有关咖啡生产的品质管理科学才被提上日程。在过去一百多年的时间里,工业生产的品质管理科学快速地从质量检验阶段、统计质量管理阶段进入到全面质量管理阶段,包括了咖啡生产在内的食品生产领域也不例外。在前两个阶段,工业生产的品质管理建立在对生产设备及成品的质量进行检测的统计学基础上,通过降低不合格率来提高生产效率。然而,随着现代工业科技的进一步成熟,影响某一产品品质的生产流程正在变得越来越复杂,单一的不合格率指标已经不足以用来倒推生产流程中到底是哪一个环节出了问题。与此同时,现代的商业模式更加注重服务质量和消费者的体验,对流通环节和售后服务的管理同样会影响到最终交付到客户手中的产品品质。因此,全面质量管理的核心是要求企业通过全员参与,对包括市场调研、产品研发、生产技术准备、生产过程、检验、销售和售后服务在内的全流程进行管理,全面提升产品质量、服务质量和企业的工作质量。这一理论被称为全面质量管理理论的"三全"管理。

由于不同的企业和国家地区之间对产品品质的理解千差万别,建立国际通用的质量标准体系对发展国际贸易和推进全球化来说至关重要。在这样的背景下,ISO 组织(International Organization for Standardization,国际标准化组织)应运而生。最早 ISO 组织的工作重点在于机械工程领域的工业标准化,1951 年 ISO 发布了第一个标准:工业长度测量用标准参考温度。如今,ISO 已发布了 24720 个行业标准,几乎涉及现代科技、管理和制造业的方方面面,共有 168 个国家成为 ISO 的成员国,包括中国在内。

在 ISO 质量标准体系中,关于咖啡的质量标准有近 60 条,其中有关咖啡生豆的品质管理标准约 15 条,涵盖了生豆取样、颗粒筛分、水分测量、瑕疵鉴定、样品烘焙、感官品质评价等各个环节。有关烘焙咖啡的品质管理标准 9 条,包含了咖啡熟豆的水分测量、化学物质测量、感官评价等环节(其他品质管理标准还涉及速溶咖啡、供应链管理、咖啡馆管理和服务等领域)。ISO 相关质量标准的制定并非空穴来风,而是参考了全球各国相关领域的先进研究和生产实践,并注明了出处,例如,ISO 18794:2018 一项《咖啡的感官品质评价:词汇》,就参考了前文提到的 WCR 发布于 2016 年的 Sensory Lexicon 一书。

ISO 质量标准体系中确立的咖啡行业相关标准,不仅为国际咖啡贸易提供了统一的品质管理参考，也为许多国家在咖啡生产领域行业标准的建立提供了依据。我国目前在咖啡生产领域的行业标准主要分为两大类，一类是行业标准号以 NY 开头，由农业农村部发布的农业行业标准，一类是行业标准号以 GB 开头，由国家质量监督检验检疫总局和国家标准化管理委员会共同发布的国家标准。例如，国标 GB/T 19181—2018 一项为《生咖啡 分级方法导则》，参考的是 ISO 9116：2004 关于咖啡生豆分级方法的标准；国标 GB/T 15033—2009《生咖啡 嗅觉和肉眼检验以及瑕疵和缺陷的鉴定》参考的是 ISO 4149：2005 的相应标准。

在咖啡生豆的生产和销售环节，我国目前现行的行业标准有农业农村部发布的 NY/T922—2004《咖啡栽培技术规程》、NY/T606—2011《小粒种咖啡初加工技术规范》、NY/T3979—2021《生咖啡 粒径分析 手工和机械筛分》、NY/T2554—2014《生咖啡 贮存和运输导则》、NY/T604—2020《生咖啡》等各项，制定的相关依据包含食品生产安全领域有关食品污染物和农药残留以及食品中水分与灰分的测定的相关国标。咖啡烘焙环节现行的行业标准有 NY/T605—2021《焙炒咖啡》一项，制定的主要依据是食品生产安全领域有关食品真菌毒素、致病菌、污染物和农药残留以及食品运输流通环节使用的包装材料和预包装食品标签的国标。需要注意的是，国标和农业农村部发布的行业标准是国家监管部门对各个企业生产的食品质量的最低要求，在开办和经营过程中，食品生产企业还需要遵守《食品生产许可管理办法》《食品安全法》等相关细则，才能获得相关的生产销售资质。

国家行业标准的制定，是我国咖啡产业各环节开展咖啡品质管理的重要基础和前提。但不可否认的是，产品达到国标要求的品质只能代表企业在生产环节达到了准入门槛，对于一些在品质管理上有更高追求的企业来说，仅仅是对国标的执行已经无法体现企业在市场上的竞争力。因此一些企业还会制定相关的企业标准（简称企标）来提高自己在市场上的竞争力，国家关于企业标准的制定要求是必须高于现行的国家标准。除此之外，企业还可以通过加入其他国际认证来提升自己的品质管理标准，比如咖啡的种植和生豆生产环节的相关国际认证有 4C 认证、欧盟有机认证、雨林联盟认证等，在咖啡烘焙和生产环节有 HACCP 认证（Hazard Analysis Critical Control Point，全称为食品危害分析和关键控制点）。这些国际认证体系不仅对企业最终交付的产品品质作出了相关要求，更关键的是对生产过程中涉及的原材料管理、操作流程的安全性、对环境的影响、道德伦理等各项环节都提出了更为细致的规定。

虽然我国的消费者对于这一系列咖啡品质管理的国际认证体系认知程度还不高，但随着中国咖啡市场消费需求的不断分化，咖啡企业通过加入国际认证体系来提高自身的品质管理水平是不可避免的趋势之一。一些企业在获得国际认证后也发现，认证不仅带来了产品交付品质的提高，对生产流程的控制管理水平的提升也为企业降低了生产和运营成本。

消费者的饮用习惯和情绪体验

如果说 SCA 关于咖啡感官品质的评价体系以及咖啡生产领域的各项行业标准可以用来作为评价和判断咖啡品质相对客观

的标准，那么消费者对于咖啡品质的感知和评价就是相对主观的了。事实上，许多咖啡品牌和企业的市场销售人员在营销工作中会发现，消费者所感知到的产品服务品质，经常与产品部门的专业理解以及品牌在市场营销中所推广的卖点有很大出入。在中国，许多精品咖啡馆使用成本昂贵的精品咖啡豆，甚至是竞标级咖啡豆作为自己与大品牌进行差异化竞争的核心优势，但这样的竞争策略在面对不同的消费者群体时收获的反馈几乎可以说是两极分化。对于接受并认可精品咖啡文化的消费者来说，在小众的精品咖啡馆喝一杯店主用来自哥斯达黎加的 COE 竞标咖啡豆冲泡的手冲咖啡，是一种愉悦的享受。但对于那些只是将咖啡作为提神饮料的消费者来说，一杯可以无限续杯的美式或者加了大量牛奶的拿铁，比起价格昂贵的手冲咖啡来说反而更具有吸引力。

实际上不仅仅是在每人年均咖啡消费量刚刚超过 10 杯的中国，在全世界大部分的咖啡消费国，咖啡市场的消费主力依然是这两类群体中的后者。消费者在饮用咖啡的过程中，关注的不仅仅是咖啡中所使用的原材料的品质，更多的反而是消费场景、空间需求、价格、便利性、服务的一致性等因素综合带来的消费体验。除此之外，品牌在市场推广中使用的文案也会影响消费者对产品服务品质的预期，从而进一步影响消费者的情绪体验。因此，成熟的咖啡品牌在推出新产品前，往往会要求市场部门首先针对产品面向的市场做深入的消费者研究，在对市场需求进行充分调研和分析的基础上再开始产品研发，并且在产品正式投放市场之前，消费者研究将贯穿产品研发的不同阶段，以获得预期的

市场反馈。在其他消费品领域，类似的消费者研究已经开展得相当成熟，尤其是在美妆、女装等行业。在国内的咖啡行业，只有星巴克、雀巢、瑞幸、三顿半等头部品牌在开展相关的市场研究工作，大部分的中小型企业，包括精品咖啡馆在内，对市场和消费者的认知和洞察依然十分薄弱，更不要说形成有效的市场竞争策略，从品牌林立的市场竞争中脱颖而出了。

国外的消费心理学研究指出，在消费者喝到咖啡之前，咖啡产品的外包装和标签所提供的信息会让消费者对产品和服务的品质形成一定的预期，其中外包装的设计等视觉因素会引起消费者在情绪上的联想，配料表、营养成分表等信息能让消费者了解咖啡使用的原材料品质和所能满足的食品性功能，而诸如有机食品、公平贸易标签、雨林联盟认证等信任提示则会引起消费者在伦理和公共价值方面的共鸣，进而影响购买决策。但为了促进销售而采用过于夸张的设计或是进行虚假宣传，最后只会获得反效果。在实际的消费体验中，消费者一旦感受到产品和服务品质与预期之间存在巨大差异，往往会给出比实际体验更低的评价。另外，在面对外包装和标签信息相似度很高的产品时，对品牌或产品的熟悉程度也会影响消费者对品质的预期。这些结论我们同样可以应用到咖啡馆的产品和服务中，咖啡馆的装修就类似于产品的外包装，而咖啡馆内提供的菜单以及咖啡师传递给顾客的产品信息，就类似于产品标签，通过对咖啡馆的外在表达细节进行更加精确的提升和优化，可以让消费者对咖啡馆的产品和服务品质形成更合理的预期，避免不必要的差评。

针对消费者进行的感官测试也是咖啡

行业在消费者研究中普遍使用的方法之一。近几年，由于一些精品咖啡馆的咖啡师将SCA的感官评价标准奉为圭臬，许多消费者在没有喝到咖啡师所提示的风味时，误以为是自己在知识上的不足或是在感官能力上有所缺失。但实际上除非器官本身存在器质功能上的先天不足，消费者感知嗅觉、味觉等风味的能力并不比咖啡师差，消费者和咖啡师之间的差异在于，消费者对风味的认知和表达与受过SCA训练的咖啡师有所不同，对咖啡口味的偏好和日常饮用的习惯与SCA定义的标准也相去甚远。因此，在消费者的感官测试中，企业并不会采用SCA的杯测方法进行测试，而是采用更灵活的测试方法，以得出更有利于企业作出市场决策的结论。

常用的消费者感官测试方法有：判别测试、描述测试和嗜好程度测试。判别测试是指通过2组或3组样品进行对比，检验样品之间的差异是否能被消费者区分和感知。比如，研究人员曾经通过判别测试发现，当咖啡豆中混入的瑕疵豆比例超过16%时，消费者才能感知到样品品质的显著下降。描述测试是指消费者使用一系列的描述词工具对自己饮用某种咖啡饮品的体验进行描述，研究人员在收集数据后对消费者提到的描述词进行定性和定量分析，最终得出结论。在描述测试中，研究人员可以要求未经训练的消费者自由地描述和表达，也可以要求消费者在研究组提供的描述词选项中选取符合的选项（Check - All - That - Apply，又称CATA测试）。近年来人们开始关注到，在自由描述的测试场景中，消费者不仅会使用类似"甜的""焦糖味"的感官描述词，也经常会使用到一些诸如"有活力的""清醒的"之类的情绪描述词来表达自己饮用咖啡时的情绪体验。因此，有学者通过频次统计和回归分析，从常用的118个描述词中进一步筛选出了一套包含了44个描述词的词汇库，以减轻消费者日后在进行CATA测试时的负担。

表1-2　消费者饮用咖啡时的44个常用情绪描述词

活跃的	厌恶的	提神的	放松的
恼怒的	有教养的	**充满快乐的**	充分休息的
清醒的	令人强大的	突然振奋的	被犒劳的
平衡的	**充满能量的**	愉快的	**满意的**
被加速的	自由的	被激励的	社交的
无聊的	使人有成就感的	紧张的	安慰的
头脑清楚的	有趣的	不平衡的	特别的
舒适的	**好的**	平静的	善解人意的
满足的	不满的	**令人愉悦的**	温暖的
好奇的	**有愧疚感的**	高兴的	怪异的
感到失望的	受控的	高产的	**感到担忧的**

注：标注黑体的描述词来自 EsSense Profile 的情绪词库。

嗜好程度测试是指通过消费者对样品的喜爱程度进行打分，来判断消费者对某一款或某几款产品的接受/嗜好程度。这是一种非常重要的测试方法，因为不同地域的消费者在饮食方面存在巨大的人口学差异，对咖啡的饮用习惯也是如此。一款产品即便已经在某一个市场被验证成功了，在投入另一个新市场之前也必须经过嗜好程度测试来验证这里的人们对这款产品的接受程度。一些跨国品牌还会为了某一个特定市场的消费者定向开发一款新品，以满足他们的特定习惯和喜好。

在咖啡的世界中，"品质"是一个贯穿整个产业上下游的概念。在生豆贸易中，生豆的品质是决定价格的重要因素之一；在零售和咖啡馆环节，产品和服务的品质决定了品牌的定位和消费者愿意为此支付的溢价。但同时我们也看到"品质"这一概念在内涵上的多样性和复杂性，以至于我们不得不用这么多的篇幅来剖析它。过去 10 年，随着 SCA、Q – Grader 等咖啡教育培训的普及，国内的咖啡从业者在咖啡豆的选品、烘焙、萃取和咖啡饮品制作等环节的技术水平较 10 年前已经有了显著的提高。但归根结底，咖啡是面向消费者的饮料，仅仅关注技术水平的提升已经很难让品牌或咖啡馆在面对国内市场日益多元化的咖啡消费需求时脱颖而出。如何与消费者之间建立更紧密的沟通和联系，从消费者的体验出发去重新定义品牌所提供的产品与服务的品质，并且持之以恒地去全面提升和改善，是身处咖啡消费浪潮中的每一个品牌经营者需要不懈追求的目标和方向。

咖啡是一种文化

文化是人类社会独有的普遍现象，英国文化人类学家爱德华·泰勒在《文化的起源》一书中说："文化或文明是一个复杂的整体，它包括知识、信念、艺术、道德、风俗，以及作为社会成员的人所掌握的其他能力和习惯。"在人类的文化发展史中，饮食文化又居于首要地位，是人类生存发展和其他文化形成的基础。作为全球仅次于水的第二大消费饮品，咖啡的传播和流行在全球不同地区有着鲜明的地域性特征，不同地域的人们由此形成了自己独特的咖啡饮用习惯和咖啡文化。

非洲：咖啡和原始宗教仪式

在咖啡的发源地非洲，配置了意式咖啡机的咖啡馆相对来说还是比较高档的消费场所。埃塞俄比亚的农民在家依然保留着非常原始的咖啡饮用方式："他们把青绿的咖啡豆放在桌上用火烤，主人会将还在冒烟的咖啡豆传给在场人士，让大家分享浓烈的咖啡香味，并以祝福或歌唱的方式颂扬友情，然后在灰泥上用石头将咖啡豆磨成粉末，煮成咖啡。"这是《咖啡瘾史：一场穿越800年的咖啡冒险》一书的作者斯图尔德·李·艾伦在埃塞俄比亚与肯尼亚边境的一间家庭旅馆里记录下的一场咖啡分享仪式。

在流传最广的牧羊人传说中，关于羊群嚼食的到底是咖啡树的哪一个部分，存在两种不同的说法。第一种说法是羊群当时嚼食的是鲜红的咖啡果实，牧羊人卡迪在发现了咖啡果实的提神功能之后，将咖啡带给了修道院的长老，长老们开始将咖啡果实煮汤分给修行的修士，解决了他们夜晚念经打盹犯困的问题。在传说中最早生产咖啡豆的埃塞俄比亚哈拉（Harrar）地区，生活在古老的柯法（Kefa）王国的奥罗摩族曾经将生咖啡豆混合油脂制成咖啡球食用，用来提升战斗时的注意力。后来奥罗摩族和与他们有着很近的地缘关系的加利族，发明了用咖啡豆祭拜天神的仪式，这种在当地被称为 bun – qalle 的仪式先是将生咖啡豆用奶油煎熟，再将咖啡豆整颗加入牛奶搅拌，整个过程需要祭司和长者一边念着祈祷文一边进行，最后搅拌好的咖啡由在场的人们一边念着祷告词一边喝掉。除了 bun – qalle 之外，当地还流传着另一种仪式，将煎熟的咖啡豆磨成粉末再加入水，他们相信这样可以让咖啡豆释放所有魔力，因此这种做法往往用于魔咒或是驱邪仪式。

铁锅炒咖啡豆（来源：CC0 Copyright@ Pexels. com.）

另一种说法是牧羊人的羊群当时嚼食的是咖啡树的叶子。因此，埃塞俄比亚最早的咖啡饮料是用咖啡叶而非咖啡豆煮的。这种咖啡的做法现在在埃塞俄比亚几乎绝迹，只有住在吉加·吉加（Jiga-Jiga）地区的奥加登人还保留着这样的习惯。用烘焙过的咖啡叶煮成的饮料在当地称为卡提（Kati），而更早期的做法是用新鲜晒干但未烘焙的咖啡叶直接煮，现在当地人喝得比较多的只有卡提，用新鲜咖啡叶做成的咖啡饮料几乎没有人喝了。

我们在埃塞俄比亚的特定区域依然能看到类似 bun－qalle 的仪式和卡提这种饮料留下的痕迹。如今，埃塞俄比亚当地的传统家庭会将生咖啡豆放在一个铁盘上烘烤炒熟，然后用木棍将爆裂的咖啡豆捣碎倒入一个长颈陶壶中，加入热水直接放在炭火上烹煮，喝的时候可以加入砂糖或者黄油。这种咖啡仪式每天会有两到三次，每次持续 1～2 个小时。

中东：摩卡咖啡

咖啡从埃塞俄比亚被带到阿拉伯世界

的第一站是也门的摩卡港（Mokha Port）。曾经这个叫作阿玛卡港（Al－Makkha）的城市只是一个孤立的小港口，埃塞俄比亚人可以经由吉布提坐船跨越红海海峡从这里登陆也门。因为咖啡的到来，改名为摩卡港的阿玛卡港成为一个带有传奇色彩的港口城市，摩卡港的名字也从此与咖啡紧密地联系在了一起。

传说一位叫夏狄利的苏菲教徒为摩卡港带来了咖啡，他在从埃塞俄比亚驶往也门的船上用咖啡为水手治好了疾病。还有一个版本是夏狄利是最早发明了咖啡煮法的人，实际上传说中的夏狄利还有可能指的是苏菲教派中的夏狄利派，他们用新鲜的咖啡果实、卡特草和小豆蔻煮成汤汁，后来才有另一位叫达巴尼的苏菲教徒将烘焙后的咖啡种子磨碎后烹煮，这种饮料被称为"咖瓦"（qahwa），也就是现在"咖啡"一词的词源。不管怎么说，夏狄利在600年后的今天仍被也门人奉为咖啡的守护圣徒，和达巴尼一起被尊称为也门的"咖啡教父"。

苏菲教派之所以成为咖啡的忠实拥趸，和他们的祈祷仪式经常在夜晚举行有关。这个教派不像伊斯兰教人数更多的逊尼派和什叶派那么严肃，而是喜欢通过音乐、舞蹈和冥想来与真主进行灵魂接触。伊斯兰教禁酒的传统让同样能带来"醉意"的咖啡迅速从也门传到了土耳其，成为阿拉伯地区最风靡的社交饮品，咖啡也因此获得了"伊斯兰酒"的代称。现在我们依然能看到土耳其人还在用传统的土耳其壶煮咖啡，烘焙过的咖啡豆被磨成粉后直接倒入壶中加水煮开，饮用时不过滤底部的粉渣，而是直接将上层的咖啡液倒入杯中。口感会有些浑浊，但风味更加浓郁。

土耳其咖啡（来源：CC0 Copyright@ Pexels. com.）

早些年我们在咖啡馆的菜单上经常能看到摩卡咖啡，这已经是意式咖啡馆文化流行后人们将意式浓缩咖啡混合了奶油和巧克力酱的创新产物，和也门当地人们谈论的摩卡咖啡已相去甚远。在也门，摩卡咖啡首先指的是在当地大规模种植的咖啡品种。这种咖啡品种的母树来源于非洲，在基因上最接近埃塞俄比亚的原生种。在相当长的一段时间里，也门人为了垄断咖啡贸易，禁止外来的商人偷盗树种和买卖生豆，只允许出口烘焙过的咖啡。但咖啡这一宝藏终究还是没有逃过当时的海上霸主荷兰人的惦记，几棵树种被带到了荷兰的殖民地斯里兰卡后，从此开启了咖啡在全世界的产区之间自由传播生长的历史。人们将从也门传播到全世界的这一品种分支称为阿拉比卡，正是取自"阿拉伯"一词。由于气候的影响，也门摩卡咖啡豆大多采用日晒处理工艺，烘焙过的熟豆有圆润饱满的光泽，闻起来是浓郁的巧克力香气。后来人们受此启发，在咖啡中混入了巧克力酱，这种带有巧克力风味的咖啡饮料也因此被命名为摩卡咖啡。

欧洲：咖啡馆与现代民主的诞生

有关欧洲人饮用咖啡的第一个记载出现在 1615 年。那时候落后的欧洲社会还没有什么娱乐活动，上教堂和饮酒作乐是当时的欧洲人最喜爱地度过周末的方式。由于现代的食物保鲜技术还没发明，酿酒就成为人们保存食物的一种重要方式。在德国和北欧，啤酒和面包是家家户户赖以生存的食粮，人们像吃饭一样按照一日三餐的频率喝啤酒，到了冬天还要酿造酒精含量更高的烈酒来防止结冰，欧洲人几乎每天都在醉醺醺中度过。

这种不加节制的生活方式首先引起了新教的反对，但马丁路德的限酒计划作为宗教改革的一部分很快就宣告失败，因为人们暂时还没有发现比酒精更好的替代饮料，直到 1650 年英国牛津第一家咖啡馆的诞生。两年后，伦敦也出现了第一家咖啡馆，英国的清教徒在夺得了议会的控制权后，开始在全国范围内宣扬"黑酒"这一上帝赐予的可以代替啤酒的饮料。人们用咖啡来治疗酒后引起的头昏，英国人在工作场合开始变得清醒。在其后不到 50 年的时间里，伦敦的咖啡馆已经超过了2000 家。

咖啡馆也为当时的伦敦人提供了除酒馆之外最适合聚会的场所。在这里，清醒的人们可以放心地发表政治言论，无论你是贵族还是工匠，只要你在咖啡馆里找到一个位子，你就可以坐下来发表你对政治的看法。这种自由讨论的氛围推动了当时处在君主绝对统治下的英国国内的政治改革和进步，以至于后来在伦敦著名的土耳其人咖啡馆（Turk's Head Coffeehouse）诞生了世界上第一个现代民主意义上的投票箱。但咖啡馆给英国人带来的进步不仅仅是政治层面的，在咖啡馆里，人们可以自由地讨论交易信息和提出交易，在场的其他人和咖啡馆的人员可以为这些交易的达成提供见证。随着某种类型交易数量的增加，咖啡馆开始对交易的方式和规则有了更明确的规定，伦敦的一些咖啡馆干脆转型成交易所或贸易公司，于是咖啡馆也成了英国现代商业制度诞生的摇篮。伦敦著名的劳埃德集团，其前身就是劳埃德咖啡馆（Lloyd's），伦敦航运交易所的前身是波罗的海咖啡馆（Baltic），英国东印度公司的前身是耶路撒冷咖啡馆（Jerusalem Cafe）。我们现在去英国的一些股票交易所，还可以看到那里的通信员被称为伙计（waiters）。

在法国，咖啡馆的出现也让曾经酗酒的人们重新获得了理性。当 17 世纪的法国人刚刚开始喝咖啡时，让他们着迷的不仅仅是这款来自土耳其的饮料本身所散发的馥郁香气，还有土耳其咖啡室充满异域风情的豪华装修。路易十六经常邀请巴黎的上流人士到他的住处聊天，在一个挂着土耳其地毯的豪华房间里邀请他们以土耳其的传统仪式享受咖啡。1686 年，那家注定在法国和欧洲的近代史上留下浓墨重彩的一笔，后来也成了世界上最长寿的咖啡馆之一的普蔻咖啡馆在法国歌剧院对面开业，这家欧洲最早的"网红咖啡馆"的内部装潢采用的就是法国上流人士趋之若鹜的土耳其风格，虽然他的老板是一个西西里岛人。他在咖啡馆里摆设了豪华的大理石桌子，又用华丽的吊灯和镜子装饰，这里的客人不但能喝到传统的土耳其咖啡，还能尝到土耳其特色的冰冻果子露和利口酒。很快，这家咖啡馆就成了那些后来改变法国历史的顶流人物最爱去的聚会场地，伏尔泰、拿破仑、卢梭、狄德罗都是普蔻咖啡馆的常客，他们在这里公开举办沙龙和辩论，推动了法国启蒙运动的发展和革命思潮的传播。后来的美国总统本杰明·富兰克林、汤玛斯·杰斐逊都曾慕名而来，将在这里学习到的进步思潮带回美国，因此法国的咖啡馆文化也间接影响了美国现代民主史的发展。

当时的法国人还不太在乎咖啡豆的品种和口味。烘到极深但还没有完全碳化的咖啡豆表面会析出大量油脂，法国人认为喝下这样的咖啡不仅可以提神，还可以帮助消化，使排便通畅。因此我们今天仍然能看到这种被叫作"法式烘焙"的烘焙风格，用来指代那些烘焙度极深的咖啡。到了18世纪中叶，曾经居住在巴黎南部500多千米山区的奥弗涅人纷纷来到了巴黎，他们从走街串巷地卖煤炭变成用自产的煤炭烧水，贩卖水、柠檬汁和咖啡的固定摊位，这些小摊位后来又有了椅子，于是这些由奥弗涅人开设的小咖啡馆就成了巴黎街头最具代表性的一种休闲文化，这些咖啡馆中包括了后来非常知名的双叟咖啡馆、花神咖啡馆。历史学家萨尔万迪认为，法国之所以会发生民主革命，肇因于当时咖啡馆的支持者们，而拿破仑之所以会成功，也是因为受到咖啡馆的支持。据说，攻占

巴士底狱的导火索正是一位关押了12年的政治犯萨德侯爵因长年缺乏咖啡而再也无法忍受胀气的痛苦，1789年7月2日那天，他将狱中的尿壶倒干当成扩音器，对着窗户外大喊大叫，试图煽动民众来反对监狱的暴行。12天后，巴黎人民纷纷从咖啡馆走向街头，攻占了巴士底狱，这次起义也被认为是法国大革命正式拉开序幕的信号。

在奥地利维也纳，曾经统治了欧洲近1400年的哈布斯堡王朝的旧都，也流传着一个波兰间谍开办了维也纳第一家咖啡馆的传说。在1683年的维也纳保卫战中，曾经在土耳其生活过很长时间，精通土耳其语的乔治·弗朗茨·科奇斯基（Georg Franz Kolschitzky）紧急将奥斯曼帝国军队东征的情报传递给了波兰军队，及时赶到的波兰军队最终帮助同盟的哈布斯堡王朝击退了来势汹汹的土耳其人，后来科奇斯基在土耳其军队留下的战马身上找到了咖啡豆，因为他在此次保卫战中作出的突出贡献，他获得了这些咖啡豆和在维也纳开设第一家咖啡馆的经营许可。据说，维也纳也是最早将土耳其咖啡中的咖啡渣过滤掉，又在过滤后的咖啡中加入了牛奶、奶油的城市。卡布奇诺（Kapuziner）在维也纳指的就是将过滤后的咖啡混合了牛奶或鲜奶油后搅拌均匀的传统饮品，而非直到20世纪才出现，使用浓缩咖啡和丰富奶泡制作的意式卡布奇诺（Cappuccino）。如今，维也纳依然保留着别具一格的咖啡馆文化和咖啡传统。坐落在内城区，曾经让弗洛伊德等人流连忘返的中央咖啡馆还在照常营业中，店内的装修保留着过去的华丽风格，游客们在菜单上依然能点到像"单驾马车"（德语称为Einspänner，由一位维也纳的马车夫发明，在黑咖啡上添加了大量

1683 年 Kolschitzky 在维也纳开办的
第一家咖啡馆 " Blue Bottle"

奶油和巧克力糖浆的饮品，国内称为维也纳咖啡）、冰咖啡（Eiskaffee）这些传统饮品。在维也纳的咖啡馆里，时光仿佛静止了一样，从未流逝。

在意大利，第一批咖啡馆出现于 17 世纪中叶的威尼斯。早期的意大利咖啡馆和法国、英国的咖啡馆一样，沿用的都是土耳其式的豪华风格，连端上桌的咖啡都是带着渣的，店内的客人也多是上流社会的贵族人士，因此还谈不上什么意大利的特色。直到 1884 年，世界第一台利用蒸汽压力萃取的意式咖啡机在都灵世博会上展出，这项得益于欧洲工业革命的创新可以算得上是人类咖啡消费史中最重要的发明。意式浓缩咖啡的意大利语"espresso"原意为"迅速的"，因为商用浓缩咖啡机的应用大大加快了当时咖啡馆的出品速度，由此带来的一个现象是，当地人被鼓励更多地饮用咖啡和摄入咖啡因，越来越多的工人阶级也开始出入咖啡馆，意式浓缩咖啡机的普及因此推动了意大利咖啡文化的平民化运动，以高压萃取的 espresso 作为基底的意式咖啡饮品也成了意大利咖啡文化最鲜明的特色。

对意大利人来说，喝咖啡是一种补充能量和休闲的方式，他们不太爱在咖啡馆坐一下午，尤其是就严肃的政治议题长篇大论。早上，他们会喝一杯带奶泡的卡布奇诺或是拿铁作为早餐咖啡，而在上午 11 点以后的时段里，他们会直接站在咖啡馆的吧台边点一杯意式浓缩咖啡，即饮即走。在每天的高峰时刻，咖啡馆的节奏总是非常紧张忙碌，一个娴熟的咖啡师必须要依靠自己熟练的技巧和合理的工作流程来应付高强度的出杯需求。因此，咖啡师在意大利是一个终生职业，我们经常能看到一头白发的中年大叔身穿西装制服优雅地为客人制作咖啡，长年累月的经验就是他们最好的职场武器。

早期的意大利高压萃取咖啡机

意大利王国时期帕多瓦的 Pedrochi 咖啡馆，由贫穷的柠檬水小贩兼咖啡销售商 Antonio Pedrochi 建造

美国：战争中的咖啡和战后咖啡行业标准的全球化

在独立战争以前，美国作为英国的殖民地，继承的还是英国的咖啡传统。1620年11月，五月花号的登陆将英国流亡而来的第一批清教徒送上了北美大陆，也为美国人带来了研磨咖啡的研钵和捣杵。1670年，美国的第一家合法咖啡馆在波士顿开业，当时纽约人已经开始饮用各种加了肉桂和蜂蜜的咖啡。到了18世纪，英国在和中国清政府用鸦片换取茶叶的贸易中获利颇丰，英国的茶叶公司开始向本国的民众和海外殖民地大力推广茶叶。1773年，英国国会颁布了《茶税法》，开始向美国殖民地征收茶叶税，由此爆发了后来被称为美国独立战争导火索的"波士顿倾茶事件"。自此，新兴的美利坚合众国就成了几乎只喝咖啡的国家。

尽管如此，当时咖啡这种饮料并不像现在这般流行，直到美国总统开始将咖啡因应用到战争中作为提振士气的手段。1832年，美军正式取消了士兵口粮中的酒精配给，改为配给咖啡。南北战争时期（1861—1865年），北方军队的士兵每日获得的咖啡配给量大幅上升，在战争后期，咖啡成了重要的战略物资，而南方军队因为获得战略物资的渠道被封锁，获得的咖啡份额严重不足，人们认为这是南方军队在战争后期士气不足从而导致失败的重要原因。于是，在后来的一战和二战时期，美国军方建立了庞大的军事机构来保障咖啡供应，平均每个士兵每天的咖啡饮用量达到了6杯，是过去的三倍之多。

在1958年发布的一本美国军方文献《军队咖啡》（Coffee For The Armed Forces）中，保留着一些关于军事咖啡的珍贵记录。从这些记录中我们可以看出，美军当时掌握的咖啡生产技术，已经非常接近现代工业水平。当时美军采购的咖啡生豆原材料主要来自于两个国家：巴西和哥伦比亚。这些生豆从原产地的港口出发，由美国官方登记在册的货轮运送到军方指定的口岸。经过官方指定的委员会对生豆的抽样筛检，包括颜色、颗粒大小、瑕疵的外观筛检和对烘焙后的样品进行口感测试后，被判定为合格的生豆才会被接收，而那些被判定为不合格的生豆批次则要进行第二轮的筛检，以决定是否拒收。这些咖啡被运送到美军位于国土境内的各个咖啡烘焙基地，经过约16分钟的烘焙后，未经研磨的整豆会以50磅的规格用纸袋分装起来，研磨后的咖啡粉则是以20磅的规格真空密封进金属罐，这些成品被运往驻扎在世界各地的美军基地。起初在混合巴西和哥伦比亚咖啡时，两种咖啡拼配的比例是不固定的，50%：50%、60%：40%、70%：30%这几种比例可以随意调整，直到1950年美国军方宣布全部采用70%巴西：30%哥伦比亚的拼配比例，这些军事咖啡的生产流程才算实现了标准化。到了1952年，美国军方在国土境内共建立了6处咖啡烘焙基地，每天生产烘焙咖啡28.8万磅（约130.75吨）。

在战争年代，这些由美国军方提供的咖啡首先要保障每个士兵的供应量，其次是要让士兵在任何环境下都可以方便地冲泡。当时士兵冲泡咖啡的方式主要有两种：在基地时他们一般会使用一种渗透式咖啡壶来煮咖啡，这种咖啡壶诞生于19世纪初的法国，在煮的时候烧开的沸水会通过壶中的管道浸没咖啡粉，过滤后的咖啡液直接回流到底部。这种咖啡壶使用起来相对简便，但壶中的咖啡液因为经过长时间的浸泡和沸腾，容易出现苦涩的杂味。与此同时，为了解决战时的前线士兵不方便冲煮咖啡的问题，另一种后来被广泛商业化的科技也应运而生了，那就是速溶咖啡。事实上在这类可溶解的咖啡产品出现之前，南北战争中的士兵已经开始使用一种块状的咖啡饼，这种咖啡粉饼与水混合就可以立即得到一杯高浓度的咖啡。在极端情况下，士兵还可以通过直接咀嚼，快速获得能量。到了1895年，美国军方开始正式实验一种全新的可溶解咖啡，可惜最终以失败告终。真正的进展出现在20世纪初，日本的工业家加藤和美国的化学家华盛顿先后于1900年和1906年发明了第一代速溶咖啡，后者发明的速溶咖啡在一战中得到了广泛应用，但士兵们反映它在口味上有一种"令人反感的味道"。1937年，瑞士的雀巢公司发明了使用喷雾干燥法制作的速溶咖啡，这种装在小密封袋里或者橄榄褐色罐子里的新产品几乎一夜之间就迅速出现在了所有的士兵补给包里，这为速溶咖啡在战后的迅速商业化奠定了基础，也让雀巢这家跨国食品公司旗下的咖啡业务声名大噪。

1952年战后时期，美国政府开始谋求将军方从咖啡供应的业务中脱离出来，转而由工业界来接手这一任务。在各方的游说和博弈下，这项提案终于在 1955 年获得通过。1956 年 8 月，军方的所有生豆采购业务和咖啡烘焙基地的运营正式全面关停。虽然在这项提案试行之初，由于市场生豆价格的波动美军暂时遭遇了短期采购成本大幅上涨的阵痛，但从长远来看，美国政府认为这项提案无论对军方、工业界还是政府来说都是利大于弊的：对军方来说，通过招投标的方式在工业界中选择合适的供应商，这种做法可以降低长期的采购成本，同时军方可以将运营咖啡业务节约下来的大量资金投入到其他领域的建设和扩张；对工业界来说，军方业务为所有咖啡生产企业带来了每年约 5000 万美金的市场增量，而这些增长的业务又可以为美国政府增加额外的税收。

总而言之，在第二次世界大战之后，美国的咖啡工业正式进入了全面商业化的时代。在接下来长达 20 年的越战中，美军依然在大规模地使用速溶咖啡作为士兵补给，速溶咖啡对这些远离家乡的士兵来说不仅仅是生理上的必需品，更是一种无处寄托的乡愁。与此同时，50 年代中期在这些士兵日夜思念的美国故土上出现了第一台滴滤式自动咖啡机，滴滤式咖啡机的普及让咖啡馆的出品效率大大提高，同时也为后来的家用型用户降低了操作成本，今天我们将这种机器统称为美式滴滤咖啡机。1971 年，星巴克的第一家经营咖啡豆业务的门店成立于西雅图。1987 年，收购了星巴克的舒尔茨开出了第一家经营滴滤咖啡和意式咖啡饮品的门店，他将出差时领略到的意大利咖啡文化带回了美国，经过本土化的意大利咖啡文化从此在美国一炮而红。乘着 20 世纪 80 年代开启的全球化浪潮，这家起源于美国的咖啡品牌以史无前例的扩张速度入驻了全球最重要的咖啡消费市场。目前，星巴克已经在全球 82 个市场拥有超过 32000 家门店。而这家跨国公司最具影响力的品牌输出，除了众所周知的绿色美人鱼标志，还有舒适的门店氛围和高度一致的出品标准。

从美国的咖啡文化发展历史中，我们可以看到，其实美国对整个世界的咖啡行业在技术层面的贡献是微不足道的（速溶咖啡商业化最成功的技术来自瑞士的跨国公司雀巢，美式滴滤咖啡机采用的是 1908 年德国梅丽塔女士发明的使用滤纸的滴滤方式，而连锁品牌星巴克改良和推广的是意式咖啡文化）。而美国真正擅长和突出的贡献，在于推动咖啡行业标准的全球化，就像美国政府在二战后通过建立布雷顿森林体系掌握了世界金融体系的话语权一样。在商业咖啡的旧世界里，星巴克赶超了意利（illy）、拉瓦萨（Lavazza）等老牌意大利企业，成为全球的商业咖啡品牌争相学习模仿的典范。在精品咖啡的新世界里，1982 年成立的美国精品咖啡协会（SCAA）和 1996 年成立的咖啡品质协会（CQI）制定了有关精品咖啡品质鉴定的一系列标准，2017 年美国精品咖啡协会合并了原本主要负责开展培训业务的欧洲精品咖啡协会（SCAE），正式更名为 SCA。通过在全球的分支机构开展培训课程的方式，SCA 和 CQI 这两家协会不但将其制定的行业标准渗透到了全球咖啡产业链的各个环节中，确立了在全球咖啡行业中的权威地位，还实现了协会本身作为非营利性机构在可持续性运营上的成功。2002 年，被称为"第三波咖啡浪潮"产物的精品咖啡品牌蓝瓶子咖啡（Blue Bottle）创立于美国加利福尼亚州的奥克兰，紧随其后的还有诸如知识分子（Intelligentsia）、树墩城（Stumptown）等一系列和蓝瓶子一样强调供应链的可持续发展、生豆的品质提升和制作过程的手工感的精品咖啡品牌。自此，以美国为主导的精品咖啡产业成功完成了从生豆的生产贸易端到烘焙和零售端的一系列价值重塑，这不得不说是一个了不起的成就。

中国：洋气的海派生活方式

作为久负盛名的茶叶原产国，中国自古以来都以饮茶作为传统和习惯。可以说茶叶的历史几乎是伴随着中华民族的整个文明史共同发展起来的，因此全中国境内的所有地区无论是否出产茶叶，几乎都有饮茶的习惯。在 19 世纪咖啡进入到中国之前，中国人尚不知咖啡为何物，直到清末时期的嘉庆年间，在闭关锁国政策中唯一被幸免的广州十三行通商口岸出现了中国历史上第一家咖啡馆，中国人才开始逐渐接纳咖啡这一舶来品。《广州通志》第九十五卷的"物产·谷类"有记载："有黑酒，番鬼饭后饮之，云此酒可消食也"，算是对这段历史的一个佐证。

同治五年（1866 年），居于上海的美国传教士高丕第夫人出版了一本《造洋饭书》，这本书旨在教会当时被在华的西方人雇佣的中国厨师如何烹饪西餐。这本书的第 251 篇即为咖啡（书中译作磕肥）的食谱："猛火烘磕肥，勤铲动，勿令其焦黑，乘热加奶油一点，装于有盖之瓶内，盖好，要用时现轧，两大匙磕肥，一个鸡蛋，连皮下于磕肥内，调和起来，炖十分时候。再加热水二杯，一离火，加凉水半杯，稳放不要动。"这一做法和我们如今习以为常的咖啡饮品的做法可以说是毫不相干，尤

其是加入鸡蛋炖煮的部分，反倒更像是一种甜品的制作工艺。

民国时期，许多外国人和华侨移居上海，扎根于江南，又融合了大量欧美文化的海派文化日渐兴起，咖啡作为西餐文化的一部分，也渐渐被许多上海人所接纳。1928 年 8 月，申报曾发表一篇题为《上海珈琲》的文章，署名为慎之的作者提到，他发现了一处"理想的乐园"，在那里他见到过龚冰庐、鲁迅、郁达夫，并且认识了孟超、潘汉年、叶灵凤，这些当时上海艺文界的名人"有的在那里高谈著他们的主张，有的在那里默默沉思"。这位作者文中提到的咖啡馆应是创造社出版部开设的咖啡店，店名就叫上海珈琲。次日，读到该文的鲁迅写了一篇《革命咖啡店》回应，否认自己曾去过这家咖啡店，声明自己不喝咖啡，觉得那是"洋大人所喝的东西"，绝不会和这些文豪"坐在一屋子里"。但次

鲁迅常去的左联聚会地——公啡咖啡馆

年，他就登上了位于虹口区多伦路的公啡咖啡馆的二楼，和潘汉年等左翼人士冰释前嫌，经常参加他们的聚会。1930 年 3 月 2 日，中国左翼作家联盟成立，简称"左联"，而左联的前期筹备工作几乎都是在公啡咖啡馆的聚会中完成的。

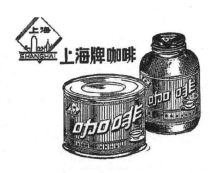

上海牌咖啡的广告

到了 20 世纪 30 年代，上海的咖啡馆已有 67 家之多，主要集中在华侨、商界和艺文界人士聚集的霞飞路（也就是今天的淮海中路）和愚园路一带。其中特别值得一提的有德胜咖啡行（上海咖啡厂前身）开设的 CPC Coffee House 和俄式风格的名店 DDS、沙利文。德胜咖啡行的咖啡豆全部来自自行进口和烘焙，不仅供应到 CPC Coffee House，也供应到沪上的其他咖啡馆，因此德胜咖啡行算得上是上海最早的咖啡烘焙商。1958 年，德胜咖啡行正式改名为上海咖啡厂，其生产的上海牌咖啡称霸了中国咖啡市场近 30 年，直到 20 世纪 80 年

代国外的速溶咖啡进入中国。而 DDS 和沙利文由当时俄国十月革命爆发后流亡到上海的俄侨开设，两家都以优雅的欧式装修风格和外国侍者著称，但区别在于 DDS 的二楼设有舞池和现场乐队，而沙利文店内则没有现场乐队，取而代之的是时髦的自动点唱机。

上海的"老克勒"喜欢早起去西餐厅"吃一吃"咖啡，德大西菜社、东海咖啡馆、凯司令，这些上海人耳熟能详的老式西餐厅有的至今仍在供应着咖啡和饮食，有的则转型为知名的连锁食品公司，成为上海饮食文化的一张名片。今天，上海的咖啡馆数量已经超过了纽约、伦敦、东京，以近 8000 家的数量排名全球第一，其中约一半是星巴克、瑞幸等连锁品牌开设的门店，另一半是独立咖啡馆。有趣的是，虽然上海的房租水平和咖啡馆数量一样全球领先，但咖啡的价格却非常便宜，处于全国较低的水平。和中国的其他城市咖啡的消费群体主要是年轻人不同，在上海，你可以经常看到年长的"爷叔"和阿姨去咖啡馆里喝咖啡。正如海派文化经历了 100 多年的发展，在融合了东西方文化后早已自成一派，融入了上海人的日常生活中，对老一辈的上海人来说，喝咖啡的习惯也早已脱离了"舶来品"和"小资"的标签，沉淀为一种习以为常的生活方式。

这本书的第一部分终于告一段落。由于我经常会因为发现了某本珍贵的史料或文献而如获至宝地阅读，这一部分写作花费的时间比我预期的要长，但我个人认为，这些时间和精力的投入是很有必要的。一方面，我希望通过一些概念和理论的解释，为读者在接下来的阅读旅程中扫清一些理解上的障碍。另一方面，我希望尽可能多地引入与咖啡相关的研究方向和思考角度，来启发大家用更多元、更开放的视角去看待和理解云南咖啡和中国的咖啡行业。从 2011 年中国内地的第一家 SCA 培训机构出现，过去 10 多年的时间里，有关精品咖啡的市场教育以前所未有的速度普及到了我们的咖啡从业者和消费者，许多年轻的从业者和消费者关于咖啡的认知几乎全部来自于 SCA 所构建的那一套精品咖啡理论。但人类喝咖啡的历史要远比精品咖啡概念的提出早，每个产区因其气候、水土和历史的独特性，衍生出了各具形态的咖啡产业，一旦脱离了产区的文化土壤，我们将很难理解世界不同咖啡产区之间的差异和独特性。对于消费国而言，咖啡的出现和传播常常伴随着某个历史进程的发生，对这些地方的人来说，咖啡象征着一种独特的民族文化和历史意义，甚至超越了口味的偏好。我想，怀着这样开放和尊重的态度，我们才有可能找到真正属于中国咖啡的独特精神之所在。

第二部分
云南咖啡产业概况

中国的咖啡种植史

和非洲、中南美洲等地的咖啡产区相比，中国的咖啡种植起步较晚。在16世纪之前，咖啡仅流行于非洲原产地和中东一带。在咖啡被奥斯曼帝国带入欧洲维也纳的同一年（1683年），中国正处在康熙王朝统治下的极盛时期，虽然荷兰、葡萄牙、西班牙等老牌殖民国家早已建立了自己的海上霸权，但他们忌惮于大清的国力，不敢进犯，与清政府的交往仅限于正常的海上贸易和使节来往。

18—19世纪，西班牙、葡萄牙开始在其海外殖民地哥伦比亚、巴西等国规模化种植咖啡，此时正值清政府实行闭关锁国政策，直到1884年，咖啡种子在中法战争的炮火中传入台湾。作为茶叶大国，中国的本土市场对咖啡这一饮料并没有欧洲人那么热情，咖啡作为新物种，需要经历比较长的试种和适应时期，因此中国历史上咖啡的种植规模和产量相对比较有限。和其他种植经验成熟的农作物相比，咖啡种植在农业上长期处于边缘地位，留下的史料记载非常稀少。

在中国的咖啡种植史研究这一块，国外学者研究几乎空白，国内的学术论文关于咖啡的种植历史大多一笔带过。而咖啡的早期引种地大多地处偏远及边陲地区，最早的引种年代至今已逾百年，我们很难通过实地走访等方式获得口述史料。

在现有的文献中，仅存的关于中国咖啡种植历史较为全面的研究是陈德新于2010年发表在《热带科学研究》期刊上的5篇论文。通过对云南、海南、台湾等多地的实地考察和村落种植户的走访，陈德新为我们拼凑出了中国咖啡种植历史的大致脉络。2017年，陈德新在这5篇论文的基础上，又增加了对中国咖啡消费文化和咖啡馆产业历史的回顾，出版了《中国咖啡史》一书。

在本书的访谈对象中，最早参加工作的是20世纪80年代中期分配到云南省农科院热经所的黄家雄老师，其他人参加工作的时间基本是在1997年以后。在本部分的叙述中，我将主要引用陈德新的研究成果以及我们在走访产区的过程中获得的一些史料来带领读者一起回顾中国的早期咖啡种植史。关于20世纪90年代以后的部分，我将结合史料、文献和访谈对象口述的信息，尽可能为大家还原出一段生动真实的咖啡产区历史。

1884年至新中国成立前：早期咖啡引种时期

台湾：中国最早的咖啡引种地

自清朝康熙元年（1662年），南明水军将领郑成功击退了占领台湾38年之久的荷兰殖民者后，台湾在郑成功的后人手中经历了 21 年的统治。由于郑氏军队长年与清军在沿海地区交战，意图"反清复明"，为了防止郑氏水军通过侵略沿海省市的百姓获得物资补给，清政府自顺治年间开始实施迁界禁海政策，将沿海一带的居民迁往内陆并禁止出海。迁界禁海的政策让被迫迁移的家庭骨肉分离，失去了原有的生计，于是当时一批具有冒险精神的人，决定冒死跨越有"黑水沟"之称的台湾海峡，寻找新的出路。这些以福建漳州人、泉州人和客家人为主要族群的渡台移民，为台湾的垦殖开发带去了大陆的汉人经验，续写了"唐山过台湾"的历史。1683 年，清朝水军攻打澎湖，郑克塽无奈归降，清政府正式接受郑氏政权归顺，将台湾纳入清朝版图并于次年设立了台湾府，隶属于福建省布政使司。此后，康熙宣布开放海禁，但在康熙五十六年又重新宣布实施海禁。清朝经历了一段断断续续开放的时期，直到 1757 年乾隆下令全国仅保留"一口通商"，闭关锁国成为清朝统治的常态。在此期间，清朝并未重视台湾在海防上的战略地位。

1883 年 12 月，中法战争在越南北部爆发。1884 年，中法战争的战火烧到了台湾，法国政府为夺取台湾基隆煤场，下令海军远东舰队摧毁基隆炮台。在劝降谈判破裂后，法国远东舰队于 1884 年 8 月 5 日下令开始炮轰基隆，东南沿海战事告急。当时李鸿章门下的淮军将领刘铭传临危受命，出任福建巡抚，出兵台湾。在刘铭传的精心布防下，台湾守军以沪尾大捷击退了法军。之后，法军转向以封锁台湾海岸线为主要战略，对澎湖等区域造成一定影响，但中国军民的顽强抵抗，让法军始终没能

达成真正的战略目的。1885 年 4 月，中法达成停战协议，法军解除对台湾的封锁，最终撤离台湾。中法战争让清政府再也无法回避台湾战略地位的重要性。以此为契机，清政府于同年 10 月 12 日正式改福建巡抚为台湾巡抚，台湾正式设立行省。

在中法战争的炮火声中，来自英国曼彻斯特的茶商劳伦斯发现台湾的气候与温暖潮湿的加勒比海岸接近，于是开始尝试将咖啡试种到台湾。1884 年，劳伦斯引入试种了 100 多株咖啡树苗木，次年劳伦斯又将种子输入到台北县的三峡地区开始种植，最终这些树木仅存活了 10 株，并未形成一定的种植规模。

1895 年，北洋水师在甲午中日战争中全军覆没。同年 4 月 17 日，清政府与日本签订《马关条约》，台湾沦为日本的殖民地。在日本侵略占领时期，台湾总督府技师田代桑于 1901 年从印尼爪哇引入咖啡品种，在垦丁一带试种成功。3 年后，这批咖啡树进入结果期，获得了较好的收成，于是更多的咖啡品种被推广到了台东、花莲及高雄等地。1928 年，台湾咖啡被首次推广到日本市场，并获得了好评，台湾咖啡正式进入产业化经营时期。到了 30 年代，日本人看到了台湾在气候和水土上适合种植咖啡的潜力，在恒春、嘉义、士林等地进行积极引种培育。在台湾省中兴大学图书馆内，至今仍保留着当时众多关于台湾咖啡栽培的一些文献史料，其中就有当时日本木村咖啡公司在嘉义开办咖啡农场的清晰记载。1942 年，台湾的咖啡栽培业由此进入全盛时期，全省种植面积达到了 15000 多亩。

然而，当时台湾咖啡种植业的发展高度依赖当时日本殖民者的本国市场，随着

日本海军在太平洋战场的不断失利，日本退出台湾，台湾的咖啡地逐渐荒芜。为保障粮食需求，台湾农民纷纷将咖啡地转为种植粮食稻米。随后，哥伦比亚、巴西等产区的商业咖啡崛起，产量大增，台湾咖啡因产量低价格缺乏优势而彻底失去了竞争力。

1999年9·12大地震后，台湾开始发展一乡一特色的农业观光休闲产业，台湾省内的咖啡种植业因此得以复苏。如今台湾咖啡的原产地品牌包括古坑咖啡、东山咖啡、大武山咖啡和竹山咖啡四大品牌，其中以古坑咖啡和东山咖啡最为知名。但由于产量过低，本土生产的咖啡无法满足台湾省内人口的日常消费需求，更不足以支撑外销出口。根据台湾海关数据，2007年台湾进口咖啡豆为13871吨（包含生豆原料及已焙炒咖啡豆），是当年台湾全省咖啡产量的30倍。

海南：华侨的乡愁寄托

根据当时海南所属的广东省地方志、农垦志等史料记载，关于海南咖啡最早引种年代的表述为1908年。但陈德新在考察了海南百年咖啡古树位于文昌石人坡村的遗址并走访了咖啡古树引种者的后人邝其炳家后，推测出咖啡古树的最早引种年代应为1898年。

在邝其炳的叙述中，咖啡古树是由他的爷爷邝世连引种的："爷爷出生于1880年，于1896年结婚，婚后的头两个儿子不幸因病去世，1898年爷爷因过于伤心前往马来西亚投奔大舅家。半年后，爷爷因不习惯当地生活返回了海南文昌老家，并带回了咖啡种子。"如今因为要计划盖新房，当年第一批种活的12棵古咖啡树已被砍

掉，仅留下房后一棵树头。经过陈德新的现场观察，这棵由古树长出的新树头，树龄已有8年多，树叶肥厚且仍可正常结果，从外观判断应为大粒种（即利比里卡）。

《海南日报》曾在1981年报道了当年邝世连老人引种后存活的12棵大粒种咖啡树的后续，其中一棵在经历了83年的风雨后依然枝繁叶茂，每年可产咖啡果35公斤以上，是一般咖啡树产量的10倍。因此，当年文昌县周边的许多郊区和农村公社都曾前来采购树种，"咖啡树王"的后代遍布文昌县各地。

1908年，马来西亚侨商曾汪源自马来西亚带回咖啡种子，并在海南岛儋州地区种植约15万株，但这批咖啡树大部分于1916年遭霜冻死亡，宣告此次大规模试种的失败。这段历史在《广东省志·农垦志》《广东省海南岛热带亚热带资源勘察资料汇集》等史料中都有印证。

民国时期，又有马来西亚华侨引入大粒种、中粒种、小粒种分别在文昌、澄迈等区域种植。1935年，印尼华侨陈显彰引入印尼中粒种（即罗布斯塔），在澄迈福山市附近种植良好，琼崖实业郑建荣在1936年又从南美洲引入中粒种、波旁等多个品种，同样试种于澄迈福山市。因此，澄迈福山到50年代初留下的咖啡树数量较多，约7万株。而陈显彰当年引种印尼中粒种的澄迈福民农场，正是今天大名鼎鼎的"福山咖啡"的前身。

云南瑞丽景颇族地区：传教士带来了咖啡

在云南咖啡种植史的相关科研成果中，位于中缅边界的瑞丽县（1992年改为瑞丽市）弄贤寨和大理市宾川镇朱苦拉村是公

认的云南省内最早开始引种咖啡的地方。但在两地的具体引种年份和后期扩种过程的考证上，仍然存有一些疑问和争议。

关于瑞丽县弄贤寨最早引种咖啡的年份，目前有三种说法，分别是1914年、1908年和1893年。1914年的说法来源于《瑞丽市志》《云南省志》农垦志等史料的记载，但这些记载都只有短短的一句话，没有提供人证、物证。后来大部分的文献资料中关于瑞丽最早于1914年引种咖啡的表述，都是引用了《瑞丽市志》中的记载。

陈德新对《瑞丽市志》中提供的证据存疑，于是在2010年亲自走访了弄贤寨当地的景颇族老人，希望能借由这些人证推测出更准确的年份。根据当地景颇族老人的回忆和当地景颇族知名人士的研究，可以明确的是，瑞丽的咖啡母树是新中国成立前管辖弄贤一带的山官早山诺坎在娶妻时，由他的妻子从今天缅甸的木巴坝作为陪嫁引种的。只是早山诺坎一共娶过两任妻子，第一任妻子嫁过来的时候是1908年，第二任妻子是1914年。咖啡母树到底是由哪一任妻子带过来的呢？带着这样的疑问，陈德新找到了早山诺坎的侄子——已经90岁的排线诺罕老人。根据排老的回忆，早山诺坎的两任妻子都带来了咖啡种子，所以咖啡在弄贤寨的出现至少可以追溯到1908年。而后来《瑞丽市志》等地方志中关于咖啡引种于1914年的表述，是误认为咖啡种子最早是由早山诺坎的第二任妻子带来的。

但是排老的口述又引出了一个新的问题。由于20世纪初生活在如今中缅边境的景颇族深受国外传教士的影响，基督教成为当地的主要信仰。在排老的回忆中，因为基督教不能饮酒的缘故，在他小时候咖啡就已经代替了酒成为当地景颇族平时饮用和招待婚丧宴请的主要饮料。当时种植咖啡的地方不仅只有弄贤一带，还包括瑞丽户瓦山（今瑞丽市勐秀乡户瓦村）、陇川芒梁（今陇川县芒梁村）和勐秀邦达一带。当时中缅边境的互市就非常频繁，而咖啡豆作为交易的物品也随处可见。

根据排老提供的线索，陈德新大胆地推测，瑞丽开始种植咖啡的时间有可能比1908年还要早。于是，经过与几位云南省农科院专家的讨论以及对托人从缅甸木巴坝带回来的古树材料的分析，他决定亲自前往缅甸木巴坝考察，以获得更多能帮助推断出瑞丽引种咖啡的年代的依据。

木巴坝至今仍有多处寨子在种植小粒咖啡。在木巴坝的百年基督教堂里，陈德新一行人意外看到了由大牧师德毛通拉提供的基督教记事本中的记载：英国传教士首任大主教景极在1837年1月27日到达木巴坝的当天，就种下了一棵咖啡树，以供自己饮用。此后，缅甸境内开始陆续出现种植咖啡的情况。

1890年，擅长多种语言文字的瑞典传教士欧文·汉森来到了木巴坝，后来在景颇牧师都莫糯的帮助下，以拉丁字母为基础创制了景颇文方案。1890—1893年，汉森经常深入瑞丽景颇族地区。陈德新认为，瑞丽引种咖啡的时间应该与传教士汉森来的时间大致相同，因此他推测瑞丽从缅甸引种咖啡的年代应为1893年左右。

只是关于1893年这一年份的定论，只有一位曾在缅甸生活了80多年的百岁老人的回忆作为佐证。老人的回忆只能证明咖啡在中缅边境出现的年代早于1908年，但不足以推测出确切的年份。在这一点上，我们期待未来能有机会收集到更多的证据。

云南大理宾川：法国传教士田德能和朱苦拉咖啡

关于云南大理宾川最早引种咖啡的年代，流传比较多的说法是在 1892 年。然而，在正式发表的科研论文和学术成果中，我们看到了 1902 年和 1904 年两种说法。

黄家雄等人在《云南咖啡发展的回顾和展望》一文中写道，大理宾川的咖啡是"1902 年法国传教士从自身的消费习惯出发，引种到北纬 26°，海拔 1400 米的宾川朱苦拉"。这一说法应来源于云南省农科院热经所原副所长马锡晋于 1981 年对宾川朱苦拉进行实地考察和走访的推论。

在马锡晋与朱苦拉村长杞光辉老人的父亲杞永清老人的访谈中，宾川朱苦拉咖啡古树的来历得到了证实：此咖啡树为原法国天主教传教士种植于原教堂旁，属小粒种，种植年代推算应为 1902 年。在马教授对朱苦拉咖啡古树的考察报告中，有以下几点观察：

1. 朱苦拉的小粒种咖啡树已存活 80 年，并能正常生长和结果，说明小粒咖啡这一物种本身的生命力是非常旺盛的，且具有很高的经济价值。

2. 在调查中并未发现小粒咖啡树受到天牛或锈病等病虫害，证明了云南这类广大的燥热、高纬度、中海拔地区，比较有利于小粒种咖啡的长寿。

3. 根据国外产业化种植的经验，小粒种咖啡应在投产数年后进行人工更新，才能维持活力持续生长，并且需要摘顶，使树的高度方便采摘。但朱苦拉咖啡老树本身具有自然更新持续生长结果的能力，如进行摘顶等操作，可能会影响产量。

4. 朱苦拉古树的品种结构，31% 为铁皮卡变种（红顶株），69% 为波旁变种（绿顶株），这与来源缅甸的德宏保山小粒咖啡（与瑞丽景颇早期引种品种同源）群体比例相反，这证明其品种和来源与德宏保山种并不一致。

马锡晋的考察报告，是国内最早关于朱苦拉咖啡的科研成果，其中证实了朱苦拉咖啡最早是由法国天主教传教士引种的事实，翔实地介绍了宾川朱苦拉咖啡古树的族群特征，但关于咖啡引种的具体年代仍然只是推测。

陈德新针对马锡晋研究中提到的关于法国天主教传教士来华的线索重新做了史料收集和分析，在 1988 年的《宾川县统战志》、1997 年出版的《宾川县志》《云南天主教史》《云南宗教史》等多部史料中，都记载了法国传教士田德能于 1904 年受教会派遣来到宾川的史实。由此，陈德新得出结论：法国天主教传教士田德能被派遣到宾川传教的时间是 1904 年，同年田神父出资修建了朱苦拉天主教堂并在教堂边种下了第一棵咖啡树。

田神父于 1908 年因"宾川教案"离开宾川，1912 年病逝于昭通，后来向村民传播咖啡种植技术的是接替他的段神父和顾神父，直到 1952 年传教士离开宾川。1948 年，当时的朱苦拉村长李福生带领村民又种植了 80 多亩咖啡树。在陈德新先生 2010 年造访朱苦拉时，树龄在百年以上的古树仅存 24 株，1948 年种植的这批 70 年古树，尚存 1110 株。而田神父当年种植的第一棵咖啡树，已于 1997 年自然死亡了。

宾川朱苦拉咖啡虽已有上百年历史，但由于朱苦拉村当地山区闭塞，一直不为外界所知，直到 2008 年在后谷咖啡的造势下才引起外界关注。当时后谷将田德能种植的第一棵咖啡树树根挖出做成了根雕，并在上面刻了几行字。后来我们看到的关于朱苦拉咖啡引种于 1892 年的媒体报道，大多与后谷的造势有关。在这些报道中，朱苦拉被冠以"中国最古老的咖啡林"得到推广。但陈德新关于中国早期咖啡引种历史的一系列研究成果表明，台湾（1884年）和海南岛（1898 年）的咖啡引种年代都要早于宾川朱苦拉（1904 年）。

1952 年至 1988 年：国营农场经济主导下的规模化种植时期

从新中国成立之前的中国早期咖啡引种历史不难看出，最初咖啡从东南亚等地传入我国境内的主要推动因素是华侨、少数民族、外商、传教士等边境人口的流动。由于中国自古以来以饮茶为传统，中国境内除以上几个早期引种地和上海、广州等个别港口城市之外尚有广袤的内陆和江南地区都没有形成有效的咖啡消费市场，在咖啡被引种到国内的很长一段时间里，这批咖啡古树都是在没有人为干预的环境下自然生长繁殖，每年所得的产量也仅仅能满足当地极少数边民和华侨的饮用需要。中国咖啡真正进入规模化种植时代的历史，要从 1952 年说起。

新中国成立之初，我国在国际政治上奉行"一边倒"的外交方针，坚定地站在以苏联为首的社会主义阵营一方。为了将中国共产党领导下的新中国扼杀在摇篮里，以美帝为首的资本主义阵营国家发动了对中国的经济封锁和外交孤立政策，同属于资本主义阵营的东南亚国家都切断了对中国的橡胶供应。为了打破周边国家对中国实行的橡胶封锁，1951 年 8 月 31 日，中央

人民政府政务院第一百次政务会议通过《关于扩大培植橡胶树的决定》，决心到1957 年为止，以最快的速度在广东、广西、云南、福建、四川等 5 个省区建立自己的天然橡胶培植基地，早日实现橡胶这一重要战略物资的自给自足。自这项决定颁布以来，云南省内的农垦事业就进入了全面加速发展时期。

1952 年，云南省农科院热带亚热带经济作物研究所的前身云南省农业厅试验场保山分场暂时搬迁到了德宏芒市，试验场的科技人员张意和马锡晋偶然在德宏州遮放坝的一户傣族居民院落内发现了一种带有鲜红色果实的植物。两位科技人员将购得的 23 斤鲜果带回了所里，经过植物学家秦仁昌的鉴定，这种傣语名叫"咖居"的植物就是小粒种咖啡，品种溯源应为来自缅甸的铁皮卡种。同年 12 月，试验场又搬迁到了保山潞江坝更名为云南省龙陵棉作试验场，马锡晋遂将小粒咖啡引入保山潞江坝试种，发现小粒咖啡在保山潞江坝一带适应良好，第二年就可以开花结果，于是试验场决定在保山潞江坝和德宏一带的热区规模化种植小粒咖啡。这批种苗也成了后来各个国营农场大面积扩种小粒咖啡的第一批种源。

1955 年，为保障苏联等社会主义阵营国家和苏联援华专家的咖啡供应，中央要求各边地农场都种植小粒咖啡。1956 年，云南农垦首先在临沧双江农场和德宏分局试验站进行较大规模的种植，种植面积分别为 157 亩和 123 亩，并在遮放、河口、潞江、景洪、橄榄坝等农场进行小面积试种。到 1960 年，云南农垦下属农场种植咖啡面积达 3.28 万亩，全省分布在西双版纳、保山、德宏、临沧各垦区的 25 个国营

农场及省热带作物研究所、德宏试验站都在种植咖啡，云南省的咖啡种植出现了第一个历史高潮。

1955—1956 年，共有来自昆明市和保山县的城镇青年 400 多人和来自中国人民解放军的数百名转业官兵分别来到潞江坝的国营新城农场和国营潞江农场参与农垦建设。新城农场向当时热经所的前身云南省龙陵棉作试验场引进了咖啡种子，培育了咖啡种苗 3 万多株。潞江农场的种子是保山地委在 1955 年分配的，1956 年保山外贸局又从缅甸边民手中收购了 65.8 斤咖啡种子送给潞江农场，这些种子在品系上都属于铁皮卡、波旁及变种。到 1961 年，新城农场和潞江农场的咖啡种植规模不断发展壮大，新城农场累计种植的咖啡面积已达 1567 亩。

现年 96 岁的第一代咖农朱自祥老人正是 1955 年响应各级政府的动员从保山县来到芒宽乡新光村支援潞江坝开发的那批 50 名青年中的一个。在来到芒宽的第一年，朱自祥接到的第一个生产任务是种植棉花。但很快他们就发现，在潞江坝种草棉挣不到钱，当时和他一起来的同一批青年里就有 45 个人因为适应不了跑回了保山。朱自祥没有放弃，而是开始琢磨在当地换种其他的经济作物品种。有一次他去潞江农场开会，在农场的试验田里他第一次看到了咖啡，于是向技术员要来了一把种子，又询问了育苗的方法，回到家里试着育苗。他将第一批育成的种苗中的 5 棵栽到了自家的院子里，其余的种苗种到了田里。经过 3 年的浇水施肥，院子里的 5 棵咖啡树结出了饱满的果实，而田里长出的咖啡果实剥开皮后只渗出了一泡水，也就是俗称的"水泡豆"。经过分析，农场技术员认

为，由于平地有些地块地下水位高，土壤含水量过高，造成咖啡根系长期处于一个缺氧的土壤环境，咖啡果实为维持生理平衡长期处于被迫吸收水分的状态，这是田里的咖啡结出"水泡豆"的主要原因。后来，朱自祥就把咖啡都种到了自家院子里，在物资匮乏的 70 年代，朱自祥曾经靠这些咖啡树结的咖啡果实养活了全家。

1961 年后，由于中苏关系破裂，全国各地出现粮食短缺，中央提出农业发展"以粮为纲"的指导方针，云南省内的咖啡树几乎全数荒废或被砍去，只有保山潞江坝一带还保留着少量咖啡地。直到 1980 年，国家四部一社在保山召开了全国咖啡会议，中央决定在保山一带重新恢复咖啡种植。会后，潞江农场的老技术员姜平和朱自祥带领村民在当地种植咖啡和其他热带经济作物。经过近 30 年的沉淀，潞江农场的咖啡种植技术已相对较为成熟，平均亩产量达 160 公斤，是 50 年代平均亩产量的 3 倍多。

1988 年至今：国企、外资和民营经济共同参与下的繁荣时期

改革开放以后，作为国际期货重要商品的咖啡因其相对高昂的经济价值重新受到中央和云南省各级政府的重视，保山潞江坝一带凭借先天的气候环境和 20 世纪 50 年代以来积累的技术优势成了改革开放初期云南省内最大的咖啡生产基地。在潞江坝的咖啡种植规模有序恢复的同时，云南省作为一个新兴的国际咖啡产区，也是中国最具潜力的咖啡产区，开始逐渐受到一些来自国际性的咖啡组织和外资企业的关注。

1982 年，联合国粮农组开发计划署的

咖啡专家来到保山的潞江农场考察，被当时潞江农场成功推广的无荫蔽密植咖啡园所震惊。要知道，当时像巴西这样成熟的咖啡产区使用的也是类似的栽培技术，而潞江农场的技术人员在过去近30年里完全靠着自己的摸索完成了这一技术的试验和推广。咖啡专家回到联合国后，将这一见闻写进了报告，联合国开发计划署决定援助云南农垦100万美金在云南发展咖啡产业。1988年，由中国政府与联合国合作开展的云南咖啡项目正式立项，之后又经过了4年的筹备，云南咖啡厂终于在昆明落成。云南咖啡厂的投产，填补了当时云南省的咖啡产业缺少第二产业布局的空白。在联合国咖啡专家的技术援助下，云南咖啡厂最早的一批员工在国内咖啡加工生产标准空白的情况下逐渐探索出了一套与国际行业标准接轨的生产质量标准。

在中国政府与联合国合力筹备云南咖啡厂的同时，国际咖啡企业雀巢和麦斯威尔也看到了云南发展咖啡种植基地的巨大潜力。经过农业专家对云南气候地理的分析，雀巢发现当时还叫作思茅的普洱市和西双版纳州有很大一部分区域非常适合用来种植咖啡，于是开始与当地的行政部门进行接洽。对于20世纪80年代的思茅和西双版纳来说，相比当时其他农产品的价格，种植咖啡具有绝对的吸引力，发展咖啡种植业无论对提高农民收入还是提升地区经济都是利大于弊的，问题在于思茅当地既没有优质的咖啡种苗资源，也没有人懂种植咖啡的技术。经过和雀巢农业部专家的接触，思茅地署的行政长官很快作出了支持雀巢入驻的决定，但是要求雀巢必须为农民提供种苗和技术指导，不能做任何损害当地农民的利益的事。

从1988年开始，雀巢先是在思茅地署拨给他们的一块试验地上进行试种。经过4年的试验和观察，雀巢的农业部专家认为卡蒂姆这一品种比较适合在当地进行推广。由于咖啡树容易受到叶锈病的感染病死，卡蒂姆本身携带的抗锈基因可以有效地提高咖啡树的存活率，这对提高咖啡产量和保障农民收入有很大的帮助。而且卡蒂姆本身带有阿拉比卡中的一个优质变种卡杜拉的基因，哥伦比亚等中南美洲产区在80年代和90年代也在大力推广卡蒂姆品系，和母本卡杜拉相比，卡蒂姆品系的咖啡豆在风味品质上并没有表现出太大的先天差距。于是，1992年雀巢正式引入了卡蒂姆品系的P3、P4和PT品种，这些品种在之后的20多年里在普洱和西双版纳州的土地上开枝散叶，表现出了良好的适应性。直到过去几年，由于叶锈病的生理小种会不断进化，卡蒂姆已证实正在逐渐失去了抗锈性，再加上最早引入的一批卡蒂姆即将结束丰产期进入老年期，当地的咖农也在积极寻找和更换更具抗锈性的新品种。

在入驻云南之后的30多年里，雀巢一如既往地坚守了对当地政府的承诺。他们派出了总部最擅长咖啡种植的农业专家来到云南担任高管，这些外籍专家在当地亲自组建和带领农艺师团队深入云南山区的田间地头，教会咖农们在自家的土地上种植符合雀巢收购标准的咖啡。在咖啡价格不好的年份，雀巢会以和政府承诺的最低收购价和收购量买入农户手中的咖啡，以稳固咖农们的信心。在田间地头之外，雀巢一边与国营农场和中小咖农建立长期直接采购关系，一边免费为他们提供技术和质量培训，帮助他们以更好的品质和价格交易自己的咖啡。众所周知，农业本身是一个投入大，回报周期长的领域，雀巢的韧性最终让它在云南这片土地上幸存和扎根了下来，而曾经和它同一时期入驻云南的麦斯威尔已早早宣告了云南原产地计划的失败。

相比雀巢，星巴克的种植者支持中心正式落户云南的时间要晚一些。1999 年，星巴克的第一家中国门店开业，但那时星巴克扮演的仅仅是一个收购商的角色，通过贸易公司直接向云南当地采购商业咖啡用于门店的意式拼配豆。2012 年，星巴克云南种植者支持中心落成。之后的 10 多年里，星巴克每年平均向云南直接采购咖啡 5600 多吨，种植者支持中心的农艺师团队累计培训了近 3 万名咖农以提高整个产区的种植加工品质。和雀巢不同的是，作为第三空间理念的实践者，星巴克拥有强大的门店销售渠道和品牌溢价能力，这让星巴克在推广精品咖啡理念上具备了雀巢难以达到的市场优势。过去 10 年，星巴克共推出了 10 款来自云南不同庄园的"星巴克甄选咖啡"，在市场推广策略上也向品质和价格更高的云南精品咖啡倾斜，帮助云南精品咖啡更快地走出原产地，为中国消费者所知。

雀巢、星巴克等跨国咖啡企业的入驻，不仅优化了品牌自身的供应链体系，降低了采购成本，也为原产地当地的产业链带来了意想不到的连锁反应。在国内形成真正意义上的咖啡消费市场之前，雀巢的入驻首先为云南发展咖啡种植业解决了销路问题。要知道，虽然当时保山潞江坝在咖啡种植方面已经具备了一定的技术积累，但保山小粒咖啡仍然需要通过国际展销会等方式在国际市场上去展示和推广，这种销售方式达成的效率和成交量极低。想要

在保山潞江坝以外的产区大力推广和发展咖啡种植业，政府和农民第一个要解决的就是咖啡卖给谁的问题，雀巢的出现让这个问题迎刃而解。每年平均 1 万吨的采购量和公开合理的采购价格，让最早为雀巢种植咖啡的一批农户坚定了对咖啡市场的信心，也让他们的生活变得越来越好，从而带动更多的农户投入到咖啡种植中来。

销路问题解决了，接下来就要解决技术和人才的问题。雀巢创办于 1867 年，从 20 世纪 30 年代开始，雀巢发明的速溶咖啡作为美军战略物资，在战争时期以超乎寻常的速度得到了普及。凭借在速溶咖啡市场占据的优势，雀巢在巴西、越南等传统咖啡产区积累了数 10 年的咖啡种植经验，这些经验后来也被成功地移植和应用到了云南等新产区的开发上。雀巢总部的农业部专家为云南带来了种苗和技术，也为当地培养了质量控制和贸易的人才，这些技术和人才成了日后云南发展咖啡民营经济和对外贸易的重要储备。在雀巢最早的一批咖啡种植户中，有一些更加具备商业头脑的人后来自立门户，带领村民建立自己的咖啡基地，和雀巢进行直接贸易。曾经接受过雀巢技术培训的一些国企人员在和雀巢的咖啡贸易中发现了商机，成立了自己的贸易公司与雀巢和更多的国外采购商进行对接。这是云南咖啡真正走向商业化和国际化的开端。

星巴克的到来虽然比雀巢晚了 20 多年，但星巴克的种植者支持中心为云南当地的咖农带来了当时在巴拿马、哥伦比亚等小众咖啡产区已经流行了 10 多年的精品咖啡生产理念。在推广精品咖啡理念的初期，最困难的就是要说服当地的咖农改变原来产量优先的种植模式，通过精细化的

管理种出更高品质的咖啡，卖出更高的单价。事实证明，在对市场风险充满恐惧的农户面前，任何对精品咖啡理念的宣传和对未来精品咖啡市场的口头"画饼"都宣告了失败。要让咖农愿意配合甚至主动做出改变，只有一种方法行之有效，那就是直接以预订单和预付款提前买断，将咖农的风险全部转移到买家身上。在生产过程中，买家要提供充分的技术支持，让咖农有能力交出符合买家更高的收购标准的咖啡。在一个新事物的萌芽阶段，我们往往需要一个有魄力和足够能力的行业先驱来带领其中的参与者走上新的道路，为追随者们扫清障碍。这正是类似雀巢、星巴克这样的跨国咖啡企业曾经在云南咖啡的历史中扮演的角色。

在星巴克之后，美国人马丁（Marty Pollack）、来自上海的 Seesaw 咖啡和 Manner 咖啡也陆续看到了云南成为精品咖啡产区的潜力和可能性。2014 年，马丁创办的炬点咖啡在普洱成立。同一年，Seesaw 咖啡内部启动了"云南咖啡十年计划"。炬点咖啡和 Seesaw 咖啡都派出了自己的技术专家和寻豆团队深入云南各大产区，通过提供技术支持和预订单的方式与当地的咖农建立长期的深度合作关系，品牌门店和烘焙熟豆菜单都为这些合作的云南咖啡庄园设计了专属产品，与消费者共同分享品牌这些年来深耕云南咖啡产区的优秀成果。2015 年成立的 Manner 咖啡在创办之初就开始采购云南咖啡。为了向国内的咖啡消费者推广云南咖啡，每年 Manner 咖啡会通过"云南咖啡季"的活动，在特定的时间将门店使用的意式拼配豆更换成云南产区的 SOE（单一产地浓缩咖啡，Single Origin Espresso）。此时，国内的咖啡消费者开始从

真正意义上接触和了解到了云南咖啡，但这些品牌的影响力还仅仅局限在小范围的精品咖啡爱好者圈子里，尚未达到"破圈"的程度。

从 2019 年开始，越来越多的国内连锁咖啡企业以前所未有的广度和深度参与到了云南咖啡的产业链中。Manner 咖啡在孟连成立了收购站，直接向当地的农户收购云南精品咖啡用于门店出品。2020 年，蜜雪冰城在云南成立种植者支持中心，与孟连县当地政府签订保底收购协议。2021 年，瑞幸咖啡门店推出了第一款云南红蜜处理 SOE。这款 SOE 咖啡豆是由瑞幸咖啡和炬点咖啡共同合作的一次创新性尝试，由炬点咖啡向当地的咖农采购咖啡鲜果后采用统一的红蜜加工处理方式进行处理，不同批次的咖啡鲜果经过大批量的加工处理后既能保留精品咖啡的果酸风味，又能维持品质的相对一致性。2022 年，中国邮政旗下的邮局咖啡首家门店在厦门开业。2023 年，由中国移动开设的连锁品牌咪咕咖啡正式营业。在国企、外资企业和国内民营企业各方的共同努力下，云南咖啡正式走上了"破圈"之路。

1999 年和 2013 年：两场霜冻下的危机和转机

然而，对靠天吃饭的农业来说，市场的繁荣只能起到锦上添花的作用，却不能掩盖农业本身固有的危机。在人类的咖啡种植史上，有两类杀手曾经对各大产区的咖啡树带来过毁灭性的灾难：一类是像叶锈病这样的病虫害，一类是霜冻等自然灾害。自 19 世纪 90 年代人类历史上第一场大规模的叶锈病席卷印度和斯里兰卡的咖

啡园以来，人类就从未停止过与咖啡叶锈病的抗争。1959 年，葡萄牙咖啡叶锈病研究中心（CIFC）开始了对新的抗锈病咖啡品种卡蒂姆及萨奇姆的育种，以提前为中南美洲可能面临的咖啡叶锈病的威胁做准备。果然，新品种的培育和推广使中南美洲的各大产区在 20 世纪 70 年代到 80 年代疯狂肆虐的叶锈病灾害中只是面临轻微的减产而免于毁灭性的打击。在云南，由于我国在 20 世纪 90 年代初期重新恢复咖啡种植时直接引入了带有抗锈病基因的卡蒂姆品种，在种植后的早期咖啡叶锈病只是对云南个别产区的一些咖啡园产生过局部影响，而没有产生过大范围的影响。当当地的农业专家发现卡蒂姆正在逐渐失去抗锈性时，他们也早早地开始了新品种的研发和育种工作，为即将到来的品种更替做好准备。

但像霜冻这样突如其来的气候灾害就不是那么好预防了。很多人误以为，咖啡种植的海拔越高咖啡的品质越好，事实上这一规律并不是绝对的。在相同的纬度带，咖啡的种植海拔在某一个区间内时，海拔相对更高的地方生产的咖啡的确有可能积累更多的糖分和风味物质。但当咖啡的种植海拔超过一定的高度之后，反而会因为气温过低容易遭受霜冻灾害。在埃塞俄比亚等靠近赤道的产区，阿拉比卡咖啡树能存活的极限海拔高度可以达到 2000 米以上。在云南，当咖啡树种植的海拔超过 1600 米时，遭受霜冻的概率将大大增加。在极个别纬度较低的区域，咖啡树的种植海拔最高可达 1800 米，而综合来看，极端气候带来的风险要远远高于由海拔对轻微品质提升所带来的收益。因此，云南大部分的精品咖啡庄园都选择将咖啡种植在海拔 1200～1800 米之间的区域。

在过去 30 多年里，云南省曾经发生了两次大规模的霜冻，对省内正在恢复和发展的咖啡种植业造成了严重的打击，一次发生在 1999 年冬季，一次发生在 2013 年与 2014 年冬春交替之时。1999 年是雀巢在普洱市引入新品种的第 7 个年头，也是普洱全市正式大范围推广咖啡种植的第 4 年。那一年，许多咖农种植的咖啡树经过 3 年的精心照料，终于结出了第一批果实，即将进入丰产期。就在农户满心欢喜地期待着这一年的丰收时，一场突如其来的霜冻浇灭了他们的热情。据统计，这场霜冻让当时普洱市和西双版纳州近 1/3 的咖啡树直接死亡，其余的咖啡树虽然侥幸存活了下来，但当年的产量和品质也都不同程度地降低了。更为不幸的是，霜冻发生后的 3 年，咖啡期货价格持续走低，2001 年时更是达到了历史较低点 0.42 美元/磅，这一系列的打击让当时刚刚对种咖啡有了信心的咖农感到绝望，纷纷砍掉咖啡树改种其他作物。1989 年到 1999 年这 10 年间，普洱全市的咖啡种植面积从 1.6 万亩逐年扩大到 18.2 万亩，增长了 10 多倍。1999 年之后，普洱的咖啡种植面积开始出现连年的萎缩，2006 年时已下降至 11.7 万亩。

但也有一部分咖农从危机中看到了转机，有些人因为种了几年咖啡，已经对这一原本陌生的物种产生了感情，不忍砍掉存活下来的咖啡树。有些人则是出于对未来咖啡价格还会重新昂扬的预期，选择了修复因为灾害而受损的咖啡地，继续扩大种植面积。经过 4 年的调整和等待，很快咖啡的期货价格就在 2003 年迎来了近 10 年的攀升时期，2011 年时更是一度达到了 3.06 美元/磅，而当时坚持下来的那些咖农也吃到了这一波的市场红利，庆幸自己当初的决定。

如果说1999年的霜冻恰好成了检验咖农对咖啡市场信心的试金石，那么2013年的那场霜冻则是为云南省内咖啡种植业的结构升级转型提供了契机。2013年12月，普洱遭遇了连续多日的低温霜冻天气，造成了40多万亩咖啡地受灾，9万多亩咖啡地绝收，造成经济损失6亿多元。在这次灾害中，全市的咖啡庄园都面临近1/3的减产，其中种植海拔在1400米以上的庄园受灾程度更为严重。这次灾害让很多庄园意识到，咖啡的种植海拔不能无限上升，而应该控制在一个不易遭受霜冻的范围之内。在当时的思茅、宁洱、墨江等更为靠近北回归线的产区，咖啡种植海拔最好控制在1300米以内。还有一些庄园发现，种植了遮阴树的咖啡林遭受霜冻的损害程度更低，从此开始推广和普及种植遮阴树的方式来降低霜冻的风险。国外研究证明，遮阴树的存在不仅能在霜冻来临时保护咖啡树，在正常的气候条件下还能避免咖啡树受到日照的时间过长，改善咖啡树的生存环境，从而提高咖啡树的产量和果实的品质。因此，种植遮阴树本身就是一种对咖啡得非常有益，值得大范围推广的实践。

这场危机带来的另一个转机是，那些因为霜冻而大面积死亡的咖啡林正好为新的树种和咖农们尝试更加精细化的种植和管理提供了空间和机会。2012年，雀巢4C认证工作在经过6年的准备后正式启动，星巴克的云南种植者支持中心落成。从2014年开始，雀巢要求所有的采购合作伙伴都必须通过4C认证，星巴克面向咖农的质量培训陆续开展，Seesaw的"云南咖啡十年计划"也已经启动。一切的市场信号都在表明，咖农正在面临达到更高的交付品质标准的挑战，而这些年我们喝到得越来越好喝的云南咖啡，正是过去十年里咖农与品牌坚持不懈共同努力的成果。事实证明，尽管这个过程注定充满困难和艰辛，但他们是可以做到的，并且做得很不错！

从老品种到卡蒂姆，再到新品种

读到这里，相信所有读者都已经清楚地知道，云南小粒咖啡指的就是阿拉比卡品种。而在云南现存的所有阿拉比卡品种中，卡蒂姆应该是最为人所熟知的，也是云南目前种植规模最大、产量最多的变种。但是除了卡蒂姆之外，我们还是可以从各类资讯渠道看到各种来自云南的不同的品种名称：铁皮卡、波旁（也写作波邦）、S288、7963、P3、P4、帕卡马拉、瑰夏……如果你来到产区，你会听到当地的庄园和咖农直接用一些类似"黑话"的说法来指代某些品种，比如这里种的是"老品种"，那些是"新品种"。到底这些形式众多的表达指代的是哪些品种呢？这些品种彼此之间有着怎样的传承和关联？云南产区的咖啡品种更迭呈现的到底是一部什么样的历史？我想在这里一次性向读者解释清楚这些问题。

我们在前文中回顾了云南咖啡种植历史的三个阶段。在早期引种阶段和20世纪50年代至80年代的国营农场时期，云南省内保存良好的咖啡地大多集中在保山潞江坝和德宏一带。这一时期当地的咖啡种质从基因上基本可以溯源到来自缅甸的铁皮卡和波旁一支，其中一部分来自20世纪初瑞丽与缅甸的边民流动和传教士的引入，另一部分由保山外贸局在20世纪50年代为扩种咖啡向缅甸边民购入。前者在20世纪的前50年里在德宏一带自由繁殖生长，在1952年被云南省农科院热经所在德宏遮放坝的一个傣族院落里偶然发现购得，后者则是先被分配到了国营潞江农场。铁皮卡和波旁从外观特征上可以区分，铁皮卡的植株较为高大，叶片为古铜色，豆粒较大。波旁的植株同样较为高大，但叶片呈绿色，豆粒大小中等。经过潞江坝一带农场干部和村民30多年的努力，这些不同时期从缅甸引入的铁皮卡和波旁品种经过多代的杂交和变异，庞杂的后代变种也形成了一个大家庭，因此一些专家会比较严谨地将这一品种分支的所有后代称为"铁皮卡及波旁变种"，我们俗称的"老品种"在大部分语境下指的就是这一品种分支的统称。

但铁皮卡和波旁本身在基因上属于100%阿拉比卡血统，也是最接近阿拉比卡原生形态的品种。阿拉比卡品种虽然在风味上存在一定的基因优势，但在面对叶锈病时往往不堪一击，反而是被大家一致认为比较难喝的罗布斯塔和利比里卡在叶锈病面前表现得更为强壮。云南的农业专家从20世纪60年代就开始了引入抗锈品种的尝试，其中就有德宏热带农业科学研究所在1967—1968年之间从印度引进的S288和S795。S288是印度当地阿拉比卡与利比里卡两大品种自然杂交的后代，S795则是印度科学家通过将一代S288和铁皮卡的自然混交后代Kent与二代S288再次杂交获得的后代。但S288和S795在云南的适应性太差，到1971年只剩下了一棵S288母树存活。当时位于西双版纳的云南省热带作物科学研究所将这棵仅存的S288母树的鲜果引入到西双版纳进行育种，并对它的抗

锈性进行观察研究。研究证实，S288具有较强的抗锈性，但在极端易发病的环境下也可能失去抗锈性。20世纪80年代，海南、福建、云南等多地陆续引入S288进行种植，但在20世纪90年代初卡蒂姆在云南省内大范围推广后，S288这一品种就不再受到重视，几乎销声匿迹。这两年，保山潞江坝遗留下来的一些S288老树又被外界发现，重新受到了一些咖啡从业者的关注。

接下来就是我们熟知的卡蒂姆的时代。正如我们前面所说，卡蒂姆并非一个单一的咖啡品种，而是葡萄牙咖啡叶锈病研究中心（CIFC）自20世纪60年代起将卡杜拉和HDT进行混交后得到的所有后代组成的品系家族。在CIFC对最初得到的HW26和H46两个后代分支进行了数年的观察，确认其具备抗锈性后，巴西对这些品种分支进行了初筛，在20世纪70年代向中南美洲各个咖啡产区进行分发，以应对可能大范围到来的叶锈病。云南现存的卡蒂姆品种，实际上有T5175、T8667、P86、P3、PT、CIFC7963、德热3号、德热296等至少8个品种。从外观上，卡蒂姆品系基本上呈现出植株矮小、叶片为古铜色、果实和豆粒大小中等的共性。从品种引入的时间和来源上，可以推测T5175和T8667应该都来自20世纪70年代到80年代哥斯达黎加从巴西引进和培育得到的2个卡蒂姆后代，这2个品种具体引入到云南的时间不详，但推测应为20世纪80年代同一时间。CIFC7963和PT都是雀巢在20世纪80年代末到90年代初从CIFC直接引进的抗锈品种，CIFC7963引进的时间稍早一些，是1988年雀巢在云南试种的第一批抗锈品种，PT引进的时间为1991年，后来被证实

与 1990 年联合国粮农组织专家带来，保存在德热所的 P86 为同一品种分支的不同世代。

由于卡蒂姆品系在抗锈性、适应性、产量和品质这几个方面的综合表现比较平衡，在引入云南后很快就成了咖农种植的主流品种。今天我们看到云南的咖啡树，90% 以上都属于卡蒂姆品系。但随着精品咖啡浪潮的兴起，云南的科学家和一些具有创新意识的庄园在过去 10 年已经开始试验在云南种植卡蒂姆以外的其他品种的可能性。目前这些新品种的试验主要沿着两条主线发展：第一个方向是寻找抗锈性更强，能替代卡蒂姆进行大规模种植，存活率和产量较高的新品种，比如与卡蒂姆有着相似的身世，由 CIFC 将维拉萨奇和 HDT 进行杂交获得的后代品系萨奇姆。目前德热所已经完成了萨奇姆的试种工作，其他科研单位负责在各个产区进行分发和再次育种，农户已经可以从指定的单位购买到萨奇姆的种苗。现在整个云南的萨奇姆产量还很低，只有少数几个庄园的萨奇姆已经结果，即将进入丰产期。预计到 2025 年以后，咖啡爱好者才有可能在市场上比较方便地买到萨奇姆。

品种试验的第二个方向，是不考虑抗锈性和适应性，完全从品种的风味基因出发对各个不同的品种进行试种，发掘云南咖啡在风味品质方面的最大潜力。这些品种的种质资源一部分来自云南当地遗留下来的老品种，包括铁皮卡、波旁、S288 等，另一部分来自最近这些年从国外产区有意识地引种。比如保山比顿庄园和佐园咖啡从巴拿马引种的瑰夏品种，德宏侏椤咖啡小范围试种的埃塞俄比亚原生种，此外还有中南美洲产区种植较广的帕卡马拉、卡杜拉、卡杜艾，肯尼亚的 SL28 等品种。由于气候水土与原产地存在巨大差异，这些从海外引进的五花八门的新品种目前都仍处在适应期，存活率极低。少数成功存活下来已经结果的新品种，距离风味达到稳定期也还有很远的一段距离。因此我们现在能喝到的一些云南新品种，在每个产季的产量和风味表现上存在很大的偶然性，可能今年喝得到，明年就喝不到了，也有可能今年喝到的很好喝，明年喝到的很一般。总之，如果你在咖啡店碰巧遇到云南咖啡的新品种，就且喝且珍惜吧。

云南咖啡的 "产地风味"

  云南是我国唯一规模化种植咖啡的省份，2022 年云南省的咖啡种植面积为 127.34 万亩，产量 11.36 万吨，分别占全国的 98.4% 和 98.7%。虽然我国的海南省、台湾省仍保有一部分咖啡种植，但万亩左右的种植规模和云南相比只能说是小巫见大巫。历史上，咖啡曾经作为外来物种远渡重洋来到中国，最终选择了在云南开枝散叶，这首先要归功于云南省得天独厚的地理环境和气候条件。

  云南地处北纬 21°08′32″ ~ 29°15′08″ 之间，属热带与亚热带的交界区域，北靠青藏高原，南临印度洋、太平洋。全省平均海拔在 2000 米左右，地势呈西北高东南低。受板块运动影响，全省地貌以西北—东南走向的云岭—哀牢山为界划分为横断山区和云贵高原两大区域。西部的横断山区地形高低错落，自西向东分布有高黎贡山、怒山、云岭三大横断山系，发育有独龙江、怒江、澜沧江、金沙江四大水系，河流深切，峡谷密布。东部高原地形相对平坦，主要山系有乌蒙山及其余脉一支，元江和南盘江是东部两大主要水系。由于所处纬度带较低，北部的山脉挡住了冬季南下的冷空气，云南省的气候整体较为温和，四季温差小。从局部看，跨越了 8 个纬度带的云南省内各地同时分布有山地、高原、峡谷、坝子等多种地形，造就了云南复杂多样的气候类型和非常显著的立体气候特征，因此，在云南的很多山区都可以体验到 "一山有四季，十里不同天" 的神奇变化。

  咖啡是一种热带经济作物，适宜生长在温暖湿润的区域，全球的咖啡种植带主要分布在南北回归线之间。在热量充沛的赤道一带，适合阿拉比卡生长的最佳海拔为 1000 ~ 2000 米左右，最高的区域可达到 2300 米，而罗布斯塔在 500 米以下的低地就能生存。在靠近南北回归线的地区，由于热量的递减，咖啡生长的最佳海拔范围也相应有所降低，适宜阿拉比卡生长的海拔范围在 800 ~ 1500 米之间。云南北部山区的纬度和海拔较高，热量不足，咖啡无法存活，而南部的河谷地区热量充足，海拔适中，受河流冲积的影响，土壤肥沃，刚好适合咖啡的生长，也是全世界位于北回归线一带少数适合咖啡种植的产区之一。

  2020 年，在一项关于云南小粒咖啡宜植区的研究中，张明达等人通过对云南省内各个咖啡产区的气候要素、地形、土壤等因素进行统计学分析，总结出了地理环境具备以下特征的区域小粒咖啡宜植性最高：

表 2 - 1　云南省小粒咖啡宜植区的地理条件

气候条件	地形地貌	土壤理化
年平均气温：19～21℃	海拔高度：800～1500 米	土壤侵蚀强度：微度
最冷月气温：≥13℃	坡度：≤15°	土壤质地：沙黏壤土及以上
年降水量：1200～1900 毫米	坡向：135～225℃	土壤有机质含量：≥3%
2—3 月降水量：45～60 毫米		pH 值：5.5～6.5

来源：张明达，王睿芳，李艺，胡雪琼，李蒙，张茂松，段长春．云南省小粒咖啡种植生态适宜性区划［J］．中国生态农业学报（中英文），2020 年（28）2：168－178．

综合气候条件、地形地貌和土壤理化三个方面的生态适宜性分析，云南全省共有 33.8% 的区域适合小粒咖啡的种植。其中最适宜区集中在：德宏州中部和南部、保山市中部、临沧市中部及西部、普洱市大部、西双版纳州中部和北部以及文山州北部和东部等地，占云南省国土面积的 18.8%（74090.8 平方千米）。文山州西部、红河州北部、楚雄州北部等地为小粒咖啡种植的适宜区，占云南省国土面积的 15%（59115 平方千米）。

读到这里，我相信很多读者应该已经迫不及待地提出疑问：究竟什么样的风味描述可以代表云南咖啡的产地风味？这应该也是很多咖啡爱好者期待从这本书中找到的答案。很遗憾，由于云南各个产区在气候水土和历史人文两个方面呈现出复杂的多样性，再加上过去 10 年一些认同精品咖啡生产理念的庄园通过自主实验和创新对云南咖啡的品质和风味进行了快速的提升和丰富，今天我们显然已经不能再用一个笼统的描述来概括云南咖啡的风味特点。但是我想我们可以以 1992 年和 2015 年为两个时间节点，将过去 30 多年云南咖啡的发展人为地分为三个阶段，以便更轻松地解答读者的这个疑问。

1980—1992 年是中国咖啡种植业的复苏阶段，此时云南的咖啡种植主要集中在保山潞江坝一带，凭借云南省农科院热经所、潞江农场、新城农场自 20 世纪 50 年代以来积累的技术经验，保山小粒咖啡逐渐在国际展会上崭露头角。然而，由于这一阶段云南咖啡还没有形成稳定的出口市场，潞江坝一带的农民主要依靠经验种植咖啡，豆种以铁皮卡、波旁等老品种为主，处理加工则主要使用机械进行脱胶，咖啡的香气和产地风味强烈。

1988 年，华侨梁厚甫先生曾在美国《自由论坛报》发表《嗜咖啡者言》，一次偶然的机会他在美国当地的大型超市看到了中国云南的咖啡，遂将其购买回家品尝。云南咖啡的滋味让第一次品尝的他大为感叹："依我这一个并不十分内行的人看来，好处有三：（一）浓而不苦，（二）香而不烈，（三）带了一点果味。这果味，触到舌端，十分过瘾。"虽然我们现在再也无法喝到 1988 年的云南咖啡，但通过梁老生动的描述，我们可以想象当时他手中那一杯云南咖啡的滋味。

1992—2015 年，随着咖啡对外贸易的兴起，国外客户更为青睐的传统水洗商业咖啡成了云南咖啡的绝对主力。这一阶段，咖啡的产地风味妥协于量产效率。产季一到，采自各个不同地块的咖啡鲜果会被拉到附近的大型鲜果处理厂混合。在批量化的加工处理流程中，每一颗咖啡身上的产地印记被磨去，成为成千上万吨咖啡中毫不起眼的一颗。还未进入成熟期的绿果也会被一同摘下，只为赶在合约交货期或是期货价高点时交货。这种大规模量产的生产方式自然影响到了云南咖啡的品质和人们对云南咖啡的印象。

在《世界咖啡学》一书中，韩怀宗回忆他在 1998 年任职于西雅图一家咖啡公司时，曾多次试喝云南咖啡。他印象中的云南咖啡"杂苦味很重且带有草腥、蔬菜味和涩感""欠缺精品豆丰富的高阶味谱，诸如柑橘韵、茉莉花、莓果"，他认为云南豆充其量只能做中低档商业豆，并将原因归结为卡蒂姆本身所带有的罗布斯塔基因。在之前出版的《精品咖啡学》一书中，韩怀宗也曾以"魔鬼尾韵"描述云南卡蒂姆的风味，印证了他对云南咖啡的印象确实不佳。

但 2015 年之后，人们对云南咖啡品质的印象开始出现转折。韩怀宗后来在 2015—2016 年喝到了云南生豆大赛前六名的精品豆，显著的花果香气和复杂的风味让他对云南咖啡的印象大为改观。原来，同样是卡蒂姆，经过合理恰当的田间管理和处理加工后，风味品质可以不输国外精品豆。精品咖啡出现的同时，商业级咖啡的品质也在同步提高。在 2020 年再版的《世界咖啡地图》中，詹姆斯·霍夫曼形容云南咖啡的口感为："会有令人愉悦的甜感及水果感，虽然大部分还是会有一点木质及泥土的味道，有较低的果酸和厚实的醇厚度。"他的描述基本上符合过去几年云南商业一级咖啡豆的整体水平。

正如我在本章开头所说，随着国内咖啡消费市场的增长，近几年产区的生产者在品种和加工处理方式上做出的努力创新，咖啡爱好者也越来越期待从云南咖啡中喝到更多不一样的风味。这两年我们已经喝到了引种到云南的埃塞俄比亚原生种，明亮的果酸和轻盈的口感确实更接近埃塞俄比亚的高品质咖啡；也喝到了经过红酒日晒等厌氧发酵处理法加工的卡蒂姆，浓郁的酒香和热带水果的风味让人不禁猜想喝完这款咖啡是否可以通过酒驾测试；还喝到过经过精细的日晒处理后果酸更为柔和、口感更加干净的新豆种萨奇姆以及带有复杂的深色莓果风味的水洗卡蒂姆……每当喝到云南咖啡过去未曾出现的新风味，我在大受震惊的同时，也会由衷感慨：云南咖啡的品质不但有了显著的提升，"云南咖啡"这一概念所包容的风味也正在变得越来越丰富。

许多精品咖啡馆或是烘焙商会通过举办云南咖啡杯测会的形式，向消费者分享这些年云南咖啡在感官品质上呈现的变化。但这类小范围的杯测活动本身在样品的准备和人员的参与上往往存在局限性，杯测记录无法形成有效的统计学结论。我们从近几年的公开项目中选择了两组产区覆盖面比较广、参与人数较多的研究结论，以便大家获得一个比较全面的印象。

2022 年，Jiayi Ma 等人曾在 *Current Research in Food Science* 期刊发表了 *Characterization of sensory properties of Yunnan coffee* 一文。研究组收集了来自保山、德宏、临沧、普洱四大产区的 25 支咖啡样品，并从近 100 位咖啡爱好者筛选出 10 位志愿者对这些样品进行感官评价。实验过程中，志愿者使用的感官描述词被限定在研究组提供的 133 个感官描述词中，并且每个感官描述需要按照强度进行打分（1～15，1 代表强度最弱，15 代表最强）。最终，研究组根据志愿者提供的感官评价数据，整理出使用频次和强度最高的 57 个感官描述词，其中 11 个为味觉描述词，39 个为风味描述词，7 个为其他描述词。这 57 个感官描述词根据方向上的共性，被划分为烘烤类、化学类/陈腐类、谷物类/坚果类、水果类、花香类/植物类、香料类、酒精类/发酵类、甜味、酸味/酸类物质、口感、丰富度等 11 大类。

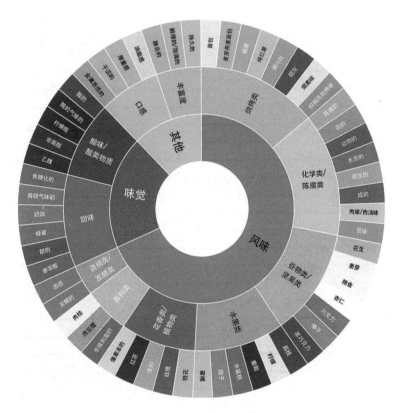

57 个评价云南咖啡常用感官描述词

根据描述词出现的频次和志愿者打出的强度分，研究组计算出了每个描述词对应的显著系数（M 值），其中 M 值在 50% 以上的描述词分别是：油脂感、苦、余韵持久、厚重感、酸、触感饱满、拼配感、棕褐色的烘烤味、口感干涩。M 值在 20%～50% 之间的描述词分别为：烟熏味、黑巧克力、焦糖、榛子、灰烬感、闻起来酸的、卷烟、肉味、巧克力、似金属味的。

M 值在 10%～20% 之间的描述词分别有：葡萄酒感、闻起来甜的、草本味、烤红薯、咸的、纸张味、木质感、柠檬酸、杏仁、烟草、红茶、发酵感、动物气息、橘子、药味、燕麦面包、奶油、肉桂。

由于样品为来自 4 个不同产区的烘焙熟豆（保山 11 支，德宏 4 支，临沧 3 支，普洱 7 支），为了验证不同产区和烘焙度可能带来的咖啡样品在感官上的差异，研究组对样品进行了分组并分别制作了感官雷达图。4 个产区的样品在口感、丰富度和酸上有比较接近的表现，保山咖啡在谷物类/坚果类和化学类/陈腐类 2 个大类上有比较显著的表现，德宏咖啡在甜味、花香类/植物类、水果类 3 项表现尤为突出，临沧咖啡在谷物类/坚果类、甜味、化学类/陈腐类、发酵感 4 项获得了较多的评价，普洱咖啡则是在酒精类/发酵类、香料类、烘烤类、化学类/陈腐类 4 项上表现突出。

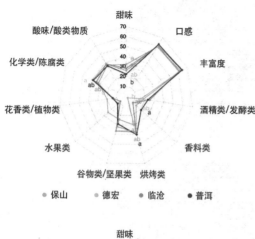

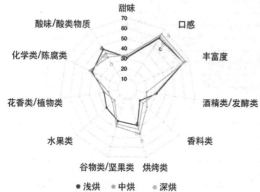

保山、德宏、临沧、普洱产区的
咖啡感官特征对比

这项研究本身在样品的选择上存在一定的局限性，例如：使用的都是商业品牌

的烘焙熟豆作为样品，样品的外包装上没有提供豆种、处理工艺和烘焙方式等细节信息。但作为近期发表的关于云南咖啡感官品质的少数科研成果之一，这项研究的结论依然向我们揭示了有关云南咖啡的一部分真相：云南咖啡的整体风味还是以坚果调为主要特点，有一些样品也表现出了一定的花香、水果类风味，但这类风味的整体表现并不集中，水果类风味以柠檬、柑橘调为主。在负面描述的部分，一部分样品表现出了口感干涩、烟熏、纸张味、木质味等特征，但没有出现橡胶、汽油等极端负面的描述词。总的来说，在全球的咖啡产区中，云南咖啡的整体品质为中等偏上表现。

2021 年，炬点咖啡联合雀巢咖啡共同发布了"云南咖啡风味地图"项目的研究成果。这项研究中的 319 份样品由雀巢咖啡中心、云南省农科院热经所、云南省德宏热带农业科学研究所、德宏黑柔咖啡有限公司、普洱小凹子咖啡庄园有限公司等多家科研机构和企业共同搜集提供，来自全国各地共 61 家企业和机构的数百位 Q-Grader 在炬点咖啡的组织下共完成了 11803 次杯测，所获得的杯测数据经过整理和统计，最终绘制出了一份可以代表云南各产区的咖啡风味图。

2023 年，"云南咖啡风味地图"第三版问世。来自全国的 700 多位杯测师对来自云南 10 个地区的 358 份样品进行了统一杯测。经过对 25982 份杯测数据的统计分析，炬点咖啡绘制出了 2023 年云南咖啡风味地图。

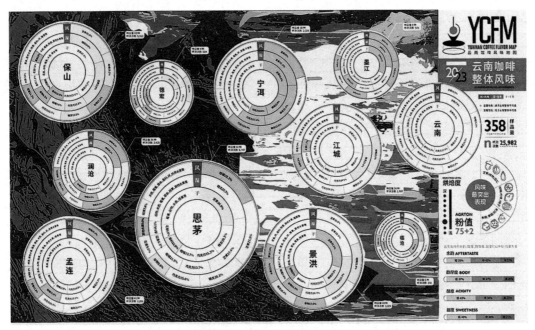

2023 年云南咖啡风味地图

图片来源：炬点咖啡。

根据"云南咖啡风味地图"提供的信息，云南咖啡整体的感官特征如下：风味以坚果、杏仁、核桃等坚果调，柠檬、柚子等柑橘类酸质和焦糖、黄糖、奶油等甜感为主要类型，中短的余韵、中低的酸度、中低的醇厚度和中低的甜度。这些风味描述关键词和云南大学的研究所得出的结论基本一致。

以上两项研究向我们揭示了云南这一大产区的咖啡在感官风味上的共性。那么，云南各个小产区的咖啡之间是否存在各自的风味个性呢？"云南咖啡风味地图"分别对 10 个地区的咖啡杯测数据进行了统计。通过统计数据的横向对比我们可以得出以下结论：在普洱的各个咖啡主产县中，思茅咖啡有高于所有样品均值的柑橘和莓果类风味，有低于均值的坚果、花生、谷物和香料类风味；澜沧咖啡有高于均值的花香、柑橘类、核果类和糖类风味和低于均

值的花生、谷物类风味；江城咖啡有高于均值的木质类风味和低于均值的花香、柑橘类和糖类风味；墨江咖啡有高于均值的坚果类、木质、巧克力和谷物类风味和低于均值的花香、柑橘类风味；孟连咖啡有高于均值的花香、莓果类、柑橘类风味和低于均值的谷物和木质类风味；宁洱咖啡有高于均值的坚果类、巧克力、糖类风味和低于均值的花香和谷物类风味；临沧咖啡有高于均值的花香、柑橘类风味和低于均值的谷物类风味；保山咖啡有高于均值的花香、草本类、谷物类和香料风味和低于均值的柑橘类、坚果类、糖类和巧克力风味；德宏咖啡有高于均值的花香、莓果类和木质风味，有低于均值的坚果类和谷物类风味；西双版纳的景洪咖啡有高于均值的草本、木质、谷物、坚果类和泥土烟熏风味，有低于均值的花香、柑橘类和糖类风味。有兴趣的读者可以在炬点咖啡实

验室的主页上下载"云南咖啡风味地图"了解详情。

然而，不同产区咖啡之间的风味差异和改变只是表象，真正影响咖啡风味和品质的因素是咖啡生豆中的化学成分以及烘焙中的化学反应所带来的产物。究竟不同产区的咖啡生豆和烘焙熟豆在化学成分上有何差异，才造就了产区之间风味的差异？出于打破砂锅问到底的精神，我找到了2015年董文江等人发表的两篇论文，也许可以回答这个问题。

董文江等人对普洱、临沧、保山和德宏四个产区的咖啡生豆进行了氨基酸、蛋白质、脂肪酸、单糖和脂肪含量的测定，这五类物质在烘焙过程中都不同程度地参与或影响美拉德反应、焦糖化反应、Strecker 降解反应等化学反应，最终转化为糖类、有机酸、吡嗪类、呋喃类、醛类、酮类、类黑精等风味物质，因此这五类成分又被称为咖啡生豆中的风味前体物质。研究结论如下：在氨基酸总含量上，四个产区的咖啡的排序依次是德宏（10.31%）>临沧（10.15%）>普洱（9.93%）>保山（9.07%），其中含量最高的氨基酸为谷氨酸，其次为天冬氨酸，含量最低为蛋氨酸，保山咖啡在氨基酸的种类和含量上和其他产区的咖啡存在显著差异，而临沧咖啡和德宏咖啡的氨基酸构成比较接近。在蛋白质总含量上，四个产区的咖啡排序依次是德宏（13.93%）>临沧（13.90%）>普洱（13.50%）>保山（13.03%），除了临沧咖啡和德宏咖啡在蛋白质构成上没有显著差异，其他产区之间的咖啡蛋白质含量差异较为显著。四个产区的生豆中共检测到 9 种脂肪酸，均以亚油酸为主，其次为棕榈酸，脂肪酸总含量依次为普洱

（5.39%）>保山（4.83%）>德宏（4.72%）>临沧（4.39%），其中硬脂酸、亚麻酸的含量差异最大，花生一烯酸和木焦油酸差异最小。四个产区的生豆中共检测出 5 种单糖，分别为木糖、岩藻糖、甘露糖、葡萄糖和半乳糖，普洱咖啡的单糖含量最高为 17.21%，保山咖啡的单糖含量最低为 15.95%，临沧咖啡和保山咖啡的单糖含量接近。四个产区咖啡的粗脂肪含量高低依次为普洱（13.82%）>保山（13.76%）>临沧（12.38%）>德宏（10.94%），除普洱和保山咖啡之间没有明显差异外，其他产区之间均存在显著差异。

董文江等人也对四个产区咖啡的 3 种不同烘焙度的熟豆进行了挥发类物质的检测，得出以下结论：在浅度烘焙中，糠醛是普洱、临沧、德宏样品中含量最高的挥发性物质，而保山咖啡中含量最高的是甲基吡嗪；在中度烘焙样品中，糠醇在保山、临沧和德宏中含量最高，而在普洱中度咖啡中 5－甲基呋喃醛含量最高；在普洱深度烘焙咖啡中最高含量的挥发性物质是糠醇，而保山、临沧、德宏深度烘焙咖啡中含量最高的挥发性物质是吡啶。4 个产区咖啡中的醛类和酮类在种类上变化不大，在同一烘焙度条件下，酮类物质含量基本相当，并且随着烘焙度的增加含量逐渐减少；而醛类物质随烘焙度的增加其含量并没有减少，在深度烘焙样品中反而最大，主要是由于 4－甲基苯甲醛在深度烘焙咖啡中的含量较高。四个产区的深度烘焙咖啡中酚类物质含量明显增加，相比于浅度和中度咖啡，酚类物质对深度烘焙咖啡的香气影响较大。除德宏咖啡外，其他地区咖啡均随烘焙度的增加，酸类物质含量减少。醛类和酮类物质贡献了烘焙咖啡的奶油风味，

吡嗪类和呋喃类则是烘焙咖啡中坚果、烘烤、泥土类风味的主要来源，乙酸、丁酸等酸类为烘焙熟豆提供了果酸等风味，酚类则对应了深烘焙咖啡中的甜香和苦味。

在使用电子舌模拟人们对四个产区不同烘焙度咖啡的味觉感受时，董文江等人发现，普洱和德宏咖啡的区分度明显，而保山和临沧咖啡比较接近；就同一个产区的咖啡而言，深度烘焙咖啡与浅度和中度烘焙咖啡的区分度明显，而浅度和中度烘焙咖啡之间的差异则较小。也就是说，四个产区的咖啡在味觉上具有一定的区分度，而烘焙度的选择也会对同一个产区的咖啡风味产生至关重要的影响。

云南咖啡产业现状

产业数据

农　业

根据《云南省咖啡产业发展报告》，2021 年云南全省共有 10 个州市 33 个县种植咖啡，其中 23 个县为边境县，占全省边境县的 92%。各产区的种植面积及产量数据如表 2-2 所示。

表 2-2　2021 年云南省各州县咖啡种植面积和产量

2021 年云南省咖啡生产分布				
州市	面积（万亩）	产量（万吨）	农业产值（亿元）	平均亩产值（元/亩）
普洱市	68.60	4.57	12.48	1819
临沧市	37.44	2.11	4.79	1279
保山市	12.93	2.00	5.38	4161
德宏州	10.43	1.14	2.10	2013
西双版纳州	6.93	0.90	1.25	1804
文山州	1.76	0.01	0.04	227
怒江州	0.69	0.09	0.12	1739
大理州	0.36	0.03	0.21	5833
楚雄州	0.15	0.01	0.07	4667
红河州	0.05	0.002	0.004	800
合计	139.34	10.862	26.444	

数据来源：云南省咖啡产业发展报告。

在以上 10 个州市中，普洱市、临沧市、保山市、德宏州、西双版纳州 5 个州市的咖啡种植面积和产量总和分别占全省的 97.84% 和 98.69%。其中，普洱市的种植面积和产量分别占全省的 49% 和 42%，是云南省最大的咖啡产区。但在亩产效益上，保山市的平均亩产值要显著高于产量领先的普洱市和临沧市，达到 4161 元，是普洱市和临沧市的 2.29 倍和 3.25 倍。

2022 年，云南全省咖啡种植面积为 127.34 万亩，咖啡产量 11.36 万吨。相比 2016 年，2022 年全省咖啡种植面积和咖啡产量分别下降了 27.43% 和 28.28%。回顾 2016—2022 年这 7 年的数据，我们发现云南省的咖啡种植面积和总产量有明显的下降趋势，尽管如此，由于 2016—2020 年是国际咖啡期货价格整体相对低迷的年份，在国际咖啡期货价格的推动下，2022年全省咖啡农业产值较2016年仍上涨了30.63%。其中2019年是咖啡期货价格最低的年份，当年的美国C型咖啡期货价格平均仅为1.04美元/磅，同期云南咖啡的生豆均价为15.41元/公斤，咖啡农业产值

为22.35亿元。2021年和2022年，国际咖啡期货价格出现大幅上涨，2022年全年美国C型咖啡期货均价为2.14美元/磅，最高点达2.58美元/磅，同期云南咖啡的生豆均价为30.37元/公斤，咖啡农业产值为34.5亿元。

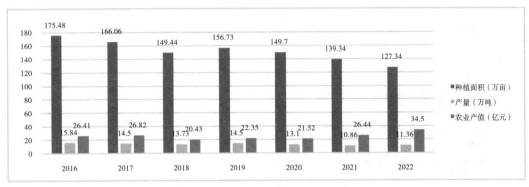

2016—2022年云南省咖啡种植面积、产量和农业产值变化

数据来源：云南省咖啡产业发展报告。

2022年中国的咖啡产量（几乎全部产自云南）贡献了全球咖啡总产量（1020.11万吨）的1%，在全球78个咖啡产国中位居14。由于越南、印度尼西亚、乌干达、印度以生产罗布斯塔为主，因此在全球的咖啡生产国中，中国的阿拉比卡咖啡产量贡献了全球阿拉比卡产量（540.62万吨）的2%，排在第九位。

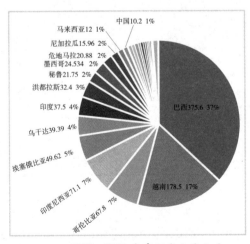

2022—2023产季全球主要咖啡
生产国咖啡产量（万吨）

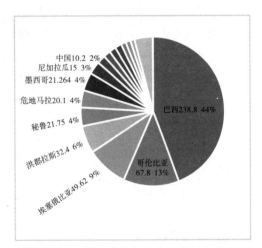

2022—2023年产季全球主要咖啡生产国咖啡
产量及阿拉比卡咖啡产量与占比（万吨）

数据来源：美国农业部，http://www.usda.gov/。

2021 年云南全省共有从事咖啡种植业的农户 25.23 万户，从业人员 102 万人，平均每户咖农依靠种植咖啡获得的收入为 10320 元（未包含其他作物的收入）。合作社和家庭农场是咖农们进行咖啡生产协作的主要组织形式，2021 年全省共有咖啡专业合作社 409 家和家庭农场 32 户，其中国家级示范合作社 1 家，省级示范合作社 6 家，省级家庭农场 2 家。

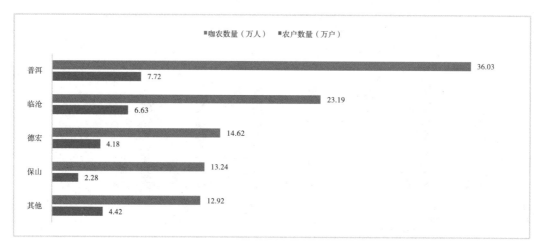

表 2 - 6　2021 年云南省咖啡种植户分布图

数据来源：云南省咖啡产业发展报告。

表 2 - 3　2021 年省级以上专业示范合作社、家庭农场名单

称号	企业名称	州市
国家级示范合作社	隆阳区新寨聚源咖啡种植专业合作社	保山市
省级示范合作社	芒市鹰巢咖啡种植专业合作社	德宏州
省级家庭农场	隆阳区潞玺种植家庭农场	保山市
省级示范合作社	孟连洪安鸿辉咖啡专业合作社	普洱市
省级示范合作社	孟连富岩镇金山咖啡专业合作社	普洱市
省级示范合作社	宁洱县梅子镇枧河村咖啡种植农民专业合作社	普洱市
省级示范合作社	镇沅县河西源丰咖啡专业合作社	普洱市
省级家庭农场	宁洱建华家庭农场	普洱市
省级示范合作社	镇康县隆玉咖啡专业合作社	临沧市

数据来源：云南省咖啡产业发展报告。

加工业和贸易

2021 年云南省内共有 420 多家咖啡企业，经营范围覆盖咖啡种植、初加工、精深加工和咖啡贸易等环节，其中速溶粉加工企业 2 家，冷萃冻干粉加工企业 2 家，全年咖啡加工业产值达 173.62 亿元，批发

零售增加值 116.67 亿元，包含农业产值在内的咖啡全产业链产值为 316.72 亿元。

自从 1988 年雀巢、麦斯威尔等跨国食品公司入驻云南，云南省的咖啡贸易长期以生豆原材料出口为主，同时有少量的焙炒咖啡和速溶等咖啡制品出口。2021 年 11 月，由于咖啡期货价格出现暴涨导致许多出口贸易商无法履行订单，再加上整个产区较上一年减产 2.24 万吨，云南咖啡生豆出口量由上一年的 3.36 万吨骤减至 8730 吨，是过去五年中的最低点。包括咖啡生豆、焙炒咖啡、带壳果荚、咖啡浓缩精汁及其他咖啡饮料制品在内的全年出口总量为 1.10 万吨，同比下降 69.75%，出口金额 4636.59 万美元，同比下降 57.4%。但目前看来，这并不会成为一个长期趋势。2022 年云南咖啡生豆的出口数量已回升至 2.67 万吨，恢复到了 2020 年出口量的 80%。受国际期货价格影响，2022 年的咖啡生豆出口金额为 1.26 亿，是 2020 年的 1.5 倍。德国是云南咖啡最大的出口国，2022 年的出口数量为 8707 吨，其次是荷兰、越南和比利时，出口数量分别为 3725.6 吨、3406.48 吨和 2179.7 吨。

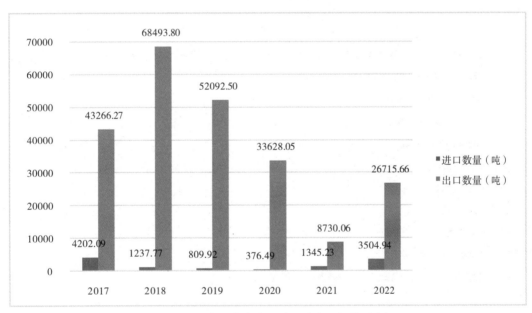

2017—2022 年云南省生咖啡豆进出口数量（吨）

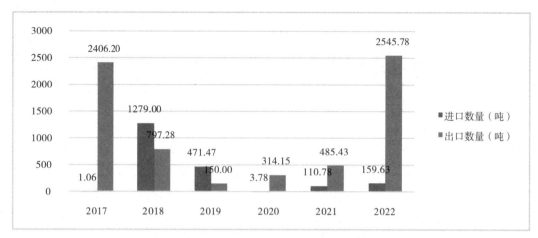

2017—2022 年云南省焙炒咖啡进出口数量（吨）

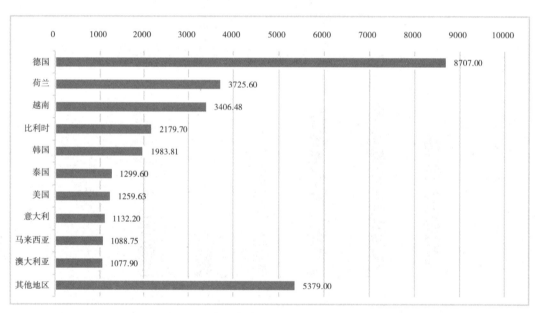

2022 年云南省咖啡主要出口地区

来源：中华人民共和国海关。

每年云南也会从国外进口一些咖啡生豆，其中大部分从老挝、越南和缅甸进口。2022 年云南省进口咖啡总量为 4990.07 吨，其中老挝咖啡 1634.51 吨，越南咖啡 1439.99 吨，缅甸咖啡 769.7 吨，分别占进口总量的 32.8%、28.9% 和 15.4%。进口的咖啡生豆以罗布斯塔为主，主要用来生产速溶咖啡。

云南咖啡不好喝，都是卡蒂姆惹的祸

大概是在 2019 年前后，我们开始有越来越多的机会在上海的咖啡馆喝到来自云南的精品咖啡。那时候，我总是听到一些咖啡师和烘焙师们说："云南咖啡不太好喝，因为他们种的品种主要是卡蒂姆。"这种众口一词的说法最早应该来自2013年韩怀宗老师出版的《精品咖啡学》："卡蒂姆（Catimor）的魔鬼尾韵，很难用烘焙与冲泡技巧抹干净。"于是，在那个云南咖啡依然以商业豆为王的年代，混杂着土腥味和蔬菜味的"魔鬼尾韵"就成了云南咖啡和卡蒂姆的代名词。

卡蒂姆种系诞生于葡萄牙咖啡叶锈病研究中心（CIFC）在20世纪60年代为帮助全球咖农抵御叶锈病的袭击所进行的新品种培育工作。在第一部分我们已经回顾了卡蒂姆不同品种分支的传播历史。到80年代，属于卡蒂姆种系的咖啡已经广泛种植在哥伦比亚、哥斯达黎加、洪都拉斯等咖啡产区。哥伦比亚在1985年发布了多个卡蒂姆品种混合衍生的新品种"哥伦比亚"（Colombia），哥斯达黎加培育了IHCAFE 95（又名哥斯达黎加95），洪都拉斯有了伦皮拉（Lempira），萨尔瓦多有了卡提斯克（Catisic）。这些卡蒂姆种系在各个产区经历了近40年的杂交迭代，又衍生出了诸如卡斯蒂略（Castillo）、哥伦比亚F6（Colombia F6）这样的子代和新品种。1/4的罗布斯塔血统基因并不妨碍这些品种中的某些批次依然可以在杯测中获得84分以上的评分，这些批次在进入中国市场后卖得也不便宜。

事实上世界各地的咖啡爱好者们从来没有否认过卡蒂姆品种本身所蕴含的美味潜力。在纽约一个名叫"拉丁美洲文化和咖啡"（Latin America Culture and Coffee）的博客中，作者对卡蒂姆品种的风味作了以下描述："在香气上，卡蒂姆带有令人愉悦的花香气息，这种香气让你仿佛置身于正值花期的一片咖啡林之中。第一口啜吸你会感受到均衡的酸度，这让咖啡充满了明亮清爽的活力。深入品尝时，你能感受到不同种类的柑橘类水果，如柠檬或甜橙，以及核果类的味道，如成熟的桃子或李子。在口感上，卡蒂姆具有复杂的中等到浓郁的饱满口感，挥之不去的余韵中带有黑巧克力或可可的风味。"这里出现的风味描述关键词和这几年我们杯测云南咖啡时使用到的词汇基本一致。

而过去限制云南的卡蒂姆品种完全发挥出风味潜力的因素主要还是在于云南当地的产业结构。在商业级咖啡的贸易体系里，咖啡的分级标准主要是粒径大小、瑕疵率等外观因素，对风味的要求并不高。无论咖农的管理多么精细，咖啡的风味表现多么突出，每磅咖啡最多也只能获得比其他商业一级咖啡略高几美分的溢价。因此，过去咖农的生产重心主要放在如何提高咖啡的产量上。咖啡的"土腥味"是因为生豆在加工处理和储存环节混入了杂质，"蔬菜味"则来自采收过程中和红果一起被摘下的未熟果。直到精品咖啡的市场开始萌芽，最先接触到精品咖啡理念的咖农受到豆价的激励，在过去经验的基础上迅速改进了对咖啡地的种植管理，在生豆的加工处理环节也做了创新，我们才有可能看到云南咖啡在短短五六年的时间里有如此大的进步。

云南省农科院热经所咖啡创新团队的首席专家黄家雄老师也认为："并不是只有瑰夏、卡杜拉这些新品种才叫精品咖啡，卡蒂姆也可以做出精品来。"只是云南省现存的卡蒂姆大多是在20世纪90年代引进的，这些植株在生长了近30年后已逐渐进入老年期，产量和抗锈性都出现了明显的下降。所以，对云南现存的咖啡地进行改造和品种更替势在必行，但这个决定更多的是出于对提升品种抗病性的考量，对品种风味的考量只是一小部分。

在《精品咖啡学》后来的修订版本中，韩怀宗也修正了他之前的说法，认为近几年他喝到的云南咖啡品质已大有改善。只是卡蒂姆豆种要洗脱"魔鬼尾韵"的罪名和偏见，还需要一点时间。

种咖啡不赚钱：咖啡价格危机的全球性和区域性

过去这些年，我们在产区听到咖农和大种植户最多的抱怨就是：种咖啡赚不到钱。2015—2020 年，美国 C 型咖啡期货的价格大部分时间徘徊在 1～1.5 美元/磅之间，云南商业一级咖啡的国内现货价格一度跌至 16 元/公斤。在此期间，云南的咖农每生产一公斤生豆的成本要在 14 元以上，如果他们采用有机的种植方式，使用有机肥料代替化学肥料或是减少农药的使用，那么生产一公斤咖啡生豆的成本就要超过 18 元。这么一算，种咖啡确实很难赚到钱。

直到 2021 年巴西遭遇旱灾和霜冻，全球咖啡市场出现生豆短缺，美国 C 型咖啡期货价格才重新站上 2.2 美元/磅以上的高地。2021—2022 年，云南商业一级咖啡的现货价格曾冲破 35 元，距离上一轮超过 30 元已经过去了 10 年。产区的咖农和种植户都希望趁这两年尽快卖出手中的咖啡，换取更高的利润，因为谁也不知道哪一天咖啡的期货价格又会回落。他们说，种咖啡就是这样，亏好几年赚一年。

2017—2022 年是国内的咖啡消费市场增长最快的时期，国内消费者对云南咖啡的品质也逐渐接受和认可。今天，我们似乎已经完全不需要担心云南咖啡会卖不出去或者卖不上价。然而，一个残酷的现实是，那些能以高于 50% 以上溢价卖出的精品咖啡，只占到云南每年咖啡产量的一小部分（即便是每公斤咖啡单价比较高的保山隆阳区，小粒咖啡精品率也仅为 13%）。在过去这些年的大部分时间里，绝大多数的咖农仍然面临咖啡豆价无法维持全家生计的困境。由此带来的后果是，咖农为了节省开支疏于对咖啡地的照料，导致咖啡树疾病与虫害发生的概率增加，咖啡品质和产量进一步受损。一些咖农最后不得不忍痛砍掉地里的咖啡树，改种其他经济作物。2017 年以来，云南的咖啡种植面积不仅没有随着国内消费量的增加出现增长，反而逆势出现了萎缩。

诚然，过去 20 年中国经济的高速增长使生产资料和劳动力价格水涨船高，也拉高了云南咖啡的生产成本。相应的，其他农产品的国内流通价格也出现了一定幅度的上涨，而美国 C 型咖啡期货价格的基准线却一直维持在 1.5 美元/磅左右，再加上人民币的升值，曾经在 20 世纪 90 年代对中国咖农极具吸引力的咖啡价格如今却成了让咖农深陷痛苦的罪恶之源。

但我们并不能心安理得地把云南咖农面临的咖啡价格危机视为中国经济奇迹带来的"副作用"之一。一个更为严峻的事实是，全球包括中国云南在内的 50 多个咖啡产区都在不同程度上遭受到了这一轮咖啡价格危机的影响。在 2019 年美国 C 型咖啡期货价格跌至 1.03 美元/磅时，每天都有大量来自洪都拉斯、萨尔瓦多和危地马拉的移民穿过美国南部的国境线寻求新的生计。咖啡价格危机已成为全世界咖啡消费国和原产国都不得不正视的政治性议题。

谁决定了咖啡的价格

在现代的全球咖啡交易市场中通行的三种交易方式中，期货交易以位于纽约的美国期货交易所和位于伦敦的欧洲期货交易所的实时期货价格为成交价格。现货贸易则主要采用"期货价格＋升贴水"的定价模式，在期货价格的基础上根据产区的产量、市场需求、品质等因素给予一定的溢价或折价达成成交。竞拍则是通过买家自由竞拍、价高者得的方式进行定价。

美苏冷战期间，由于担心咖啡价格过低会使巴西、哥伦比亚等中南美洲咖啡产国倒向社会主义阵营，美国总统肯尼迪开始积极推动《国际咖啡公约》的缔结来维持咖啡价格的稳定。1962年，全球58个咖啡消费国及原产国在伦敦召开了世界咖啡大会，正式签署了《国际咖啡公约》（International Coffee Agreement，简称ICA）。ICA约定了每年各咖啡生产国的咖啡出口配额，通过维持全球咖啡市场的供需平衡来稳定咖啡的价格。次年，国际咖啡组织（International Coffee Organization，简称ICO）作为管理ICA的跨政府合作组织成立。1973年，由于全球市场咖啡供需关系出现变化，咖啡价格上涨，出口配额体系一度崩溃。1976年，各国达成新的《国际咖啡公约》，允许在咖啡价格较高时暂停配额制，在咖啡价格较低时重新启用配额制。1983年签署的《咖啡国际公约》也基本沿用了这样的设置。然而，1989年美国希望增加阿拉比卡咖啡的出口配额，这将损害同时生产阿拉比卡和罗布斯塔的巴西的利益，ICA新合约的谈判破裂，由ICO主导了20多年的咖啡出口配额体系正式崩溃。在配额制度实行期间，美国C型咖啡期货价格稳定在3.9美元/磅上下。

自1990年全球咖啡价格进入自由市场阶段以来，占全球阿拉比卡咖啡产量第一的巴西和罗布斯塔咖啡产量第一的越南对国际咖啡市场的价格影响越来越大。在《第四波精品咖啡学》一书中，韩怀宗提到，在1990—2019年期间，全球咖啡产量由559.38万吨上升至1025.62万吨，增幅达83.3%，其中巴西的产量涨幅为100%，越南的产量上升了2200%。巴西和越南咖啡产量的暴增让全球咖啡进入了低豆价时代，阿拉比卡和罗布斯塔之间的价差也在拉大。由于巴西的咖啡田机械化程度高，咖啡生产成本比中南美洲其他产区低约30%，通过弹性休耕和本国货币贬值等方式，巴西可以迅速调整咖啡产量从而影响咖啡价格，并且在豆价较低的时期依然能保证本国咖农的收入和利润。其他产国因为产量和生产效率的制约，只能无奈地受到波动的咖啡价格的牵制。

1989年咖啡出口配额体系崩溃后，雀巢等跨国咖啡企业得以向ICO成员国以外的咖啡生产国开拓新的咖啡种植基地，因此1990年前后，联合国与云南省政府达成咖啡合作项目，雀巢正式入驻云南，普洱、临沧等地的咖啡种植业和对外贸易兴起。彼时全球咖啡已经进入了低豆价时代，但1~2美元/磅的生豆价格与当时国内的其他农产品价格相比已经属于高价。只是没想到三十年河东，三十年河西，1990年云南省的人均可支配收入仅为700元，到2022年已上升到26900元，增长了约38倍，咖啡的国际期货价格却一直还在原地踏步，也难怪云南的农户越来越不愿意种咖啡了。

"精品咖啡"并非完美的解决方案

咖农面临的咖啡价格危机已经是一个全球性的普遍问题，但这并不妨碍身处不同背景下的人们在面对这个议题时表现出不同的态度。

一个传统的观点是，咖农应该提高咖啡的品质，增加精品咖啡的生产以替代低品质的商业级咖啡，下游的烘焙商和消费者应为高品质的咖啡支付更高的价格。这也是精品咖啡的拥护者反对商业级咖啡的理由之一。

诚然，在过去10余年里，我们看到云南的咖农通过学习咖啡种植和加工的新技术以及对咖啡地采取更为精细化的管理，极大地提高了咖啡的品质。对下游的烘焙商和消费者来说，这样的局面喜闻乐见，这意味着我们每一天喝到的咖啡，在品质上更加安全放心，口感上也更加好喝。然而，正当我们为云南咖啡在品质上的跃升欢呼雀跃时，却忽视了两个隐藏在这一事实背后更为残酷的真相。

第一个真相是，精品咖啡的高价并不一定为咖农带来更高的利润，更不一定能保障咖农整体收入的增加。事实上，由于各个产区每户咖农的情况千差万别，咖农往往很难对自己的生产成本进行精准的核算，而差异化更强的精品咖啡生产成本的计算则更加困难。与以量取胜的商业级咖啡相比，咖农往往要为生产精品咖啡投入更多的种苗、肥料和人工成本，增加对设备和场地的投资，同时还要承担生产试验失败带来的风险，这对占云南咖农绝大多数的小农户来说就显得不是那么的划算。在大部分的咖农家庭中，从事农业劳动的

往往是年纪比较大的家庭成员，这些咖农从来没有喝过咖啡，对咖啡的品质好坏更无从判断，在面对新知识和新技术时自然也没有什么学习的动力。这些因素都决定了精品咖啡难以完全取代商业级咖啡成为云南产区的主流，只有具备了一定规模和实力的种植户才有能力选择通过生产精品咖啡来改善自己在产业链中所处的不利地位，但他们还必须同时保有一定量的商业级咖啡的供应，以维持每年的整体收入水平。

第二个真相是，咖啡品质的提升并不意味着下游的烘焙商和消费者一定愿意为其付出更高的价格。由于咖啡产业链错综复杂，在终端消费者为一杯咖啡支付的价格中，只有很小一部分是生豆成本。Ashley Rodriguez 在一篇名为 *The Paradox of Coffee Pricing* 的博客文章中指出：尽管对咖农们来说生豆价格已经低到难以维持再生产的水平，但消费者依然认为咖啡的零售价过高，难以接受咖啡价格的上涨。在上海街头的咖啡馆，一壶云南精品手冲咖啡的零售价在40元左右，售价是商业连锁品牌的四倍。消费者认为精品咖啡太过昂贵，但大部分的精品咖啡馆依然赚不到钱，难以为继。

事实证明，精品咖啡并非解决咖啡价格危机的万能灵药。在中文的语境里，精品咖啡的概念正在遭到各大商业连锁品牌的滥用，然而消费者无从得知自己每天喝的咖啡来自哪个产区，更不知道自己应该为什么样的咖啡支付什么样的价格，只能转而寻找"最便宜的咖啡"。在这样的市场环境下，那些坚持使用符合精品咖啡定义的原产地咖啡的独立咖啡馆，最终只能因为曲高和寡而濒临倒闭。是的，在中国的

咖啡市场中，"精品咖啡"概念的流行反而在制造新的问题。

如何评价一杯咖啡的价值？

在走访云南产区的过程中，我在那些从事大货生产贸易的庄园和贸易商身上很明显地感受到了产业正在迫切面临升级转型的压力。然而，那些早在六七年前就已经开始尝试生产精品咖啡的庄园也并非可以一劳永逸、高枕无忧。他们仍然面临咖啡价值无法受到大众市场认可，收入规模难以突破瓶颈的问题。那么，除了精品咖啡以外，我们还能不能找到另一种途径和方法来帮助云南的咖农应对在全球市场中普遍存在的咖啡价格危机呢？

在寻找这个问题的答案之前，我们首先需要摆脱商业咖啡与精品咖啡非此即彼的思维陷阱。不能因为今天云南的商业咖啡不赚钱，就完全否定了商业咖啡的贸易体系和在产区发展中的历史作用。事实上，正是商业咖啡的体系为今天云南精品咖啡的发展奠定了良好的产业基础。当跳出商业咖啡和精品咖啡二元论的话语体系，我们发现这个问题的答案反而变得清晰了起来。我们的咖啡产业，无论是精品咖啡协会定义的商业级咖啡还是精品咖啡，其实都在面临共同的问题和挑战，而这些问题都指向了同一个答案，那就是：我们亟须一个评价咖啡价值的新方法。

在我进行这本书的写作工作时，精品咖啡协会（SCA）也宣布了一件大事，那就是以新的咖啡价值评估体系取代原来的SCA杯测评分表作为评价咖啡价值的新工具。2023年4月，这一工具的测试版本已经在波特兰的精品咖啡展会上亮相，预计在2023年下半年和2024年通过用户测试

进一步完善和推广使用。显然，精品咖啡协会也已经意识到了，过去十几年SCA杯测表的推广使用让全世界的咖啡从业者在评价咖啡价值时开始出现"唯杯测分数论"的倾向，而这种倾向正在使那些不具备先天优势或产业结构优势的咖啡原产地陷入不利地位，给这些产区的咖农造成了产业链上的分配不公。

这套咖啡价值评估体系的改革主要体现在两个方面，一个是在原先SCA的生豆分级和杯测评分表两项工具的基础上增加了咖啡的外在属性和情感评估，另一个是杯测分数不再通过简单的各项分值相加，而是使用公式对情感评估中的干香、湿香、风味、余韵、酸质、甜感、口感、总评各项的评分以及不一致与瑕疵的杯数进行计算得到。这两项重大的变化意味着精品咖啡协会在原本单一的咖啡价值评估维度中加入了产地、庄园、处理法、第三方认证等生产信息以及杯测者的个人喜好两大新的维度，杯测分数也不再体现咖啡客观的风味描述，而是体现了杯测者对各项感官品质的主观评价。

我们并不知道这套新的咖啡价值评估体系的推行是否能达到精品咖啡协会预期的效果，但至少看到了精品咖啡协会在促进咖啡价值评估标准的多元化方面所作的努力。的确，在原来的SCA杯测体系中，一杯带有花香和明亮果酸的埃塞俄比亚咖啡比一杯带有柑橘酸质和坚果尾韵的云南咖啡更容易获得86以上的高分，但杯测分数的高低并不能完全反映咖农们为其所付出的努力，更不能代表全世界所有的咖啡消费者对咖啡口味的喜好。

SCA的新咖啡价值评估体系对中国市场的另一个启示是，在超长的咖啡价值链

中我们将更加关注咖啡生豆的生产信息以及可溯源性。在 2023—2024 年的中国，咖啡零售端的"价格战"将普通消费者对咖啡价格的预期迅速拉低到了盈亏平衡的临界值，也"卷"死了一批在这个市场中坚持提供高品质咖啡的供应商。面对品牌方提出的越来越低的采购价需求，身处零售端上游的烘焙商往往陷入两难的处境。在烘焙商的生产成本中，生豆原材料成本通常占到 90% 以上，如果坚持使用相同品质的生豆原材料交货，工厂将不得不承担巨额的原材料亏损。为了向客户提供越来越便宜的咖啡豆，烘焙商只能转而向上游的贸易商和生产端寻求更便宜的生豆原材料，这进一步挤压了那些生产高品质咖啡的咖农的生存空间，最后承担后果的却是出于对品牌的信任而选择买单的消费者。

在传统的生豆大货贸易领域，由于跨国采购咖啡的供应链环节比国内直采更长，贸易壁垒更高，国内的烘焙商和咖啡馆也很难对来自全世界各地的咖啡生豆进行溯源，在生豆商提供的生豆信息中通常只包含几行简短的文字和几张被反复使用的庄园照片。生豆商交付的大货与样品货不对版早已成为咖啡烘焙商了然于心却又不得不容忍的问题。

当咖啡行业都在抱怨过于便宜的咖啡正在对每一个从业者造成冲击时，我仍然对中国的咖啡行业抱有理性的乐观。我并不认为中国的咖啡消费者都在寻找"最便宜的咖啡"，但每一个人都希望以透明合理的价格买到自己真正喜欢的那一杯咖啡。只是面对咖啡产业链下游"劣币驱逐良币"的乱象，消费者只能无奈地将自己的选购标准调整为"最便宜的"，毕竟便宜的咖啡就算难喝，试错成本也不高。为了日常生活中的一杯饮料，消费者没有必要把自己变成采购专家。在作出每一个咖啡采购决策时为他的客户负责，为终端消费者负责，这是身处咖啡产业链中的每一位从业者应尽的责任和义务，我们不该将这些责任转嫁到无辜的消费者头上。

我知道，对那些已经挣扎在生死一线的咖啡从业者来说要坚守自己的底线很难，但我们的人生往往越是身处困境，才越考验我们做出正确选择的"心法"和能力。世界是一座丛林，不是每个人都一定要成为狮子和大象，找到这座丛林里的共生者，建立适合自己生存的生态，才有可能发挥自己的竞争优势，成为这座丛林中不可取代的存在。当然，无论你身处丛林中的哪一个位置，持续提升自己的专业能力将永远不会错。

云南咖啡豆，困在香精里

2022 年 10 月，一篇题为《云南咖啡豆，困在香精里》的商业报道刷屏了朋友圈。由于全文篇幅较长，我提炼一下报道的核心观点，有兴趣的读者可以自行上网查找原文：第一，上海的独立咖啡馆中有 20%～30% 的门店正在使用香精豆；第二，在发酵和烘焙环节部分业者通过偷偷添加香精将残次等级的生豆原料包装成高价咖啡豆，以次充好；第三，香精豆存在食品安全隐患，可能导致消费者患病；第四，云南的咖啡庄园正在大批量生产香精豆，导致寻豆师和大牌采购商对云南咖啡态度谨慎，甚至"退避三舍"。

这篇文章的发布引起了云南咖啡圈的震荡，庄园主和烘焙师纷纷转发了这篇文章，表达了自己对文中观点的抗议，愤怒的情绪中还夹杂着多年来因为云南咖啡遭到误解所受的委屈。但这些反对的声音只能被小范围内的同行听到。在之后的两三个月，各大电商平台的客服陆续收到消费者的询问，确认店铺销售的咖啡豆是否为"香精豆"。

实际上，"香精豆"一词早在2019年就已经出现在咖啡圈的公共讨论中。几乎每隔半年就会有一些从业者就"香精豆"的问题展开批评和辩论。这些讨论的内容在公共平台曝光后，咖啡爱好者紧随其后，表达自己对"香精豆"的反感。没过几天这些讨论就会平息下去，等到某一天因为一篇帖子或一个视频又卷土重来。

我多少对这个话题的反复出现有些见怪不怪了。然而这篇报道在所有有关"香精豆"的讨论中显得很特殊，因为它第一次将"香精豆"与云南咖啡捆绑在一起。文章发布时正值云南咖啡产季前夕，庄园主很快又投入到了产季的准备工作中而无暇顾及辟谣。而由于这篇文章的影响力已经"出了圈"，我认为还是有必要从专业的角度澄清一些观点和事实，避免读者因为这篇文章对云南咖啡产生误解。

特殊处理法咖啡 ≠ 香精豆

其实在2019年的时候，大家对"香精豆"的攻击还没有现在这么猛烈。那时候大家讨论更多的是当时刚刚在国内精品咖啡圈里流行起来的特殊处理法咖啡。这类咖啡豆通常拥有一个美丽的中文名字（一般是三个字），有着非常具象的诸如草莓、水蜜桃一类的水果风味或是酒类的香气。在生豆商提供的资料中，这些在过去传统的日晒水洗处理法中难以获得的香气和风味，来自于庄园对生豆的处理方式，尤其

是发酵环节的创新。当时的确有一小部分烘焙师和咖啡师质疑这些生豆在处理环节直接添加了香精，但这些怀疑始终没有得到"实锤"。

随后3年，特殊处理法咖啡并没有因为这些质疑的声音而消失，反而越演越烈，成为精品咖啡发展的一个新趋势，就连全世界最贵的巴拿马产区也在用瑰夏进行处理法实验。同一时间，针对"香精豆"的公开批评也浮出了水面。在崇尚天然的食物观的影响下，人们对在食物中添加香精的行为有本能的厌恶和反感，"香精豆"一词迅速出圈，演变成食品安全公共事件。

其实，人们之所以认为"香精豆"已经泛滥，是因为很多人将使用特殊处理法的咖啡都误认为是"香精豆"。一些烘焙师和咖啡师在网上分享了他们凭借外观、气味和风味来判断一支咖啡是否为"香精豆"的经验，这让许多消费者误以为，只要是有着强烈具象风味的咖啡豆都是"香精豆"。这种经验主义本身并不严谨。事实上，因为咖啡产业链很长，很多身处产业下游的烘焙师和咖啡师只能靠生豆商提供的文字信息和书本知识对生豆的处理加工环节加以想象，因此，对"香精豆"的定义也比较模糊。只有一小部分具备生豆加工经验的咖啡从业者能准确地给出"香精豆"的定义。

云南精品咖啡社群的发起人阿奇按照发酵的方式将咖啡处理法分为三大类：常规发酵、辅助发酵和增味发酵。常规发酵是指没有任何人为添加而只靠咖啡本身自带的糖分和表面的细菌和酵母等微生物进行的自然发酵方式。辅助发酵是指通过额外添加酵母等微生物或酶来催化发酵进程，从而改变咖啡的风味，这类添加物本身不

包含风味物质。增味发酵则是指在咖啡发酵的过程中通过添加带有风味的物质来增加咖啡的风味。而增味咖啡的添加物中又包含三类：第一类是天然原料，如水果、鲜花等；第二类是天然原料的风味提取物，如茉莉花提取物等；第三类才是食品工业中经常用到的食用香精。曾参与制定生咖啡豆国家标准的山云辉老师也证实了增味咖啡中会使用到的这三大类添加物。"香精豆"对应的就是增味咖啡中直接使用食用香精的这一类。

然而，在我国制定的《食品安全国家标准 食品添加剂使用标准》（GB 2760—2014）中提到咖啡不允许添加食品用香料、香精。添加了增味剂的咖啡也必须在包装上注明使用的增味剂的种类和成分。也就是说，在国内市场正规渠道流通的咖啡豆中可以存在"增味豆"，但不允许存在"香精豆"。那些我们在咖啡馆中喝到的具有强烈酒桶风味和水果风味的咖啡，绝大多数都是增味咖啡。不排除有不法生豆商往陈豆或次级生豆里偷偷添加香精"以次充好"的现象，但这些生豆通常具有明显的外观瑕疵，即便是香精的浓烈香气也无法掩盖烘焙后暴露出的诸如木质、纸张甚至是化学、汽油味一类的负面口感。有经验的寻豆师和烘焙师在选样阶段就会拒绝这样的咖啡，市场上真正的"香精豆"绝对是极少数。至于在烘焙环节添加香精，这样的猜测更是无稽之谈。目前食品工业领域经常使用的耐高温香精中，大多数香精只能承受200℃的高温，尤其是水果风味的香精，而咖啡在烘焙过程中很容易超过200℃导致香精的分解，这样的操作在工艺上并不可行。

目前，全球的咖啡行业对于"增味豆"的主流意见是持开放态度。我在2020年的一篇公众号推文里也曾经提出，国内的咖啡行业应该对当时仍属于新事物的特殊处理法咖啡持开放态度，正如精品咖啡当年也是作为咖啡行业的新事物出现一样。尽管如此，由于使用增味剂会给咖啡带来很强的风味优势，在目前国际上的各大生豆竞赛中，主办方出于公平考虑通常会禁止增味咖啡参赛。

云南咖啡不背"香精豆"的锅

在《云南咖啡豆，困在香精里》一文中，作者提到目前云南咖啡庄园正在大批量生产"香精豆"，甚至有合作多年的咖啡品牌直接向咖啡庄园下达了"香精豆"订单，云南产区已经走上了依赖"香精豆"的路径，这让许多国际大牌对云南产区"退避三舍"。

但实际上，无论是偷偷添加香精的违法行为，还是使用天然增味剂这样的合法创新，云南在全世界的咖啡原产地中都不能算是先驱产区。2019年国内市场上最早出现的一批增味豆，比较具有代表性的有来自洪都拉斯的荔枝兰和雪莉以及来自哥伦比亚的玫瑰谷和花月夜。荔枝兰和雪莉都来自洪都拉斯的同一个庄园——莫卡庄园，而玫瑰谷和花月夜则分别来自哥伦比亚桑坦德产区的大树庄园和蕙兰产区的艾斯维多加汀庄园。在过去4年里，洪都拉斯的莫卡庄园依然在吃荔枝兰和雪莉的老本（值得一提的是，由于中国海关直到2023年9月才开放洪都拉斯咖啡的直接贸易，之前我们喝到的洪都拉斯咖啡基本上都是由台湾的生豆贸易商转出口到大陆的），而哥伦比亚各个产区的咖啡庄园则不断推陈出新，输出了不少风靡国内精品咖啡市场的新产品。

而云南产区直到 2021 年和 2022 年才开始跟进增味咖啡的创新。由于对增味剂的研发和使用才刚刚起步，增味咖啡的实验失败率极高，这导致了增味咖啡在成本上远高于传统处理咖啡。在产量上，传统商业咖啡在云南产区依然占绝对的主导地位，每年增味咖啡的产量少到可以忽略不计。以阿奇在孟连创立的云南咖啡庄园联社为例，在每年庄园联社生产的 1000 多吨咖啡中，属于增味咖啡的实验批次只占到全部产量的 3% ~ 5%。而庄园联社在增味咖啡这一块的研发和实践在云南整个产区中都算是比较领先的水平，大多数的咖农和庄园甚至从来没有尝试过生产精品咖啡，至今仍然只生产商业咖啡。

但人们对"香精豆"的关注和争议还是折射出了咖啡产业链中一个长期困扰烘焙师和咖啡师的问题，那就是由生豆供应链过长导致的信息不透明和生豆批次的不可溯源。由于咖啡的原产地都分散在非洲、中南美洲和太平洋小国的偏远山区，在咖啡产业链的下游中只有极少数的国际连锁品牌有实力向这些产区的庄园进行直接采购，大部分的烘焙商和独立咖啡馆必须通过生豆贸易商采购来自不同产区的咖啡生豆。很多时候烘焙师从生豆贸易商手中获得的生豆信息只有简短的几行文字和产区、种植海拔、处理方式等冷冰冰的数据。而这些产区由于航班和签证问题通常也不是很容易到达，烘焙师和咖啡师基本无法验证生豆商提供的信息是否属实。再加上咖啡生豆在外观上都非常相似，一位经验丰富的烘焙师可以准确地分辨埃塞俄比亚的原生种和哥伦比亚的卡杜拉，但假如同样是来自哥伦比亚的卡杜拉豆种，烘焙师基

本无法分辨这支咖啡到底是来自考卡产区还是蕙兰产区，更不要说是来自哪一个庄园了。

因此，过去这两年生豆行业的"李鬼"传闻层出不穷，这些传闻的产生有一部分来自生豆商之间的恶性竞争，尤其是一些同样从大生豆商处进货的小生豆商。究竟哪些传闻是空穴来风，哪些是确有其事，人们也很难一一证实。但相比那些难以溯源的国外进口生豆，云南的生豆更容易进行产地的溯源。国内电商平台的咖啡品牌几乎都有向云南咖啡庄园直接进行采购的行为，一些品牌更是直接采用定制的方式，派出自己的产品团队和庄园进行联合研发，这种定制模式可以实现生豆风味的差异化，同时也杜绝了添加香精的作弊行为。

退一步说，因为云南当地的咖啡圈很小，这个圈子里几乎所有人每天都在和生豆打交道，即便作为采购方的咖啡品牌一时无法分辨出所谓的"香精豆"，任何一家咖啡庄园往生豆里添加香精的行为在当地都是很难隐瞒的。一旦这些投诉得到品牌方的证实，中断合作是必然的结果。毕竟谁都不愿意做花高价购买"香精豆"的冤大头。

云南精品咖啡走不出中国

在国内市场，来自云南的精品咖啡炙手可热，正在遭到各大品牌的哄抢。与国内市场供不应求的局面形成鲜明对比的，是云南精品咖啡在进入海外其他咖啡消费市场时遭遇的困难。2022 年，云南生咖啡豆的出口总量为 26715.66 吨，在全省咖啡出口总量占比 85.52%。生咖啡豆出口总金额为 12577.79 万美元，平均每公斤价格为

4.7 美元，与当年的美国咖啡 C 型期货均价（2.14 美元/磅）基本持平。这意味着，出口的云南生豆原材料几乎都是商业级咖啡，精品咖啡则主要销往国内市场，出口寥寥无几。

香菜是一位旅日的中国留学生，从小在上海长大，12 岁随父母前往日本留学，大学毕业后迷上了咖啡，于是开始在东京鼓捣自己的咖啡烘焙工作室。多年旅居日本的经历让香菜的日语已经如母语者般流利，再加上神似刘昊然的外貌，香菜本来可以有更多捷径的选择，过上顺遂且毫无压力的日子。然而，他却并不满足于此，而是选择了在日本推广云南精品咖啡这一条还没有什么人走过的路。

香菜给自己的公司起名为"Mountain Mover"，也就是中文里的"愚公移山"，他形容自己的公司就像愚公一样，把中国的好咖啡"搬"到日本。每年产季，他会回到云南产区，在各个庄园杯测当季的样品，将让他印象深刻的生豆批次采购回来。回到日本后，他将生豆样品烘焙成熟豆，再前往各个城市举办杯测会，邀请当地的咖啡馆主和烘焙商前来参与。有时他也会参加当地的咖啡展会，邀请展会的观众一起杯测他的咖啡。

但在日本市场推广云南精品咖啡并不像在中国那么顺利。过去 30 年，云南的商业级咖啡总是被连锁品牌们混合在拼配咖啡豆中，隐去了产地信息，因此在日本的咖啡消费者和烘焙商的印象中，中国云南仍然是一个新兴的咖啡产区。香菜说，对日本的烘焙商来说，影响他们做出采购云南咖啡这一决定的最大挑战在于成本。日本有着非常成熟的咖啡消费市场，许多日本咖啡公司在非洲等原产地建立了稳固的

供应链，这让来自这些产区的进口咖啡生豆在日本当地的采购价非常合理稳定。如一公斤埃塞俄比亚 G1 等级的咖啡生豆在日本当地的采购价可以稳定在 80 元人民币左右，而同一等级的咖啡生豆在中国的采购价在过去 4 年里已经从 70 元人民币左右逐年上涨到 100 元人民币以上。而每公斤优质的云南咖啡在中国的直接采购价在 60 元左右，品质再好一些的可以达到 70 元以上，这些咖啡豆由于产量较少，只能通过空运等较为昂贵的运输方式到达日本，再加上进口关税、当地运输等成本，每公斤的销售价格达到了 110 元人民币以上。在相对便宜、杯测分数更高的埃塞俄比亚咖啡面前，要作出采购云南咖啡的决策并不容易，尽管有一些烘焙商和咖啡馆主表示，他们很喜欢样品中的某一些批次。

对香菜这样的小型贸易公司来说，降低整个贸易链条中的成本并非易事。首先从云南产区的源头来看，一户咖农或是一个庄园想要种植和生产高品质咖啡的成本并不低。香菜并不想做一个"冷酷而短视"的贸易商，而是希望通过合理的承诺采购价换取稳定的交付品质，因此他每年承诺给农户和庄园的保底采购价为 60 元人民币一公斤，当市场价格超过保底价时，则按照市场价格收购。在运输环节，如果想要使用成本较为便宜的海运，就需要满足一个集装箱至少 19 吨的采购量。这意味着香菜至少需要垫付 100 多万的资金，或是必须引入采购价较低的商业级咖啡。然而，在日本的商业级咖啡赛道中林立的竞争对手都是 UCC、JDE 这样的咖啡巨头，为了降低精品咖啡的成本而增加商业级咖啡的销售，这一商业模式看似行得通，实际上绝非明智之举。

最终香菜还是选择了坚持当下少量而缓慢的精品模式。在各个城市密集地举办杯测会很辛苦，人力成本也很高，但通过一场又一场的杯测会他也实实在在地看到了日本的烘焙商和咖啡馆对云南咖啡态度的变化。在了解了每一个咖啡批次背后的故事之后，他们逐渐相信中国云南可以生产好喝的咖啡，哪怕最后没有买。

但我们依然要正视中国云南作为一个新兴的精品咖啡产区在全球咖啡市场中所面临的挑战。这种挑战一方面来自于生产端：和咖啡田作业已经实现高度机械化的巴西相比，中国云南的咖啡林主要分布在坡地，从引种、灌溉、施肥到采摘，咖啡生产的每一个环节都依赖大量的人工作业，而一位中国农民一天的工资为 100～150 元，是缅甸和埃塞俄比亚的 10 倍以上，这就决定了云南精品咖啡在生产成本和生产效率上都不具备相对优势。另一大挑战来自于海外咖啡消费市场普遍对中国身为咖啡生产国的事实认知不足，对云南咖啡品质的认可尚未形成口碑效应。

我们很难寄希望于云南咖啡在激烈的国际市场竞争中以生产成本和生产效率胜出，毕竟高昂的人工成本正是过去 30 年中国经济高速发展的必然结果，也是包括农业在内的各个实体行业必须经历的阵痛。我们更不可能盲目地模仿巴西，以环境的可持续发展和咖啡的品质为代价换取生产效率的提高。要想帮助云南精品咖啡真正走出国门，我们必须将更多的精力和资源投入到市场端，鼓励像 "Mountain Mover" 这样的企业通过参加国际赛事和竞拍、举办海外杯测会等市场活动让海外的贸易商及消费者有更多的机会品尝和认识云南咖啡。毕竟在全球 50 多个咖啡产区中，既有巴西、哥伦比亚和埃塞俄比亚这样的传统优势产区，也不乏诸如墨西哥、厄瓜多尔、巴布亚新几内亚一类的小众特色产区。独特的气候和环境造就了每一个产区的咖啡独特的风味，也给了消费者更多的选择和体验。并非每个消费者都能欣赏埃塞俄比亚咖啡轻盈的果酸，来自中国的云南咖啡本身所特有的平衡感也一定有其特定的市场和粉丝。如果有一天，世界各地的人们都能够在家门口的咖啡馆一边喝着云南咖啡，一边了解中国的咖啡故事和文化，也算得上是为 "人类命运共同体" 所作的另一个注脚了。

第三部分
云南咖啡产区地图

普洱市

临沧市

保山市

德宏傣族景颇族自治州

西双版纳傣族自治州

怒江傈僳族自治州

普洱市

普洱市

普洱市原名思茅市，2007年正式更名为普洱市。普洱市位于云南省西南部，地处北纬22°02′~24°50′、东经99°09′~102°19′之间，面积45385平方千米，是云南省面积最大的州市，市级行政机关所在地为思茅区的思茅镇。普洱市下辖1个区和9个民族自治县，包括思茅区、宁洱哈尼族彝族自治县、墨江哈尼族自治县、景东彝族自治县、景谷傣族彝族自治县、镇沅彝族哈尼族拉祜族自治县、江城哈尼族彝族自治县、孟连傣族拉祜族佤族自治县、澜沧拉祜族自治县、西盟佤族自治县。2021年，全市共有人口238.1万人，其中城镇人口98.7万人，乡村人口139.4万人。全市的国民生产总值为1029.15亿元，其中第一产业、第二产业、第三产业的产值分别为258.02亿元、254.17亿元和516.96亿元。

普洱市地处北回归线附近，整体受亚热带季风气候影响，全年平均气温15~20.3℃，年均降雨量1100~2780毫米。全市海拔高度在376米~3306米之间，山地面积占全市的98.3%。土壤类型包含有红壤、砖红壤、赤红壤、紫色壤土、沙壤土、水稻壤等。全市境内江河密布，澜沧江、红河和怒江三大水系支流流经此地。

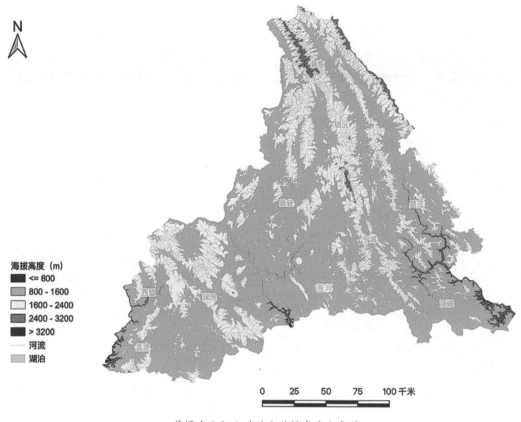

海拔高度（m）
■ <= 800
■ 800 - 1600
□ 1600 - 2400
■ 2400 - 3200
■ > 3200
— 河流
■ 湖泊

普洱市小粒咖啡适宜种植高度分布图

普洱市的地理和气候环境优越，非常适合热带亚热带作物生长。国营农场时期，思茅垦区种植的作物以茶叶、橡胶、粮食为主，除1968年思茅垦区接收江城县曼老街咖啡农场，改名国营红星农场的记录外，有关咖啡种植的记载寥寥无几。直到1988

年，雀巢决定入驻云南发展咖啡种植基地，思茅地区行政公署的人员同意了雀巢的请求，并成立了国营咖啡公司与雀巢开展咖啡收购业务的合作，由此开启了普洱市种植咖啡的历史。

随着市场经济体制改革的深化，普洱

这片土壤上又自由生长出了各式各样的民营咖啡贸易公司和家庭农场，雀巢的采购模式也从原来的和国营咖啡公司、大型种植户合作为主转变为向小农户倾斜。普洱市内的咖啡种植区变得更加分散，但每个小产区都形成了自己的特点。如今普洱市下属的1区9县都有咖啡种植区分布，其中以大货贸易为主的思茅区产量最大（2020年产量为1.9万吨），其他县（区）每年的咖啡产量大多在几百吨到几千吨上下。但如果要论品质，澜沧、孟连等县生产的咖啡品质要显著高于思茅的平均水平。造成这一差异的原因，一是澜沧、孟连一带所处的环境"微气候"更佳，更利于咖啡的生长和加工；另一个是这些地区的农户对咖啡地的精细化管理水平更高，每年收获的咖啡鲜果品质更高。

在杯测品质上，普洱咖啡具有果酸明显、回甘突出的风味特点。2018年，云南农业大学热作学院杜华波等人曾对55份产自普洱产区的咖啡样品进行理化分析和杯测，在化学成分上，普洱咖啡的水浸出物、蛋白质、总糖含量显著较高。在杯测环节，55份样品多数带有坚果、水果、焦糖的浓郁香气，其中水果类以柑橘类、莓果类、苹果等清新淡雅的香气为主，风味以柑橘、柠檬等柑橘类风味为主。

2021年起，普洱市政府要求减少咖啡处理过程中的污水排放，这一政策从思茅一带开始逐步向辖区其他自治县推行。由于污水处理设备投入资金较高，辖区内的咖啡公司和种植户开始实验无水处理工艺。在实验的第一年，由于经验不足导致无法精确控制无水处理咖啡的发酵进程，2021年产季的咖啡出现了比较多的质量瑕疵和品质不稳定的情况。但有了第一年的经验

累积，2022年产季生产的咖啡在品质上已经有了显著的提升。未来，普洱市将通过投入大型鲜果加工厂等方式进一步提高鲜果加工的效率，解决污水排放的问题。

思茅区

思茅区位于普洱市中南部，澜沧江中下游，位于北纬22°27′~23°06′、东经100°19′~101°27′之间。思茅城区海拔为1302米，区内最高海拔为2154.8米，最低海拔为578米。思茅区属北亚热带低纬高原季风气候，由于海拔跨度大，同时兼有南亚热带、中亚热带和北亚热带类型气候，具有高温、多雨、湿润、静风的特点。冬无严寒，夏无酷暑。

思茅区共有人口41.9万人，其中城镇人口33.1万人，农村人口8.8万人。2021年思茅区的国民生产总值为240.05亿元，其中第一产业、第二产业和第三产业产值分别为24.28亿元、72.65亿元和143.12亿元。

2020年思茅区的咖啡总产量为1.9万吨，占普洱全市咖啡产量的32.8%，是普洱市咖啡产量最高的子产区。全区共有13.27万亩咖啡林，零散地分布在城区附近的山地中，其中知名度比较高的咖啡庄园有位于南岛河村的小凹子咖啡庄园和位于大开河村的林润庄园。咖啡企业主要集中在南屏镇木乃河工业园区一带，以从事生豆加工和贸易为主，也有一部分企业同时经营着咖啡烘焙等精深加工业务。

思茅当地的咖啡产业早期受雀巢影响，后来又出现了一些民营咖啡外贸公司自己寻找海外生豆买家。随着当地咖啡原材料供应链逐渐成熟，一些外资企业也选择与

思茅当地企业成立合资公司或是寻找代理,直接在当地采购咖啡豆,因此思茅当地的咖啡企业以商业级生豆大货贸易为主要经营模式,形成了"以量为胜"的产业传统和惯性。

但在人工成本高涨的今天,这种过于依赖原材料出口的发展模式遇到了瓶颈。在期货价格较低的年份,买家支付的价格有时只能刚好覆盖种植户的生产成本。当期货价格上涨时,鲜果的收购成本也会随之上涨,再加上咖啡鲜果和生豆收购的货款必须现款结清,这对外贸企业的资金链构成了极大的考验。所以这些业务类型相对单一的咖啡外贸公司虽然每年的交易量很大,但实际利润并不乐观,反而是一些同时经营商业级生豆和精品生豆的咖啡庄园经济效益更好,而且经营风险也更低。

宁洱哈尼族彝族自治县

宁洱县位于普洱市中部,与思茅区、墨江县、江城县、景谷县、镇沅县相连。宁洱全境都是山地,属于典型的喀斯特地貌,全县最高海拔 2851.1 米,最低海拔 551.7 米,海拔落差大。宁洱县属南亚热带山地季风气候,兼有热带、中亚热带、南温带等气候类型,整体气候温暖湿润,四季如春。

宁洱县共有人口 15.9 万人,其中城镇人口 7.1 万人,乡村人口 8.8 万人。全县人口中,少数民族人口占比达 53.9%,除了哈尼族、彝族外,宁洱县还生活着一部分拉祜族、佤族、傣族、布朗族。

2021 年,宁洱县的国民生产总值为 73.28 亿元,其中第一产业、第二产业、第三产业的产值分别为 19.04 亿元、19.31 亿元和 34.93 亿元。

宁洱县历史上是古普洱府所在地，在思茅市改名为普洱市之时，当时的普洱县也一道改名为宁洱县，而历史上出产普洱贡茶的名山普洱山也在宁洱县境内。如今，宁洱还保留着三段茶马古道的遗址，分别是茶庵塘茶马古道、那柯里茶马古道和孔雀屏茶马古道。由于这段与普洱茶的历史渊源，茶叶是宁洱县长期以来最重要的支柱产业之一。

有传闻说，宁洱的第一棵咖啡树是 1988 年由雀巢的第一任农艺师包德从大理宾川朱苦拉的咖啡古树引种到此地，到底宁洱最早的咖啡树与朱苦拉的咖啡古树在基因上是否一脉相承，这一传说的真实性我们已不得而知。但可以明确的是，90 年代初雀巢在当地以美国期货价格的收购咖啡，这个价格对当时的农户来说还是很有吸引力的。由此，宁洱开始了规模化种植咖啡的历史。2020 年，宁洱县的咖啡产量为 8890 吨，占整个普洱市咖啡产量的 15.3%，是仅次于思茅区的第二大子产区。

澜沧拉祜族自治县

澜沧县位于普洱市西南部，因东临澜沧江而得名，总面积 8807 平方千米，是云南省面积第二大县。全县地势西北高，东南低，最高海拔为 2516 米，最低海拔为 578 米，山区、半山区占全县总面积的 98.8%。澜沧县的整体气候类型属于南亚热带山地季风气候，雨量充沛，日照充足，干湿季分明。

澜沧县共有人口 43.8 万人，其中城镇人口 10.4 万人，乡村人口 33.4 万人。全县近 80% 都是少数民族，其中拉祜族占人口总数的 40% 左右，其余少数民族主要有佤族、哈尼族。在拉祜族的传说中，拉祜族是从葫芦里诞生的，因此拉祜族的民族文化中有葫芦的图腾。拉祜族文化中还有一种图腾是三角形，因此澜沧县境内随处可见带有三角形元素的房屋和屋顶，拉祜族的传统服饰中也有许多三角形的装饰。

2021 年，澜沧县的国民生产总值是 137.37 亿元，其中第一产业、第二产业、第三产业的产值分别为 35.51 亿元、42.08 亿元和 59.78 亿元。2020 年澜沧县达到贫困县退出标准，正式退出贫困县。2021 年 8 月，澜沧县入选云南省国家级乡村振兴重点帮扶县。

著名的景迈古树茶就产自澜沧县惠民镇的景迈山，电影《一点就到家》的拍摄地翁基古寨就在景迈山上。拥有千年历史的翁基古寨至今仍保留着原始的布朗族风貌，在古寨中生活的居民只剩下 80 户左右，其中布朗族只有 200 多人。历史学家认为，布朗族是云南最早种植茶叶的民族之一，历史上布朗族聚居过的地区，都留下了大片的茶地，因此布朗族又被称为"千年茶农"。

和电影中的剧情不同，以千年古茶树和种茶传统闻名的布朗翁基古寨，并没有任何种植咖啡的痕迹。古寨中的老人早已习惯了以向游客出售茶叶和土特产的方式来增加收入，家家户户几乎都有炒茶设备。2021 年受疫情影响，我们到翁基古寨时并没有什么游客，在村口我们找到了一家新开的咖啡馆，这应该是全村唯一一家与咖啡有关的商户。店主是一个 20 多岁回乡创业的年轻人，他说这里几乎没有什么人来点咖啡，菜单上比咖啡更值得推荐的是他

澜沧县宏丰咖啡庄园

用特制的风味糖浆调制的奶茶。在翁基古寨，"Coffee or Tea"的疑问并不存在，这个问题一直有着一个明确的答案。

但整个澜沧县的咖啡种植面积和产量并不低。2020年，澜沧县的咖啡产量为7310吨，占整个普洱市咖啡产量的12.6%。在拉巴乡塔拉弄村，由果给组村民组成的宏丰咖啡庄园种植了1000多亩咖啡。庄园的负责人邹泉清告诉我们，因为这里纬度低，咖啡可以种植的海拔更高，采收的鲜果往往甜度更高，再加上冬季比较潮湿，咖啡鲜果在干燥时处在一个慢速阴干的状态，干物质的静置和发酵更加充分，因此生产的咖啡豆甜度更高。

除了更适宜咖啡生长的"微气候"，澜沧咖啡的高品质还要归功于咖农更为精细化的种植管理和更为细致的照料。由于这里的农户大部分是拉祜族和佤族，自古以来靠山吃山的传统让他们在照看咖啡地，给咖啡树除草剪枝时更有耐心，在咖啡的采收和加工处理过程中也更为细致。因此澜沧的咖啡不仅有着愉悦的果酸和甜感，在干净度和余韵上也有很好的体验。

除了卡蒂姆，宏丰咖啡庄园早在几年前就已经开始试种新的抗锈品种萨奇姆。2021年，这些萨奇姆已经有少量挂果。在宏丰庄园的杯测室里我们喝到了去年留下的一点萨奇姆样品，风味和卡蒂姆相比有一些明显的差异。只是这些新品种的产量并不高，能在市场上喝到的机会少之又少。

孟连傣族拉祜族佤族自治县

孟连县位于普洱市西南部，东接澜沧

县，北接西盟县，南与缅甸接壤，是我国通往东南亚的重要口岸。孟连县地处怒山余脉，县内地貌以山地为主，南北部多高山，东西部多河谷盆地，山区面积占全县面积的98%。境内最高点海拔2603米，最低点海拔497米，境内地形具有山区为主谷坝相间的特点。孟连县属南亚热带季风气候类型，全年温暖，干湿季分明，5月至10月的雨季降水量可占全年降水的80%以上。

孟连全县共有人口14.2万人，其中城镇人口6.2万人，乡村人口8万人。县内聚居着以傣族、拉祜族、佤族为主的21个少数民族，少数民族人口占全县总人口的86.4%。"孟连"一词来源于傣语，是"寻找到的好地方"的意思，至今孟连还保留着中国最完整的一座傣族古镇——娜允古镇，融傣、汉建筑风格于一体的孟连宣抚司署也见证了傣族土司时代的历史。

2021年，孟连县的国民生产总值为56.98亿元，其中第一产业、第二产业、第三产业的产值分别为18.52亿元、8.09亿元和30.37亿元。2019年，孟连县正式退出贫困县序列。

孟连种植咖啡的历史可以追溯到1958年农垦时期，但当时分配到孟连农场的咖啡种植面积仅几十亩，这些咖啡地在1962年以后被全面荒废。80年代末，随着雀巢入驻云南计划的启动，孟连也开始了咖啡的规模化种植。2020年，孟连县的咖啡产量为7200吨，占全市咖啡产量的12.42%，位列全市第四。

而这几年孟连咖啡最让人印象深刻的，来自孟连的农民合作社或者庄园频频获得云南咖啡生豆大赛的奖项。2017年的冠军是孟连班安咖啡加工厂，2018年的冠军是

孟连天宇咖啡农民专业合作社，2020年孟连天宇咖啡农民专业合作社获得非水洗组第一名，2021年的非水洗组最高分由孟连富岩信岗茶咖庄园获得。除了屡次夺冠，每年孟连的庄园几乎霸占了云南咖啡生豆大赛前36名的半壁江山。孟连已经成了云南精品咖啡的代表产区之一。

孟连咖啡成功的精品化道路与当地县政府对咖啡产业的重视分不开。早在2011年，孟连县委就将咖啡与蔗糖、橡胶、茶叶并列为孟连的四大支柱产业。"十三五"期间，孟连已成为咖啡重点产业基地县之一。除此之外，这几年孟连咖啡品质的提升，还有一部分要归功于陈单奇创办的公益组织云南精品咖啡社群（YSCC）以及由YSCC倡议当地的咖啡庄园共同成立的庄园联社。

YSCC成立于2020年，其初衷和渊源可以追溯到2014年Seesaw发起的"云南咖啡十年计划"，阿奇作为当时项目的发起人和负责人，每年都会来到产区将外界的资讯和知识带给当地的咖农。2020年，由于Seesaw的计划方向调整，阿奇从Seesaw离职后来到孟连创办了云南精品咖啡社群这一公益组织。社群的主要功能是为咖农提供公益性的技术培训、农业服务，改善咖农的种植环境和劳动条件。社群运营的资金一部分来自庄园联社帮助咖农打通下游的销售和对接品牌方所带来的销售收入，另一部分来自基金会的直接捐赠和品牌方的赞助。

这种"咖农专业合作社＋公益组织"的模式，解决了精品咖啡产业发展前期投入大、风险大，农民又担心找不到市场的问题。公益性的技术培训和农业服务让咖农掌握了生产精品咖啡必要的技术和资源，

庄园联社帮助农户和庄园为他们生产的高品质咖啡找到了买家，获得了相应的收入。这让农户真正从精品咖啡的生产实践中获益，也让孟连当地的精品咖啡产业获得了"造血能力"，实现了正向循环。因此，当我们来到孟连的时候，感受到这里的咖啡产业氛围是积极向上的，咖农对自己生产的精品咖啡的市场前景也充满了希望。

其他产区

普洱市的其他咖啡产区还有墨江、江城、景谷、景东、镇沅和西盟 6 个自治县。

从咖啡产业的历史发展来看，普洱市的咖啡产区在 90 年代初都受到雀巢的影响，大部分的产区仍以商业级咖啡的生产和销售为主要发展模式，墨江、江城、景谷、景东和镇沅的咖啡产业模式与思茅和宁洱有着相似之处。而孟连、澜沧、西盟位于普洱市西南，在地理位置和气候条件上有着更加适合发展精品咖啡产业的先天优势。如今，在云南精品咖啡社群等社会组织的带动下，孟连、澜沧和西盟已经形成了良好和正向的精品咖啡产业氛围，成了整个普洱咖啡产区中亮眼而独特的存在。

我 们 如 此　　热 爱 普 洱

We love Pu'er so much

临沧市

临沧市位于云南西南边境，地处东经98°40′~100°32′，北纬23°05′~25°03′之间，东邻普洱，西接保山，西南与缅甸交界，因濒临澜沧江而得名。全市土地面积2.36万平方千米，市级行政机关所在地为临翔区。临沧市下辖1个区、4个县和3个民族自治县，包括临翔区、云县、凤庆县、镇康县、永德县、耿马傣族佤族自治县、双江拉祜族佤族布朗族傣族自治县、沧源佤族自治县。2021年，全市共有人口223.3万人，其中城镇人口80.5万人，乡村人口142.8万人，彝族、佤族、拉祜族、傣族、布朗族等民族占总人口的38.22%。

全市的国民生产总值为908.48亿元，其中第一产业、第二产业、第三产业的产值分别为271.89亿元、232.15亿元和404.44亿元。

临沧市地处横断山系怒山山脉南延部分，山区面积占全市土地面积97.5%，全市海拔高度在450~3429米之间。北回归线横穿辖区南部，澜沧江、怒江流经该区东西两侧。整体受亚热带山地季风气候影响，全年平均气温19.5℃，年均降雨量920~1750毫米。土壤类型分布有砖红壤、赤红壤、红壤、黄壤、黄棕壤和亚高山草甸土等。

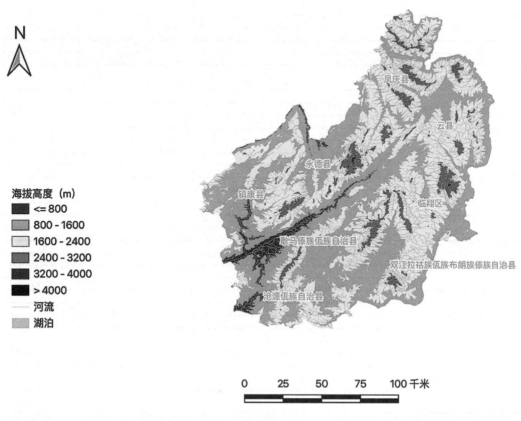

海拔高度（m）
- <= 800
- 800 - 1600
- 1600 - 2400
- 2400 - 3200
- 3200 - 4000
- > 4000
— 河流
湖泊

凤庆县
云县
永德县
镇康县
临翔区
耿马傣族佤族自治县
双江拉祜族佤族布朗族傣族自治县
沧源佤族自治县

0   25   50   75   100 千米

临沧市小粒咖啡适宜种植高度分布图

临沧的地理环境和气候条件决定了它在种植茶叶、咖啡等经济作物方面的先天优势。自古以来，临沧就是茶马古道和南方丝绸之路的重要节点，也是滇红茶和普洱茶的重要产区。新中国成立后，临沧双江垦区原本属于云南农垦早期推广小粒咖啡种植的第一批垦区，但在农场推广咖啡种植的过程中由于缺少像保山潞江坝一带的技术专家，咖啡种植规模的发展相对比较缓慢，没有受到和茶叶同等的重视。在"以粮为纲"的年代，临沧的咖啡种植业自然也就像云南其他大部分垦区一样荒废了。

直到90年代，临沧市政府才开始重新考虑在临沧发展咖啡种植业。1996年，临沧市的首批咖啡定植面积为2330亩，这些咖啡的种植规模直到2006年底也不过4600亩，翻了不到一倍。而临沧的咖啡种植真正进入产业规模化的时代，则要从后谷咖啡和凌丰咖啡两家龙头企业的入驻说起。2007年，德宏后谷咖啡和凌丰咖啡共同出资组建了临沧后谷咖啡有限公司。在接下来的几年里，两家公司在临沧大力开发新的种植基地，临沧全市的咖啡种植规模进入史无前例的高速发展时期，仅仅6年时间全市的咖啡种植面积就从2006年的4600亩上升到27万亩之多。2014年，全市咖啡种植面积更是再度翻番，达到了55万亩，直接超越了保山成为云南省第二大咖啡产区。

看似顺利的疯狂扩张背后往往蕴藏着

危机。临沧市为了换取咖啡种植基地的发展速度，付出的是产业发展质量过低的代价。2018 年，临沧市咖啡种植规模一度达到了 60 万亩，是历史上的最高点。与此同时，国际市场上的咖啡期货价格也进入了低迷不振的阶段，凌丰咖啡和后谷咖啡因为扩张速度过快也陷入了资不抵债的泥潭。咖啡种植户由于收入过低，纷纷砍掉咖啡树转而种植其他经济作物，临沧市的咖啡种植再一次进入萎缩期。2021 年，全市咖啡种植面积已下降至 37.44 万亩，只有 2018 年的六成左右。由于种植管理过于粗放，咖啡的农业亩产值也只有 1200 多元，在云南的所有咖啡产区中仅高于零星种植的文山州和红河州，处于经济效益较低的水平。

然而，临沧市的自然环境依然具有种植高品质咖啡的巨大潜力。2019 年，原本在凌丰咖啡工作的几位员工选择了重新组建新的公司，专心在临沧种植和生产精品咖啡，这家公司就是这两年屡次在云南生豆大赛获奖而声名鹊起的秋珀庄园。和普洱、保山的一些精品咖啡庄园相比，秋珀庄园起步比较晚。但依靠着团队多年来在凌丰咖啡积累的种植和运营经验，秋珀庄园在选择地块、试种、新品种引进、加工处理改良、市场销售等环节都表现出了极高的成熟度和精准度。如今，他们在临翔、沧源、永德、双江和云县都拥有自己的种植基地和小型处理厂。尽管和凌丰时期相比，秋珀现在的种植规模显得微不足道，但这些地块上生产的咖啡属于云南咖啡中品质最高的一批。从短期看，这些咖啡可以在市场上卖出较高的价格，保障了庄园和当地农户的收益。从长期看，精细化的种植管理对产区本身的生态是一种保护，有利于产区的可持续发展。

秋珀庄园沧源天坑基地俯瞰图

镇康县

镇康县位于临沧市西部，南汀河下游和怒江下游南北水之间，南接耿马傣族佤族自治县，东邻永德县，西与缅甸果敢县接壤，北与保山市龙陵县隔江相望，是云南省25个边境县之一。全县土地面积2529平方千米，其中山区面积占98%，坝区面积仅为2%。全县最高海拔2978米，最低海拔510米，属亚热带季风山地气候。全年平均气温18.8℃，年降水量1700毫米，日照充足，干湿季分明。

镇康县因镇康河而得名，寓意为"镇守边关、幸福安康"。全县共有人口17.1万人，其中城镇人口5.6万人，乡村人口11.5万人。佤族、傣族、德昂族、布朗族、傈僳族、拉祜族等民族与汉族共同居住在这里，构成了全县总人口的32%。

2021年镇康县的国民生产总值为64.93亿元，其中第一产业、第二产业、第三产业的产值分别为16.9亿元、19.56亿元和28.47亿元。2019年，镇康县正式退出贫困县序列。

镇康是临沧全市咖啡产量最大的州县。2020年，镇康县的咖啡种植规模为11.2万亩，咖啡产量10787吨。这些咖啡基地原本都由凌丰咖啡集中管理种植，生产的咖啡以商业级大货为主。除了咖啡以外，镇康还拥有丰富的森林、矿产资源和全省最大的澳洲坚果种植基地。

云 县

云县位于临沧市东北部，地处大理、普洱、临沧三个州市的交界处。全县土地面积3760平方千米，其中山区半山区面积占80.8%，坝区面积占19.2%。县内最高海拔3429米，最低海拔为748米，地形以横断山区的深切峡谷、中切宽谷和河谷盆地为主。全县可分为亚热带高原季风气候和暖温带季风气候类型，年降水量1367毫米，立体气候特征显著。县域内有澜沧江和怒江两大水系流经，水利资源丰富。

截至2021年底，云县共有人口38.5万人，其中城镇人口13.1万人，乡镇人口25.4万人。汉族、彝族、傣族、白族、布朗族、拉祜族等23个民族在此居住，彝族是该县人口最多的少数民族。

2021年云县的国民生产总值为143.44亿元，其中第一产业、第二产业、第三产业的产值分别为47.8亿元、40.24亿元和55.4亿元。2018年，云县正式退出贫困县序列。

云县有35.7%的地区为海拔在1300~1800米的半山区，这一海拔区间本身应该是云南省内最适宜用来种植精品咖啡的高度。但由于一直以来对咖啡基地的管理比较粗放，云县的咖啡产业发展质量仍处在比较低下的水平。2020年，云县的咖啡种植面积为5.96万亩，产量仅为1928吨，种植基地零散地分布在幸福镇、后箐、栗树等几个乡镇。造成云县咖啡亩产量较低的原因，一方面在于过去几年咖啡价格较低，农民种植咖啡积极性不高，咖啡基地大多是与澳洲坚果等经济作物一起套种，而并非农民主要种植的作物。另一方面，云县的咖啡产业也在向更重质量而非产量的精品咖啡转型，秋珀庄园、上海少山咖啡等企业都在云县建立了自己的生产基地。

除咖啡外，云县还有丰富的矿产资源，蔗糖、茶叶、核桃、烤烟等产业都已实现规模化发展。

耿马傣族佤族自治县

耿马县位于临沧市西南部，与缅甸山水相连，全县土地面积为3837平方千米，其中山地面积占92.4%，坝区面积占7.6%。县内最高海拔3233米，最低海拔为450米，地势东北高、西南低。受亚热带季风气候影响，耿马县年平均气温为19.2℃，年降水量1420毫米，立体气候特征显著。

"耿马"一词来源于傣语"勐相耿坎"，意为跟随白色神马寻觅到的黄金宝石之地。截至2021年底全县共有人口28.2万人，其中城镇人口10.1万人，乡村人口18.1万人。耿马县属于云南29个少数民族自治县之一，全县境内共居住有包括汉族、傣族、佤族在内的24个民族，其中少数民族人口占全县人口的55.3%。

2021年，耿马县的国民生产总值为135.41亿元，其中第一产业、第二产业、第三产业的产值分别为53.55亿元、34亿元和47.86亿元。2019年，耿马县正式退出贫困县序列。

2020年，耿马县的咖啡种植面积为8.56万亩，咖啡产量8189吨，在临沧市8个州县中排名第二。与镇康相似，耿马县的咖啡生产以集中种植管理的商业级大货为主。除咖啡外，耿马还拥有丰富的森林资源和生物资源，是云南省粮食、蔗糖和橡胶的主要产区。

双江拉祜族佤族布朗族傣族
自治县

双江县因澜沧江和小黑江在县内东南交汇而得名,北回归线横穿而过。全县土地面积2157.11平方千米,县内最高海拔3233米,最低海拔670米,地势西北高、东南低,地貌特征为山地起伏,谷地相间。全县气候类型为亚热带暖湿季风气候,年平均气温20.2℃,年降水量1000~1200毫米,雨量充沛,光照充足。

2021年,双江县总人口数为16.3万人,其中城镇人口5.8万人,乡村人口10.5万人。全县共居住有23个民族,拉祜族、佤族、布朗族、傣族是当地四大主体少数民族,少数民族人口占全县总人口数的46.69%。

2021年,双江县的国民生产总值为68.58亿元,其中第一产业、第二产业、第三产业的产值分别为20.19亿元、17.01亿元和31.38亿元。2019年,双江县正式退出贫困县序列。

2020年,双江县的咖啡种植规模为4.17万亩,咖啡产量2545吨,咖啡种植基地主要集中在邦丙、勐勐等乡镇。由于双江县本身拥有丰富的热区资源,近几年当地政府正在将精品咖啡作为当地乡村振兴的重点产业进行打造,在沙河乡陈家寨村已建成了1300亩的咖啡庄园,种植品种以瑰夏为主。

除咖啡外,双江还是著名的古树茶产区,县内有1.27万亩被认为是全世界密度最大、植被保存最完整的野生古树茶群,20万亩生态茶园和13万茶农。我们熟知的冰岛茶正是产自双江县勐库镇。

其他产区

临沧市具备丰富的热区资源和优越的地形条件,本身具有发展咖啡种植业的巨大潜力。在全市的8个州县内(区)都有咖啡这一经济作物的身影,但过去由于产业规划、国际市场、龙头企业自身经营等种种不利因素,临沧的咖啡产业并未实现高质量的可持续发展。除了以上4个州县外,临翔区、永德县、沧源县、凤庆县都有少量的咖啡种植,但各个州县的咖啡产业发展都存在具有一定偶然性、缺乏整体规划布局的问题。如今,临沧作为云南精品咖啡一个最具潜力的产区已经开始受到外界的关注,我相信接下来几年在当地政府和企业的共同努力下,临沧也将成为云南咖啡最值得期待的产区。

保山市

保山市

保山市又名兰城，位于云南省西南部，东经98°25′~100°02′和北纬24°08′~25°51′之间，东与大理白族自治州、临沧市接壤，北与怒江傈僳族自治州相连，西与德宏傣族景颇族自治州毗邻，西北、正南与缅甸交界。保山市国土总面积19637平方千米，下辖隆阳区、腾冲市、龙陵县、昌宁县和施甸县，市级行政机关所在地为隆阳区。2021年，保山市共有人口241.8万人，其中城镇人口87.2万人，乡村人口154.6万人，居住有汉族、彝族、傣族、白族、傈僳族、布朗族等13个世居民族，少数民族人口占总人口数的10.9%。全市国民生产总值为1165.54亿元，其中第一产业、第二产业、第三产业的产值分别为281.64亿元、432.58亿元和451.32亿元。

保山市地处横断山脉滇西纵谷南端，山区半山区地形占全市国土面积91.79%，坝区占8.21%，地势西北高东南低，最低最高海拔3780.9米，海拔高度535米。全市受亚热带山地季风气候影响，全年平均气温14.8~21.3℃，年降水量1463.8~2095.2毫米。境内有澜沧江、怒江和伊洛瓦底江三大水系流经。

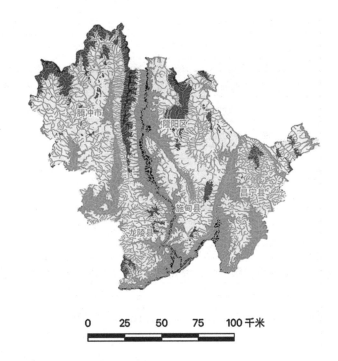

海拔高度（m）
■ <= 800
■ 800 - 1600
□ 1600 - 2400
■ 2400 - 3200
■ 3200 - 4000
■ > 4000
—— 河流
■ 湖泊

保山市小粒咖啡适宜种植高度分布图

保山市是新中国成立以来最早开始试验和推广小粒咖啡规模化种植的地区，也是小粒咖啡科研技术历史沉淀最悠久的产区。这一方面要归功于自20世纪50年代落户在此的省农科院热带亚热带经济作物研究所，他们也是国内最早发现小粒咖啡，最早开展小粒咖啡种植推广工作的科研机构，几代科学家对小粒咖啡栽培和加工技术的研究成果都在此保存了下来。另一方面，保山市潞江坝一带是云南省内自20世纪50年代中期以来唯一没有完全放弃和中断种植小粒咖啡的产区，这要感谢潞江农场、新城农场等国营农场技术骨干的坚持和附近村民敢于尝试和探索的努力。

20世纪80年代国家决定重新恢复和发展咖啡产业，保山因其在云南小粒咖啡产业中"根正苗红"的历史地位和自50年代以来积累的技术优势自然而然受到了中央政府的关注，成为国内小粒咖啡的带头产区。80年代到90年代期间，保山小粒咖啡曾参与各大国内外展销会并频频获奖。2010年，国家批准"保山小粒咖啡"作为地理标志正式生效，保山市内5个县（区）生产的小粒咖啡通过申请和质检后，都受到该地理标志的保护。

新寨村远景

隆阳区

隆阳区是保山市政府所在地，地处横断山区南段，澜沧江、怒江两江并流地区，东邻大理州永平县、昌宁县，南接施甸县、龙陵县，西与腾冲市相连，北与怒江州泸水市、大理州云龙县交界。全区土地面积5011平方千米，其中山区、半山区占92.6%。2021年，隆阳区共有常住人口90.4万人，其中城镇人口38.8万人，乡村人口51.6万人，居住有彝族、白族、傣族、傈僳族、苗族、回族、德昂族、佤族、纳西族9个世居少数民族以及壮族、拉祜族、瑶族、景颇族等17个少数民族。全县国民生产总值421.19亿元，其中第一产业、第二产业、第三产业的产值分别为88.22亿元、145.15亿元和187.82亿元。

隆阳区被誉为"春城中的春城"，全区最高海拔3659.6米，最低海拔648米，平均海拔1650米，气候类型属亚热带高原季风气候，冬无严寒，夏无酷暑，全年平均气温16.5℃，年平均降水量972.4毫米，降水主要集中在夏秋两季。

2020年，隆阳区咖啡种植面积为11.58万亩，咖啡产量19000吨，与思茅区持平，咖啡种植基本集中在潞江坝一带。潞江坝在傣语里称"勐赫"，是横断山脉纵谷（怒江大峡谷）中的低海拔台地，包括保山市隆阳区的潞江镇、芒宽彝族傣族乡、杨柳白族彝族乡、潞江农场、新城农场。小粒咖啡大部分种植在海拔800~1200米的地区，少部分种植在1400米区域，精品率达13%。全县咖啡平均亩产量和亩产值均领先云南其他州县，咖啡种植业的发展质量较高。

在全省所有的咖啡产区中，隆阳区的咖啡产业集群效应是最显著的。在科研领

域，这里有省农科院热经所的咖啡专家团队为全省的咖农和咖企提供技术指导。在农业方面，这里有咖啡种植面积破万亩，被誉为"中国咖啡第一村"的新寨村，村支书王加维在过去10年带领全村村民振兴咖啡产业，实现共同富裕。在咖啡精深加工板块，这里有年产值破亿元的保山中咖食品有限公司，孵化出了云南咖啡第一电商品牌——辛鹿。在一、二、三产业融合方面，这里有集咖啡种植、加工和休闲旅游业务为一体的比顿咖啡。在14家省级龙头咖啡企业中，保山市隆阳区的咖啡企业占了10家。

龙陵县

龙陵县是一个山区县，地处怒江、龙川江两江之间，地势呈中间高向东西倾斜之势，最高海拔3001.6米，最低海拔535米，全县总面积2794平方千米，其中山区面积占98％。2021年，龙陵县共有常住人口27万人，其中城镇人口6.8万人，乡村人口20.2万人，居住有汉族、傈僳族、彝族、傣族、阿昌族等23个少数民族。全县国民生产总值139.05亿元，其中第一产业、第二产业、第三产业的产值分别为39.76亿元、58.41亿元和40.88亿元。2019年，龙陵县退出贫困县序列。

龙陵县气候属亚热带山地高原季风气

候，年降水量 2300 毫米，有"滇西雨屏"之称。年平均气温 14.9℃，全年四季温差小，干湿季分明。

龙陵县是保山市第二大咖啡产区。2020 年，全县咖啡种植面积为 1.2 万亩，咖啡产量 2600 吨。龙陵县的气候和海拔等地理条件非常适合高海拔咖啡的生长，但过去几年由于咖啡价格低迷，农民种植咖啡的积极性不高。和临沧一样，龙陵县在发展咖啡种植业方面仍然有较大潜力。云南省农科院热经所研究员、首席咖啡专家黄家雄曾经说过："龙陵咖啡的产区最高海拔达到 1800 多米，不仅在保山，在全省应该也是海拔比较高的产区，我认为它有四个特点：第一是颗粒比较饱满，第二是喝起来回甘比较好，第三是果酸味比较浓，第四是平衡感比较好，说明龙陵的咖啡品质是比较好的。"

昌宁县

昌宁取"昌盛安宁"之意，全县总面积 3888 平方千米，其中山区面积占全县的 97%。2021 年，昌宁县共有常住人口 31.4 万人，其中城镇人口 10.5 万人，乡村人口 20.9 万人，居住有汉族、回族、彝族、苗族、傣族等 8 个世居少数民族。全县国民生产总值 183.19 亿元，其中第一产业、第二产业、第三产业的产值分别为 61.37 亿元、67.68 亿元和 54.14 亿元。2019 年，昌宁县退出贫困县序列。

昌宁县地势呈西北高东南低，境内最高海拔 2876 米，最低海拔 608 米。年平均气温 15.3℃，年平均降雨量 1242.7 毫米，属亚热带季风气候。

昌宁县有"千年茶乡"的美誉，全县境内分布有 42 个野生古茶树群落，有古茶树 20 万余株，因此咖啡种植业并未受到青睐和重视。2020 年，全县咖啡种植面积为 1300 亩，咖啡产量 150 吨，位列全省咖啡产区之末。

德宏傣族景颇族自治州

　　德宏傣族景颇族自治州位于云南省西部，东经 97°31′~98°43′、北纬 23°50′~25°20′ 之间，东面、东北面与保山相邻，西、北、南三面与缅甸接壤。德宏州辖芒市、瑞丽市、盈江县、陇川县、梁河县 5 个县市，全州总面积 11526 平方千米。2021 年，德宏州共有人口 131.6 万人，其中城镇人口 64.9 万人，乡村人口 66.7 万人。州内居住有 40 多个民族，其中以傣族、景颇族、阿昌族、傈僳族、德昂族 5 个世居少数民族人口较多。全州国民生产总值为 556.21 亿元，其中第一产业、第二产业、第三产业的产值分别为 123.60 亿元、112.50 亿元和 320.11 亿元。

　　德宏在傣语里的意思是"怒江下游的地方"。州内地势呈东北高西南低，最高海拔 3404.6 米，最低海拔 210 米，大部分地区的海拔高度在 800~2000 米之间。气候类型属南亚热带季风气候，全年平均气温18.6～21.0℃，年降雨量1366.1～1606.6毫米。境内有分属怒江水系和伊洛瓦底江水系的怒江、大盈江、瑞丽江和芒市河、南宛河、户撒河、萝卜坝河，又称"三江四河"。

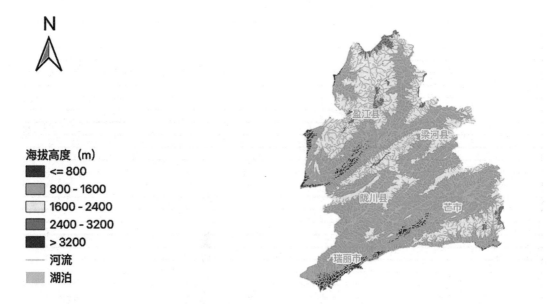

海拔高度（m）
■ <= 800
■ 800 - 1600
□ 1600 - 2400
■ 2400 - 3200
■ > 3200
— 河流
■ 湖泊

0 25 50 75 100 千米

德宏州小粒咖啡适宜种植高度分布图

根据陈德新的实地考证，德宏瑞丽一带的景颇族地区很有可能是云南省历史上最早出现咖啡的地区。居住在这里的景颇族和缅甸的克钦族本是同根同源的同一个民族，因新中国成立后中缅划界形成了现在"跨境而居"的局面。早在19世纪末，边境地区的景颇族和克钦族来往就十分密切。在基督教信仰的影响下，景颇族习惯在婚丧嫁娶等重大的节日场合以咖啡代替酒来庆祝，咖啡是景颇族和克钦族之间重要的通婚陪嫁和贸易物资。到了20世纪初，相传弄贤寨的山官早山诺坎在娶妻时，其妻子从缅甸的木巴坝将咖啡树种作为陪嫁带来，这些咖啡树种逐渐在德宏当地扎根，自由生长。

1952年，云南省农业厅试验场芒市分场（云南省农科院热经所前身）的科研人员无意间在德宏遮放坝的一户傣族人家院子里发现了咖啡树，遂向该户人家购买了咖啡种子带回所里研究。这些咖啡树正是来自瑞丽景颇族地区早期从缅甸引入的一支。经过品种确认后，科研人员将芒市的一部分咖啡树种带到了保山并进行了扩种。可以说，德宏咖啡是今天享誉世界的保山小粒咖啡的起源。1956年，云南农垦在德宏分局试验站种植了123亩咖啡，并在遮放、河口、潞江、景洪、橄榄坝等农场对咖啡进行小面积试种。60 年代，德宏垦区的咖啡种植业和其他大部分垦区一样基本中断，直到 90 年代才重新恢复。

德宏地处中缅边境，经济发展水平在云南省内处于相对靠后的位置。2021 年德宏州的 GDP 增速只有 −3.4%，是云南省 16 个州市中唯一出现负增长的地州。今天的德宏在咖啡产业经济方面的表现也不算突出。2021 年，德宏州的咖啡种植面积为 10.43 万亩，占全省咖啡种植面积的 7.5%，略低于保山，但咖啡产量仅为 11.4 万吨，只有保山的一半多。

在德宏当地，一个绕不开的咖啡企业就是后谷。作为云南省内仅有的三家产值破亿元的咖啡深加工企业之一，后谷咖啡的崛起曾经带动了包括德宏在内多个产区的 30 多万农增收脱贫。作为中国第一个本土咖啡品牌，后谷咖啡的产品曾经出口世界 52 个国家，甚至连外交部部长王毅也曾在 2017 年的一次全球推介活动中盛赞过后谷咖啡，称其是他"喝过全球各个国家咖啡当中最好的。"

然而，在过去 10 多年里，拥有 33000 吨速溶咖啡生产线的后谷咖啡却因为曾经扩张咖啡基地和产线的速度过快而屡次陷入资金链断裂的危险境地，在融资过程中又先后遭遇了股权纠纷和债务危机，如今后谷咖啡的账面负债已攀高至 98.98 亿元，已正式启动破产重整程序。

尽管后谷的破产危机让德宏的咖啡产业经济有些青黄不接，但德宏在全国的咖啡科研领域有着不可取代的地位，因为这里保存着全国最丰富的咖啡种质资源。从 1967 年开始，云南省德宏热带农业科学研究所（简称德热所）就在持续不断地进行

咖啡种质资源的收集、保存和选育工作。1992 年，云南咖啡种质资源库建成。之后，德热所又从国内外不断引进咖啡品种，逐渐建成了我国最大的咖啡种质资源库。2009 年，云南省德宏热带农业科学研究所咖啡种质资源圃被国家农业农村部认定为"农业农村部瑞丽咖啡种质资源圃"，2019 年授牌"国家热带植物种质资源库－咖啡种质资源分库"，至今为止保存有小粒种咖啡、中粒种咖啡、大粒种咖啡、丁香咖啡、总状咖啡、刚果河咖啡、米什米咖啡等 7 大咖啡品种的种质资源 900 余份。

特别值得一提的是，1996 年德热所和 CIFC 开展了咖啡抗锈病选育种研究的国际合作项目，在过去云南省选育和推广卡蒂姆抗锈品种的过程中，德热所发挥了至关重要的作用。如今，云南的卡蒂姆老树面临树龄老化、抗锈性下降的问题，德热所已为取代老化的卡蒂姆品种积极选育抗锈新品种，如 2022 年通过品种审定的"德热 4 号"，就是由德热所从 CIFC 引进的育种材料 SL1－Sarchimor（萨奇姆品系）选育而成的。

芒 市

芒市，傣语称"勐焕"，意为"黎明之城"，是德宏傣族景颇族自治州的首府。在唐代的史书中，芒市旧称"芒施"，是德昂族、傣族先民部落的聚居地，直到明朝在此设司管理，才出现"芒市"的写法。一方面"芒市"保留了"芒施"的谐音，另一方面因芒市地处南方丝绸之路隘口，商贾和货物在此处往来频繁，故以"市"字命名。民国时期，芒市因地处潞江以西更名为"潞西"，直到 2010 年经国务院批准，

"潞西"更名为"芒市"。因此,芒市的专名和行政通名都叫"芒市",在全国的县级市中是比较特殊的个例。

芒市地形以中低山山地为主,境内最高海拔2890米,最低海拔528米,全市总面积2900.91平方千米,其中山区占90.7%,坝区占9.3%。2021年,芒市共有人口46.2万人,其中城镇人口23.5万人,乡村人口22.7万人。这里居住着傣族、景颇族、德昂族、阿昌族、傈僳族5个世居少数民族。全市国民生产总值180.99亿元,其中第一产业、第二产业、第三产业的产值分别为38.15亿元、37.61亿元和105.23亿元。2018年,芒市退出贫困县序列。

芒市属南亚热带季风气候,年均气温19.6℃,夏季长,冬季短。年均降水量1654.6毫米,降水充沛,雨量主要集中在夏季。

芒市是德宏州咖啡种植规模最大的地县。2020年,芒市的咖啡种植面积为5.3万亩,咖啡产量9100吨,在31个云南咖啡主产县中位列第12位。在20世纪50年代,国营遮放农场就是当时云南农垦最早试种咖啡的农场之一。在经历过2010年的体制改革后,这家以橡胶、咖啡、茶叶为主要产业的农场依然保留了下来,成为芒市下辖的唯一一个农场。除了遮放农场有近3000亩的咖啡地外,芒市的咖啡种植还零散地分布在勐戛镇、风平乡、三台山德昂族乡等下辖乡镇。

芒市的气候和水土决定了在这里发展精品咖啡的潜力。过去几年，芒市也出现了一批专注精品咖啡的庄园，比如由退伍转业军人李绍权创办的军马山谷咖啡庄园和芸茶屋咖啡，由遮放农场的"咖二代"唐雪龙创办的侏椤庄园。在侏椤庄园的300亩咖啡地里，唐雪龙种植的品种以抗锈品种萨奇姆为主。同时，他还试种了瑰夏、埃塞俄比亚的原生种、黄果卡蒂姆等新品种。目前这些新品种的产量还不稳定，唐雪龙正在为这些新品种的量产和市场推广做准备。

盈江县

盈江，傣语古称"勐腊"，又称"象城"，地处德宏傣族景颇族自治州西北部。全县下辖15个乡镇和盈江农场，面积4316.97平方千米。2021年，盈江县总人口为30.3万人，其中城镇人口11.8万人，乡村人口18.5万人。县内居住着傣族、景颇族、傈僳族、阿昌族、德昂族5个世居少数民族。全县国民生产总值120.06亿元，其中第一产业、第二产业、第三产业的产值分别为36.31亿元、34.78亿元和48.97亿元。2019年，盈江县退出贫困县序列。

盈江县属于横断山脉的西南端与高黎贡山的西南余脉构成的山区地形，境内地势呈东北高西南低，低山与宽谷盆地相间，地势起伏较大。最高海拔3404.6米，最低海拔210米。气候类型属南亚热带季风气候，年平均气温19.6℃，年平均降雨量1552毫米，具有显著的立体气候特征。

盈江县是德宏第二大咖啡产区，2020年，盈江县咖啡种植面积为4.28万亩，咖啡产量4040吨。盈江县内多山，海拔在800～1500米之间的山区占全县总面积45.97%，1500～2500米之间的山区占46.01%，非常适合咖啡种植业的发展，尤其是高海拔咖啡。2021年落户上海的De-home Coffee，就在盈江县拥有种植面积约4000亩的种植基地，种植海拔都在1500米左右。

瑞丽市

瑞丽，古称"勐卯"，地处德宏傣族景颇族自治州西南部，与缅甸的村寨相望。瑞丽市下辖瑞丽市姐告边境贸易区、畹町经济开发区、勐卯街道、畹町镇、弄岛镇、姐相镇、户育乡、勐秀乡以及瑞丽农场、畹町农场，全市总面积1020平方千米。2021年，瑞丽市共有人口22.7万人，其中城镇人口17.4万人，乡村人口5.3万人。居住在此地的少数民族以傣族、景颇族、德昂族、傈僳族、阿昌族为主。全市国民生产总值142.46亿元，其中第一产业、第二产业、第三产业的产值分别为15.72亿元、15.32亿元和111.42亿元。

瑞丽市全境地势呈东北高西南低，其中山区面积约占75%，最高海拔2019.2米，最低海拔743.2米。气候类型属南亚热带季风气候，年均气温21℃，夏长冬短，年均降水量1384.5毫米，降雨主要集中在夏季，干湿季分明。

瑞丽引种咖啡的历史已超过百年，并且瑞丽拥有全国最大的咖啡种质资源库。但由于太靠近缅北边境，瑞丽的人民经常受到缅北的战乱波及，不得不离开家园，这让瑞丽的经济常年得不到稳定的发展，尤其是需要长期深耕的农业和工业。2020

年，瑞丽的咖啡种植面积仅为 8300 亩，咖啡产量 440 吨。

陇川县

陇川，傣语称"勐宛"，意为太阳照耀的地方，地处德宏傣族景颇族自治州西南部，西与缅甸相邻。陇川县下辖 4 个镇、5 个乡和陇川农场，全县总面积 1873 平方千米。2021 年，陇川县共有常住人口 18.6 万人，其中城镇人口 7.8 万人，乡村人口 10.8 万人。居住在此地的少数民族以景颇族、傣族、阿昌族、傈僳族、德昂族为主。全县国民生产总值 71.28 亿元，其中第一产业、第二产业、第三产业的产值分别为 23.05 亿元、15.04 亿元和 33.19 亿元。

陇川县内地形主要由高黎贡山余脉构成，东北高西南低，最高海拔 2618.8 米，最低海拔 780 米。气候类型属南亚热带季风气候，年平均气温 18.9℃，年均降水量 1595 毫米，四季不明显，干湿季分明。

2020 年，陇川县咖啡种植面积为 8000 亩，咖啡产量 620 吨，在云南 31 个咖啡主产县中位列第 24 位。

西双版纳傣族自治州

西双版纳古称"勐泐"，公元1570年，明宣慰使召应勐为管理税赋，将此地划分为12个行政区域，于是此地改名为西双版纳，"西双"在傣语里是12的意思，"版纳"则是一个提供封建赋税的行政单位的意思。

西双版纳位于北纬21°10′~22°40′，东经99°55′~101°50′之间，处于热带北部边缘。全州下辖景洪市、勐海县和勐腊县，总面积19096平方千米，东北、西北与普洱市接壤，东南与老挝相连，西南与缅甸接壤。2021年，西双版纳州共有人口130.6万人，其中城镇人口62.7万人，乡村人口67.9万人。此地居住中有傣族、汉族、哈尼族、彝族、拉祜族、布朗族、基诺族、瑶族、苗族、回族、佤族、壮族、景颇族。全州国民生产总值为676.15亿元，其中第一产业、第二产业、第三产业的产值分别为159.18亿元、172.95亿元和344.02亿元。

西双版纳地处横断山脉的南延部分，全州周围高，中间低，西北高，东南低，山地丘陵约占95%，山间盆地（坝子）和河流谷底约占5%。州内最高海拔2429米，最低海拔477米。

受热带季风气候影响，西双版纳全年气温暖湿润，干湿季分明，年均气温在18.9~23.5℃之间，年降水量在1214.8~1615.9毫米之间。州内有属于澜沧江水系的2761条河流经过，水资源丰富。

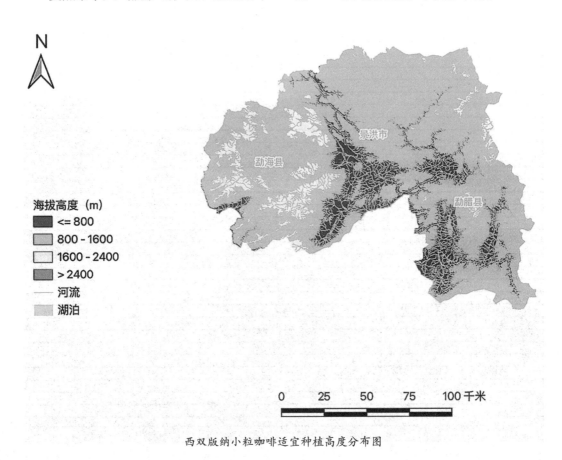

西双版纳小粒咖啡适宜种植高度分布图

西双版纳的咖啡种植历史同样可以追溯到20世纪50年代的农垦时期。当时还隶属于思茅农垦局的景洪农场是新中国成立初期第一批试种小粒咖啡的农场之一。直到90年代，雀巢在西双版纳建立试验农场，作为农艺师指导咖农种植咖啡的示范农场。在雀巢的带动下，西双版纳的咖啡种植达到了一个历史的小高潮。

然而，在1999年的霜冻灾害中，西双版纳成了云南省受灾最严重的地区之一，甘蔗、咖啡、橡胶、龙眼、茶叶等经济作物损失惨重，其中咖啡的受灾面积达种植面积的1/3。突如其来的霜冻给西双版纳的咖农带来了沉重的打击，再加上西双版纳本身也是普洱茶最重要的产区，在之后的20多年里普洱茶的市场价格水涨船高，在那场霜冻之后只有一小部分种植户重整旗鼓，愿意将咖啡园的种植和经营坚持下去，如今西双版纳的咖啡种植面积已经缩减到7万亩以下，仅占全省咖啡种植面积的5%不到。

景洪市

景洪市是云南省西双版纳傣族自治州首府，位于西双版纳州中部，东邻江城县、勐腊县，西接勐海县、澜沧县，北连普洱市，南与缅甸接壤，面积6866.5118平方千米。2021年，景洪市共有常住人口64.5万人，其中城镇人口36.7万人，乡村人口27.8万人，居住有傣族、哈尼族、拉祜族、布朗族、彝族、基诺族、瑶族、汉族等。全市国民生产总值350.50亿元，其中第一产业、第二产业、第三产业的产值分别为58.97亿元、95.58亿元和195.95亿元。

景洪市位于澜沧江和流沙河汇合处。境内山脉走向多由西北至东南，地势北高南低。北部是无量山尾梢，有菠萝大山、三达山、关坪山、曼岺大山、基诺山等，西部是怒山余脉，有安麻山、路南山、广三边山、勐松西山等，最高海拔2196.6米，最低海拔485米。群山和河流之间镶嵌着大大小小的坝子共16个，因此景洪市又被称为"山国里的平原"。2022年，景洪市年均气温23.5℃，年降雨量1214.9毫米。

景洪市是西双版纳旅游的主要目的地，咖啡种植业多分布在周边的乡镇。2020年，景洪市咖啡种植面积为6.63万亩，咖啡产量9100吨，分别占全州的90.8%和97.1%。普文镇是西双版纳州咖啡种植规模最大的乡镇，咖啡种植面积占全州近一半。

由于景洪市位于澜沧江流入缅甸的最后一段，景洪市这两年也和普洱市一样，正在加强咖啡污水的治理。2023年2月，瑞士苏可菲纳集团在普文投资的咖啡鲜果处理厂已经正式启用，预计在对咖啡进行水洗处理的过程中实现污水的零排放。同时，景洪市也在推进无水脱胶工艺的推广，以取代传统水洗处理工艺，减少咖啡鲜果处理过程中水资源的使用。

勐海县

勐海县位于西双版纳傣族自治州西部，东接景洪市，东北邻普洱市思茅区，西北靠普洱市澜沧县，西部和南部与缅甸接壤。全县总面积5368.09平方千米，其中山区半山区占95.9%。2021年，勐海县共有常住人口35.5万人，其中城镇人口12.5万人，乡村人口23万人，居住有傣族、哈尼族、拉祜族、布朗族等少数民族。全县国民生产总值182.15亿元，其中第一产业、第二产业、第三产业的产值分别为45.48亿元、54.47亿元和82.20亿元。2018年，勐海县退出贫困县序列。

勐海县的自然生态环境保存得相对完整。1200米的平均海拔和温暖湿润的热带季风气候让这里成为非常适合种植咖啡和茶叶的高品质产区。作为中国最早产茶的地区之一，勐海县星罗棋布的古树茶群，树龄最老的一棵野生古茶树已经历了1700年之久。许多大名鼎鼎的普洱茶厂都落户在此。因此，勐海县的咖啡种植规模并不大。2020年，勐海县的咖啡种植面积为4900亩，在云南31个咖啡主产县中排名第26位，咖啡产量175.6吨。

纪录片《内心引力》里上海知青张老大创立的云澜咖啡庄园就坐落在勐海县云雾缭绕的热带雨林中。从90年代开始种咖啡的张老大，在经历了1999年的霜冻后凭着内心对种咖啡的热情依然将这项艰难的事业坚持了下来。如今云澜庄园的咖啡种植面积已达 2000 亩，约占全县的 40%，种植的品种有波旁、铁皮卡、瑰夏、SL28、SL34 等 30 多个品种。

勐腊县

勐腊县位于西双版纳傣族自治州东南部，东、南、西南与老挝相邻，西北与缅甸隔澜沧江相望，全县总面积 6860.76 平方千米，其中山区面积占 96.1%。2021 年，勐腊县共有人口 30.6 万，其中城镇人口 13.4 万人，乡村人口 17.2 万人，居住有傣族、哈尼族、彝族、瑶族、苗族、壮族、拉祜族等少数民族。全县国民生产总值 143.50 亿元，其中第一产业、第二产业、第三产业的产值分别为 54.73 亿元、22.90 亿元和 65.87 亿元。2019 年，勐腊县退出贫困县序列。

勐腊县的自然生态环境和产业结构与勐海县十分相似，这里有著名的普洱茶产区易武茶区。经历了过去几年的豆价低迷，勐腊咖啡已大幅减产。2020 年，勐腊县的咖啡种植面积为 1800 亩，咖啡产量仅为 100 吨。

怒江傈僳族自治州

　　怒江傈僳族自治州位于云南省西北部，地处东经 98°39′~99°39′，北纬 25°33′~28°23′之间，东北临迪庆藏族自治州，东靠丽江市，东南连大理白族自治州，南接保山市。怒江州下辖泸水市、福贡县、贡山独龙族怒族自治县、兰坪白族普米族自治县，面积 14703 平方千米。2021 年，怒江州共有常住人口 55.4 万人，其中城镇人口 29.6 万人，乡村人口 25.8 万人。境内居住有傈僳族、怒族、独龙族、普米族等 22 个少数民族，其中怒族、独龙族是怒江州特有的民族。全州国民生产总值 234.11 亿

元，其中第一产业、第二产业、第三产业的产值分别为 35.51 亿元、89.35 亿元和 109.25 亿元。

　　怒江州因怒江从北向南纵贯全境而得名，境内地势呈北高南低，力卡山、高黎贡山、碧罗雪山、云岭山脉四座大山与独龙江、怒江、澜沧江形成"四山夹三江"的自然奇景。全州 98% 以上的面积为高山峡谷，最高海拔 5128 米，最低海拔 738 米。长 316 千米的怒江大峡谷神秘壮美，平均深度为 2000 米。

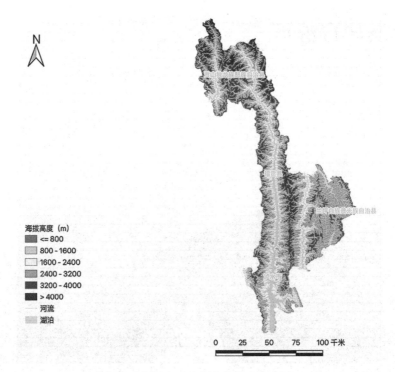

怒江州小粒咖啡适宜种植高度分布图

受亚热带高原季风气候影响，怒江州全年温差小，昼夜温差大，年平均气温为15.8℃。气候湿润，干湿季分明，年平均降水量1301.9毫米，降水主要集中在夏季。

由于怒江州纵贯云南省南北，州内只有地处北纬25′33″~26′32′之间的泸水市可以种植小粒咖啡，泸水市也成了全球种植阿拉比卡最北端的产区。90年代泸水市的咖啡种植业曾经历过一段时间的高速发展，最高峰时种植面积曾达16000多亩。然而，豆价的低迷让怒江州的咖啡种植业已大幅收缩。2020年，泸水市的咖啡种植面积仅为9600亩，位列云南31个咖啡主产县的第22位，咖啡产量910吨。

2023年年初，坐落在泸水市六库镇的粒述咖啡庄园刚刚完成了第一轮咖啡鲜果的采摘。6年前，曾经从建筑设计行业转行到咖啡贸易的牛犇像往常的产季一样来到保山潞江坝采收咖啡，在一次聚会中无意间发现了"怒江大峡谷的深处也有咖啡"，于是就有了在怒江盘一片地，自己种咖啡的想法。2018年，牛犇在六库镇的赖茂村流转了3000亩土地，又邀请了云南省农科院热经所的种植专家范正琦和她一起开启了种植咖啡的旅程。因为了解到卡蒂姆品种在抗锈性上的衰退，牛犇咬咬牙将村里原本种植的卡蒂姆品种全部替换成了铁皮卡、波旁、维拉萨奇等新品种。经过近5年的试种，这些咖啡树终于迎来了挂果和采收，这标志着初具规模的粒述咖啡庄园即将迈入下一个发展阶段。庄园之所以起名叫粒述咖啡，是因为"粒述"一词与怒江州的傈僳族谐音，每一粒咖啡豆的背后也都有故事。

第四部分
产区的那些人、那些事

云南省农业科学院热带亚热带经济作物研究所：云南咖啡产业的科技排头兵

在云南咖啡产业中，有一群人几乎很少出现在大众的视线里，只有在官方科技刊物中才能了解他们的最新动态。但在整个产区的历史记录中，我们随处可以看到他们留下的痕迹。在走访咖啡庄园的过程中，我们也经常能从负责人的口中听到这些人在背后为咖啡庄园的种植和加工作出的技术支持，这个群体就是云南咖啡产业中的科技专家。

新中国成立初期，国家为发展边疆经济在云南省成立了一系列的农业科研机构，据记载，1951 年成立了云南省农业科学院热带亚热带经济作物研究所（简称热经所），1953 年成立了云南省热带作物科学研究所，1960 年成立了云南农业大学热带作物学院，1962 年成立了云南省德宏热带农业科学研究所等科教机构，开启了新中国咖啡等热带作物科技事业新纪元。

热经所位于保山市区的办公楼（热经所供图）

在计划经济时代，咖啡的历史地位曾经随着国家外交战略的变化经历过起伏。改革开放以后，咖啡的经济价值越来越受到重视。在过去的70多年里，这些农业科研机构也经历了几番历史的改革，再加上云南省内的一些科研院所、大专院校也逐步设立了咖啡相关专业，云南咖啡产业的科研队伍不断壮大，形成了今天咖啡科技事业新格局。

热经所的历史

我们的行程是驱车连夜到达保山，第二天上午我们首先到达的是热经所位于保山隆阳区的办公区。在热经所办公区，副研究员程金焕和娄予强见到我们显得格外兴奋，他们说，终于有人肯为中国的消费者写一本关于云南咖啡的书了，如果我们在写作过程中遇到什么困难，他们愿意无条件支持。

在两位专家的带领下，我们还参观了这个办公区内小小的咖啡试验地，但这里并不是热经所真正的灵魂之所在。吃过午饭，我们按照两位专家的指示开车到达了位于潞江坝的热经所"本部"。这座建于20世纪80年代的三层小楼，外墙已经斑驳发黄，显示出历史的积淀。在建造之初，因为科研人员们必须长期在潞江坝参与一线工作，而当时往返市区的交通还不像现在这么便利，这座小楼的房间在设计上还要承担招待所和住宿的功能。以我们现在的标准看，这里的设施条件可以说是十分简陋了，现在的科研人员也很少住在这里，但老一辈的科研人员曾经就是在这样的条件下度过了无数个日日夜夜，创造出了一系列"我国最早"的咖啡技术成果。

热经所的前身是1951年4月成立的云南省农业试验场保山分场，第一任场长是出生于云南大理，时年33岁的张意。1951年底试验场搬迁到芒市，更名为云南省农业试验场芒市分场，1952年春天科技人员张意、马锡晋就是在德宏遮放坝（今遮放镇）的一次社会调查中，在傣族院落中发现了一种结满红色果实，傣语名叫"咖居"的植物，并购得鲜果23市斤，带到芒市交给科技人员曾庆超、李超育苗，经过当时的农垦部顾问、植物学家秦仁昌教授鉴定，确认了这就是小粒种咖啡。

1952年冬，试验场再次迁回保山潞江坝，更名为云南省龙陵棉作试验站，经秦仁昌教授建议，咖啡苗木一半留在芒市林场，一半引进潞江坝，在潞江坝种植了100多亩，从此开创了新中国咖啡科学研究和产业化发展新纪元。1955年后成立了国营潞江农场、国营新城农场等机构，热经所咖啡种子种苗和技术推广到全省，到1960年云南省咖啡种植面积达5.8万亩，产量达200多吨，在保山建成全国第一个小粒种咖啡生产和出口基地，产品远销苏联及东欧国家。

在热经所最早的一批技术专家中，还有一些名字值得我们去铭记：咖啡种质资源专家马锡晋副研究员，1952年和场长张意一起在遮放发现了小粒种咖啡并参与了将小粒种咖啡引种到潞江坝的工作。除此之外，1981年，55岁的马锡晋还带队前往大理宾川朱苦拉村考察咖啡古树，确认了现存的咖啡古树是由法国传教士从越南引进，其中铁皮卡变种占31%，波旁变种占69%。咖啡遗传育种专家李兰芬，1981年开始主要从事咖啡育种技术研究，1982年发表的《德宏小粒咖啡简介》是国内最早

热经所位于保山市区的咖啡试验地

介绍德宏小粒咖啡的文章，到1995年一直从事小粒咖啡的新品种选育和杂交育种工作。咖啡栽培专家曾庆超，1952年参与由张意和马锡晋引进的小粒咖啡的育苗工作，直到1987年一直致力于小粒种咖啡育苗和丰产栽培技术的研究，1989年到普洱驻点指导生产，是我国最早提出咖啡套种技术的先驱。自学成才的咖啡栽培技术专家革家云，1980年起致力于研究咖啡育苗和丰产栽培技术，1987年发表的《再谈咖啡育苗技术》是国内最早提出咖啡无荫蔽密植技术的论文。咖啡土肥专家张星灿，1981年加入热经所，主要从事小粒种咖啡密植高产技术和施肥技术的研究。咖啡病虫害防治专家汤仙芝，1980年起主要从事咖啡绿蚧和灭字脊虎天牛的防治工作，1989年

起负责普洱景谷、景东、镇沅等县技术指导工作。咖啡机械专家李超，1952年与曾庆超一起参与小粒咖啡的育苗工作，1979年与杨自华一起研发了咖啡鲜果脱皮机及加工技术，填补了我国当时在咖啡加工设备技术方面的空白。

这些老一辈的咖啡技术专家有的年近耄耋，有的已经离我们而去。他们的名字和生平几乎快要被遗忘在历史的长河里，幸而云南省农科院在2020年出版了"云南省农业科学院科技专家传略"系列丛书，其中收录了这些先驱们的事迹，才让我们有幸在云南咖啡产业蓬勃发展的今天得以瞻仰，他们是如何在新中国曾经的艰难岁月里脚踏实地深入群众，一步一步攻克了国内小粒咖啡栽培技术空白时期的一个又一个难题。

热经所 80 年代建于潞江坝的小楼（热经所供图）

今天的热经所咖啡创新团队

经过 70 多年的发展，今天的热经所咖啡创新团队在研究云南小粒咖啡的育种、栽培和加工技术方面依然处于全国领先的地位。咖啡创新团队是我国最早从事咖啡研究的研发团队，现有成员 15 人，其中研究员 3 人，副研究员 5 人，硕士及以上学历 6 人，其中有 4 人担任硕士研究生导师。设有资源与育种、耕作与栽培、植物营养、植物保护、产品加工和产业经济 6 个学科。承担国家咖啡重点研发计划、省咖啡重点研发计划、省咖啡产业技术体系等项目 15 项，收集保存咖啡种质资源 206 份，推广铁皮卡、波旁、卡杜拉等咖啡品种 10 余个。近年来获国家级、省部级成果奖 10 项，6 项技术入选国家和云南省主推技术，发表咖啡论文 252 篇，出版专著 12 部，授权专利 27 项。而团队的首席专家，1985 年就开始参加工作的黄家雄老师，无疑是整个咖啡创新团队的灵魂人物。

"文革"期间因中苏关系恶化，咖啡出不了口，国人又无消费习惯，而且饮用咖啡被视为资产阶级行为，咖啡产业遭受毁灭性的打击。1978 年，十一届三中全会的召开确立了改革开放的基本国策，而保山的小粒咖啡正是出口创汇的优质产品。1980 年，中央"四部一社"在保山召开了全国咖啡工作会议，决定大力发展咖啡产业。会议召开 5 年后，黄家雄老师从当时的云南省热带作物学校，也就是今天的云南农业大学热带作物学院毕业了。因为所

热经所咖啡创新团队首席专家黄家雄老师

学的专业正好涉及咖啡的栽培和加工，黄老师顺理成章地进入了热经所的科研团队，开始研究和推广咖啡的新品种和新技术。

在参与工作之初，热经所当时在保山主要推广的还是铁皮卡波旁混合品种，也就是当年张意、马锡晋等人从德宏引种到潞江坝的老品种。由于潞江坝的气候比较干热，这些老品种在潞江坝的适应性非常良好，也没有发生大规模的锈病。直到90年代雀巢、麦氏等外资咖啡企业进入云南，他们的种植基地大多选在普洱、临沧等比较湿热的地方，这些铁皮卡、波旁老品种在这些种植基地遭受了严重的叶锈病，因此热经所开始尝试推广一些抗锈病表现更加良好的新品种。起初他们关注到了一个1963年从印度引进的品种，叫S288，这一品种的整体品质表现还算不错，由于叶锈病本身会分化出许多生理小种，S288在推广了几年之后很快失去了抗锈性。1988年引进CIFC7963分别在保山、德宏试种，1996年热经所开始推广卡蒂姆这一抗锈表现更加良好的品种。

前文我们曾经提到，卡蒂姆是由HDT和卡杜拉杂交的后代，热经所推广的重点则是CIFC7963和矮卡两大品种。后来雀巢也引进了一些卡蒂姆品种，有P1、P2、P3、P4和PT。据黄家雄老师说，雀巢引进的P4和CIFC7963应该都是从CIFC引进的同一品种，只是编号不同。从2012年开始，热经所又在临沧等地推广了包括T8667、T5175在内的10多个新品种。虽然过去卡蒂姆在国际上并没有获奖的记录，但卡蒂姆这一品种本身在品质上仍然具有达到杯测80分以上的潜力。只是作为农业技术科研团队，热经所在过去推广咖啡新品种的过程中最先需要考虑的是产量和抗病性，这直接关系到农民的收入，其次才是咖啡的风味品质。

这几年，在普洱德宏一些产区的卡蒂姆品种也逐渐失去了抗锈性，2011年德宏热科所引进萨奇姆系列抗锈新品种，有400、401、402等编号10多个，它是HDT和维拉萨奇两大品种杂交的后代。热经所又将目光转移到了萨奇姆这一与卡蒂姆有着相似基因的新品种推广上，这些品种都具有比较良好的抗锈性，是未来卡蒂姆的替代品种。

虽然通过种植萨奇姆等抗锈性良好的新品种可以显著提高产量，但对保山的农民来说，即便是在生豆价格超过30元/公斤的年份，咖啡的亩均产值依然不到5000元（亩平均咖啡豆产量130公斤左右），经济效益还是不如蔬菜水果等其他高产值的经济作物。面对全省咖啡种植面积萎缩的问题，热经所提出了"六化"的解决方案，从2020年开始，热经所的工作重点就放在了推行"六化"上，希望通过提高本地农民和咖啡企业的经济效益来维护和促进云南咖啡产业的发展。

这里的"六化"路线具体指的是品种

热带作物种质资源圃（热经所供图）

优质化、栽培立体化、原料精品化、精深加工化、废物资源化和三产融合化。品种优质化、栽培立体化针对的主要是第一产业农民种植品种过于单一、土地产出效益不够高的问题，通过推广瑰夏、波旁、铁皮卡、卡杜拉、卡杜埃、维拉萨奇等高价值品种以及在咖啡地里套种坚果、水果等经济作物的方式大幅提高土地亩产值，优先解决农民的收入问题。原料精品化、产品深加工化针对的是第二产业中原材料初加工过于粗放、精深加工率低，导致产品附加值过低的难点，通过提升咖啡生豆的精细化加工处理技术和建设咖啡烘焙豆、挂耳咖啡、冷萃冻干咖啡等生产线提高产品的附加值。废物资源化就是充分利用果皮等废弃物生产果皮茶、酒、饮料等来增加农民收入。三产融合化则是通过结合当地的产业优势，发展咖啡文旅、农旅等第

三产业，拉动就业，进一步提高当地农民的收入。

在谈到云南咖啡精品化时，黄家雄老师也表达了他对精品咖啡的理解："我们现在说的精品咖啡，大多数人都是按照精品咖啡协会的标准来定义的，杯测达到80分以上的就是精品咖啡。其实这个定义单纯是从原材料的角度来考虑的，这当中既包括了品种，也包括了处理加工工艺的层面。那么是不是只有瑰夏、铁皮卡、波旁品种才算得上精品品种呢？并不是的，卡蒂姆也一样可以做出精品来。像瑰夏这些品种市场上之所以能卖到高价，目前主要还是因为这个品种的稀缺性，你很难定义说什么品质的咖啡就一定要卖到什么样的价格，或者你用什么样的价格就一定能买到什么品质的咖啡。同样的品种，你用什么样的工艺进行处理，也同样会影响到最后的品

咖啡种质基因库

质。而且咖啡是很复杂的，虽然你的原料是精品，但你的烘焙和新鲜度也会影响它的味道和口感。"

因此，热经所在推广咖啡新品种的过程中，不仅要为农户和企业做好优质品种的引进工作，更要指导他们在栽培和加工环节进行更加精细化的管理，比如如何施肥、防治病虫、整形修剪、鲜果采摘、鲜果加工等等，从种子到杯子，每一个环节都要做到精细化，才能提升咖啡的品质，才能生产出一杯好咖啡。

除了咖啡豆本身，热经所也在尝试通过加工技术的研发来开发咖啡的一系列副产品，虽然咖啡果皮茶、咖啡花茶这些产品在消费市场还没有受到很多关注，但热经所在加工技术层面已经做好了充分的科研成果储备，一旦市场成熟或是企业有需要，就可以提供必要的技术支持。

关于云南咖啡未来的消费市场，黄家雄老师显得信心满满，而在谈到整个云南咖啡产业接下来的走向时，他依然表现出一些担忧，这些担忧主要是来自第一产业："我们现在的咖啡价格是 30 多块，但谁也不知道这个价格能稳住几年。种植业这几年最主要上升的成本是人工成本，我们现在一天低于 100 块钱就没人干活了，但埃塞俄比亚每天的人工成本是 7 块，老挝 10 块，缅甸大概 15 块，我们的人工成本这么高，怎么竞争得过他们？所以我们现在每天开会，都觉得最难的是种植业这一块，一产的农民又苦又赚不到钱，我们该怎么办？所以要通过品牌宣传推介带动消费、消费带动加工、加工带动种植，从而实现一、二、三产业融合和良性循环发展，让每个环节的人都赚到钱，包括生豆采购商也好，要主动让利给农民。当然了，这实

咖啡创新团队副研究员娄予强介绍咖啡品种

现起来很难，要靠政府的价格补贴也不实际，毕竟现在是市场经济。所以我认为现在怎么样解决农民的增收问题才是最关键的核心问题，其他的二产三产我们都在稳步发展，没有什么好担忧的，总体上就是巩固一产、提升二产、开拓三产，实现一、二、三产业融合和良性循环发展。"

在科研工作之余，热经所咖啡创新团队也在不遗余力地帮助政府、企业和农民做一些有关云南咖啡的宣传推广工作。曾经获得过保山市技术创新人才称号的副研究员娄予强，本人非常健谈，他的朋友圈里常年都在转发和云南咖啡有关的公众号文章，其中有一个"国家咖啡标准化区域服务推广平台"的公众号，就是由他负责。说起为各项政府活动充当记者的经历，娄老师显得很骄傲。他现在最大的烦恼就是，是不是应该再去读个博，这个年纪了还来得及吗？

"云咖"新品种和咖啡种质基因库

在我们停留产区期间，保山还发生了一件大事：热经所咖啡创新团队历经长达21年的潜心培育，编号为"云咖1号"和"云咖2号"的两个咖啡新品种正式发布。在热经所的公众号上，我们可以看到关于这两支新品种的介绍："云咖1号"和"云咖2号"是以1952年热经所引进的铁皮卡和波旁老品种为亲本，通过分离、提纯、复壮、品种比较试验、区域性试验和生产性试验等品种选育程序，历经7代选育而成，具有香气浓郁、回甘性好、苦味较淡的特点，适宜种植在海拔1000~1500米，年均温19~21℃的干热河谷地区。

培育"云咖1号"和"云咖2号"这两个新品种的21年无疑是一段漫长的岁月。21年前，我才刚刚小学毕业进入中学，而我们现在活跃在咖啡行业的大多数人，也都没有这个荣幸从头到尾见证新品种的完整培育过程。但通过参观热经所现存的咖啡种质基因库，我们可以领略到热经所的科研人员为引进和保存咖啡种质资源所做的努力，从中想象和还原一个新品种的诞生过程。

有趣的是，因为保存的咖啡树种太多，带我们参观的娄予强老师也无法一一说出它们的品种，有一些品种引进的历史已非常久远，而有一些品种外观上过于接近，只有所里最资深的专家经过精心的准备才能准确地说出它们的故事。单从外观上，我们可以先从咖啡树的树干高低和叶片大小来区分不同的大品种。比如阿拉比卡的树干相比罗布斯塔及利比里卡一般最为矮小，罗布斯塔的树干要稍微高大一些，利比里卡在3个大品种里则是最高大的。叶片的大小和树干的高低也相对应，阿拉比卡的叶片最小，罗布斯塔相对较大，利比里卡的叶片最大，这也是为什么这3个大品种又分别被称为小粒种、中粒种和大粒

不同成熟度的咖啡果实

种的原因。

　　另一个可以用来区分品种的比较显著的外观特征就是咖啡的果实，因为种质基因库所在的海拔在不到 1000 米，所以在 2022 年 10 月份我们到访的时候，已经能看到这里大部分的咖啡树都挂上了半成熟或成熟的果实（而此时普洱和临沧的咖啡树上还多是绿果）。

　　为了预防天牛等害虫，所有属于种质

基因库的咖啡树都种在封闭式的网棚里，平日里大门是上锁的，访客必须要在内部工作人员的带领下才能入内。

咖啡产学研一体

　　我们在潞江坝停留的时间虽然不长，但能很明显地感受到，这里的咖啡产业已经形成了一股非常强大的向心力和凝聚力。

除了像比顿咖啡庄园这样全面布局种植、深加工和文旅板块的全产业链企业，专注精品咖啡品种种植的林果咖啡和佐园咖啡，在咖啡烘焙和深加工领域成功实现自主品牌化的企业代表"中咖""景兰"等本土企业，这里还有带领村民依靠咖啡产业脱贫致富的"中国咖啡第一村"新寨村。近几年，数以百计的咖啡新品牌和外来企业也陆续入驻保山，将自己的未来和潞江坝紧紧地绑定在一起。形成这股向心力的原因，一方面，是潞江坝作为新中国成立以来最早开始大规模种植小粒咖啡的产区所积累的历史优势。另一方面，是热经所的科研人员几十年来坚持深入一线，积极为企业和咖农提供支持的努力。

黄家雄老师向我们介绍了热经所这种"产学研一体化"技术推广模式："热经所是国有公益性事业单位，其工作职责就是服务政府、服务企业和服务农民，如果是农户找到我们，说想种咖啡需要我们提供技术服务，我们会上门免费指导。如果是企业找我们，我们会收取一定数量的技术服务费，主要用于支付差旅费。根据科技需求可以提供从品种、种植、加工、信息等一系列的咨询服务。"事实证明，这种产学研一体化技术推广模式在运行上是比较成功的，热经所指导服务的企业不仅覆盖了整个保山市的大部分企业，而且辐射到普洱、临沧、德宏、怒江等产区的相关企业，甚至辐射到老挝，热经所已成为立足云南、服务全国、面向东南亚重要的咖啡研究中心。

云南农业大学热作学院：咖啡学专业人才的摇篮

我刚到位于普洱的云南农业大学热带作物学院（热作学院）的时候，是身兼学院副院长的李学俊副教授接待了我。在他发给我的学院简介中，有一段关于热作学院的办学历史：热作学院始建于1960年，1960年3月以云南省亚热带作物技术学校的名义成立，1964年改为由云南省农垦局直接领导的中等专业技术学校，到1980年恢复办学，更名为云南省热带作物学校后纳入全省招生计划。1981年学校共招收热带作物栽培和热带作物加工2个专业共118名学生，其中一些如今已是云南热带作物产业发展的先驱。像热经所咖啡创新团队的首席专家黄家雄老师，就是80年代就读于热作学院的毕业生之一。

2004年，学校升格为专科学院，更名为云南热带作物职业学院，次年开始招收高职高专学生。2014年正式并入云南农业大学，更名为云南农业大学热带作物学院，2015年开始招收本科生。目前学校形成以热带农林为主，工学、管理学、文学为辅的专业布局，招生的方向涵盖农学、林学、食品科学与工程、风景园林、电子商务、秘书学等10个本科专业和19个专科专业，并设有1个林业专业硕士学位授权点。

和省农科院热经所这样的纯科研单位不同，隶属于云南农业大学的热作学院在承担一部分科研职能的同时，更要肩负云南省内农学和热带作物相关学科的人才培养工作。作为副院长，李学俊教授平时不可避免地需要完成一些繁琐的行政事务，包括接待类似我们这样的来访行程，但除此之外的大多数时间，李教授主要还是忙于自己的学术研究和教学工作，主持和带领学生团队参与完成各项科研课题和研究项目。在他编写的学术著作中，主要还是以《咖啡栽培学》《咖啡栽培与初加工基本技能》一类的高校教材为主，其中《咖啡栽培学》曾入选国家林草局"十三五"规划教材。

热作学院的新校区坐落在普洱市倚象镇，这里的平均海拔有1400多米。因为校区周边没有任何高楼遮挡，再加上学校里有不少的农学基地，教学楼密度很低，傍晚时分走在热作学院的校区里感觉视野格外开阔，心情也不禁变得舒畅起来。可能是因为平时和学生打交道比较多，李教授的交流方式也相当直率简单，这反而让原本有点拘谨的我放松了下来。他先是带我到云南农业大学的试验基地去参观，这里种着咖啡和一些其他的农作物。当看到蚕豆已经结出了很大的豆荚时，他难掩兴奋地向我炫耀："你快尝尝我们的蚕豆，可以生吃，很甜的。"我接过他摘给我的蚕豆，剥开一颗放到嘴里，果然很甜。路上他偶遇了另一个农学系的教授，也抑制不住开心地和他分享蚕豆结果的好消息。

云南农业大学热作学院的咖啡试验基地

咖啡试验田主要分为两部分，一部分是露天与其他经济作物套种在一起的栽培基地，用来进行栽培试验和示范。另一部分是在大棚里的种苗基地，主要进行品种的保存研究和育苗工作。在种苗基地里，李教授比较完整地介绍了小粒种、中粒种和大粒种的区别，我也是第一次亲眼见到了国内仅存的几棵大粒种咖啡树其中的一棵。除了外观上一眼就能看出区别的 3 个大品种，这里还有许多外观差异非常细微的阿拉比卡小品种和罗布斯塔品种。有意思的是，我问李教授，你是不是可以看一眼咖啡树就能马上辨认出它的品种，李教授笑着说："反正我是认不出。"看来关于咖啡品种的学术研究并不仅仅停留在品种的指认和辨别上。李教授说："我们在试验新品种的时候，主要考察的是它的产量和

抗病性，然后是品质。毕竟产量和抗病性首先关系到农民的收入，但普洱的小粒咖啡整体品质是相当不错的。"在 2018 年发表的一篇论文里，李教授曾和作者杜华波等人对 55 份普洱咖啡样本进行了杯测，杯测平均分达到了 80.45 分，其中近 80% 的样品具有坚果、柑橘类莓果类水果和焦糖风味。这些样本包含的蛋白质、粗脂肪和糖类等营养成分和风味物质均高于云南小粒咖啡的标准值，其他物质含量也都达到了小粒咖啡的加工生产标准。

在参观完咖啡基地之后，我们来到了热作专业的咖啡实验室。出乎意料的是，这个小小的实验室里除了一些常见的生豆分级工具和杯测用具，还配备了一台德国 Probat 烘焙机和国产挂耳包装机，已经俨然是一个小型的食品加工厂，只是因为不需

（一）

（二）

咖啡试验基地的咖啡树

要进行对外加工销售，场地也就没有做相应的规划和办理生产许可等资质。热作专业的学生们，不仅要学习和精通咖啡种植的相关知识，更要对烘焙、杯测、咖啡制作等技能都有一定的理解和掌握。在这里，每一个学生可以自由地使用实验室的设施来加深自己的专业技能。李教授又介绍了热作学院目前的一些重大科研学术成果和技术奖项，并详细讲述了云南咖啡品种的发展历史，这些内容也成了我撰写本书的相关章节时的重要素材。

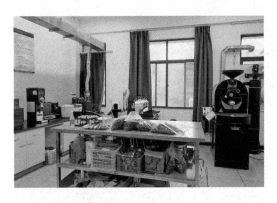

热作学院的咖啡实验室

在我快要离开的时候，有几个学生拿了一台新型的国产小型热风烘焙机，来找李教授讨论它的烘焙效果。这台机器是他们无意中在网上发现的，出于好奇就买了一台回来试试。我也顺便和他们分享了一些平时使用三豆客、Ikawa 等一些小型热风烘焙机的烘焙经验，这种单纯出于兴趣的学术交流和探讨让人非常愉悦。下班的李教授提出要开车送我回市区，一路上我们又聊了很多关于咖啡的话题，包括最近比较受欢迎的特殊处理法咖啡。

在和云南省农科院热经所黄老师的团队以及云南农业大学热作学院李教授的接触中，我学习到了很多咖啡的农学知识。令我感触最深的是，从这些科研人员身上我能深切地感受到，科研工作是辛苦的，但也是快乐的。他们真正地关心作为自己研究对象的一草一木，沉浸于学术成果的写作和发表而不必终日忧心它们在商业上是否能变现。偶尔他们会因为类似评职称的问题而烦恼，但也很容易因生活中一些简单的快乐而感到满足。这种知足常乐的态度自带一种沉默的力量，支撑着他们在长年累月的孤独中完成一项项重要的学术成果，教书育人，为云南咖啡未来的发展培养更多的接班人。今天，我们喝到了越来越多好喝的云南咖啡，背后不仅有咖农的坚持，还有这些科研人员长期以来日复一日地进行品种和加工工艺改良的努力。只是在过去云南咖啡籍籍无名的几十年里，他们早已习惯了低调，但他们为云南咖啡所做的贡献值得被每一个喜欢咖啡的人看见。

中国咖啡第一村：以咖啡产业带动乡村振兴

中国咖啡第一村

　　保山潞江坝引种小粒咖啡的历史可以追溯到 1952 年，是我国最早大规模种植小粒咖啡的地区。20 世纪 60 年代到 70 年代，因为历史原因整个云南省的咖啡种植曾经历了一段十几年的荒废期，直到 80 年代中央政府决定在云南重振咖啡种植业，保山潞江坝就自然而然成了第一个要发展的重点区域。对潞江坝本地的村民来说，咖啡是从小就见惯了的一种作物，哪怕家里并不常喝。在普洱，我们遇见的"咖二代"多是 90 后，他们的父辈从 90 年代开始为雀巢等外企种植咖啡。而在潞江坝，我们遇到的许多"咖二代"都是 70 后和 80 后，甚至还能遇到"咖三代"。在他们的记忆里，小时候在放学的路上经常路过咖啡地，每到秋天咖啡树上结出红红绿绿的果子，这幅脑海中的场景构成了他们共同的集体回忆，也不知不觉地影响了他们以后的职业选择和人生轨迹，让他们长大后依然愿意回到潞江坝来种植咖啡。

在咖啡随处可见的潞江坝，有一个村子的名气却格外响，那就是坐落在高黎贡山上的新寨村。2012年，新寨村就已经被农业农村部认定为全国"一村一品"示范村，全村的咖啡种植面积达1.36万亩，年产咖啡豆达4000多吨，居全国行政村之首，因此新寨村又有"中国咖啡第一村"的美誉，新寨村的咖啡基地又被称为"万亩咖啡种植园"。

近几年，随着新寨村大力发展文旅产业，越来越多的外地游客走进了新寨村，了解了当地的咖啡文化和咖啡产业。于是，"中国咖啡第一村"逐渐声名在外，带领新寨村村民依靠咖啡产业致富的村支书王加维也成了各大媒体争相报道的"红人"。

"咖啡书记"王加维

保山新寨村的咖啡产业振兴和致富经验，和它背后的"总工程师"王加维分不开，其实这里的总工程师完全可以不加引号。王加维是土生土长的新寨村人，在调回新寨村担任党总支书记之前，他曾经在外省做过28年的建筑工程，是一个名副其实的老工程师。只是由于现在新寨村的咖啡产业的发展成果太过亮眼，大家都更喜欢叫他"咖啡书记"。我们联系上王书记的时候，他一开始以为我们只是来走一下过场，在村口的咖啡庄园见面后，他直接打开电视里保存的宣传片和他这几年上过的

综艺片段给我们观看。后来我说，新寨村发展咖啡产业的成绩有目共睹，这次我们来，不仅仅是为了宣传和报道新寨村的成绩，更重要的是，我们想要真正了解当年新寨村是如何在不利的市场环境下重振村里的咖啡产业的。我们希望将新寨村的新思路和成功经验分享出来，让全国其他乡村基层可以学习和借鉴，让更多的村民真正从乡村振兴中受益。回忆起当年重振村里咖啡产业的经历，王加维历历在目，侃侃而谈。

"我是2012年7月3号进这个村当党总支书记的，其实当时并不是正常的换届，可以说是临危受命，我们村原来的班子瘫痪了，工作完全做不下去了，在这样的情况下，政府提出了要换思想要换人，最后就把我叫回村里来搞技术。因为以前我在外面是做工程的，政府多次派人来做工作，我想了一下，反正回来也是建设自己的家乡，那么就回来了。后来就是2012年的7月3号正式进村里面，来了之后先是通过走访村里的老党员老干部，最后定了解决新寨村问题的三个抓手，第一是抓社会治安，第二是抓教育，第三是抓基础设施，所以是这样一步步做出来的。"

"其实在我小的时候，我们这里的咖啡还不太多，我们的主要经济来源是甘蔗、香料和烤烟。从80年代开始咖啡的种植面积不断扩大，到了90年代咖啡成了我们主要的经济来源，就路边、山坡、田里到处都是咖啡了。我记得在2000年那个时候，整个潞江坝区域有20多万亩，你无论走到哪里都是咖啡，那个时候是咖啡种植面积最大的时候。后来因为到了2012年，咖啡的价格就一直非常低迷，老百姓种咖啡赚不到钱了，大家不愿意种了，所以周边的

村子都把咖啡给毁了。刚好 2012 年的时候我上来，实际上各项工作都在开展，包括咖啡产业也要抓。当时我们是这样抓的，首先是在咖啡价格低迷，老百姓都不愿意种的时候，我们基层党组织就发挥了我们的作用，由全村党总支牵头成立了 7 个合作社，让全村所有的咖农加入合作社。那么加入合作社有三个好处，第一个好处是咖农的咖啡可以拿到合作社去免费加工，第二个好处是统一收购、统一加工、统一销售，这样价格可以比市场价稍微高一点，第三个好处是到了年底进行产量分红。一开始我们照这样的模式做下去，村民也非常认可。"

但是这样的模式并没有能够坚持多久，因为咖啡的价格一直低迷，做了几年，咖啡合作社的形式还是支撑不下去了。"在这个时候，我们基层党组织又发挥了作用，在咖啡合作社里边成立了一个企业联合党支部，把所有有想法的党员全部集中在一起，专门划了 600 亩的一块党员示范基地，进行咖啡的品种改良和密植度改良，每行三株中去掉一株，经过这样的尝试，咖啡树的通风够了，热量够了，到了年底它的品质和价格也就起来了。为了保护咖啡，我们还到各个村民小组去开会，把咖啡的好处跟他们说清楚。我跟他们说，咖啡是全球三大饮料之一，我们这里又是在高黎贡山脚下，和售价昂贵的蓝山咖啡是一样的纬度，这块地方在全国来说是独一无二的，所以说还是要求我们的群众要把咖啡种好管好，然后走精品之路才能赚钱。"

"虽然我们把咖啡的好处都跟群众说清楚了，但群众要生活，必须有资金来源，所以我们党组织也想了很多实际的办法。2014 年的时候我们把保山职业培训学校的老师请到村里来，男的培训电焊，发电焊证，女的就培训厨师，发厨师证。所以在咖啡价格低迷的时候，他们可以到附近去打工，工资要稍微高一点。等到了咖啡价格好的时候，再回来种咖啡。最主要的是，考虑到以后要发展旅游业，我们就不需要外聘厨师了，现在我们村有 300 多个妇女持有厨师证，你无论到哪一家都能吃到一桌色香味俱全的饭菜，这就为旅游业的发展奠定了基础。"

"另外，我们还向市农业农村局申请咖啡专用肥补贴给老百姓，所以通过各种各样的方法让村民有了收入，不靠咖啡也能生活下去。那么所有的咖农看见我们实实在在为他们服务，为他们争取项目，为他们找出路，他们知道村里边已经是全力以赴地投入来为他们做事想办法，大家就都非常支持工作，所以要全村人民的思想都统一起来，而不是仅仅靠村里的命令，最后大家把万亩咖啡园全部保护了下来。你看 2018 年以前，我们整个村的咖啡产值是 3000 多万元，到了今年是 1.2 亿元，相当于每年都翻了一番。所以现在政府都在说乡村振兴，我们在咖啡产业振兴上得到了实实在在的实惠，也让老百姓真真实实地从产业上获得了实惠。"

"为了做好咖啡产业，2017 年的时候政府安排我们到发展得好的乡村里面去参观学习，学习以后回来召开班子会。最后我们提出，不变的是产业，改变的是理念，还是要在咖啡上做文章。我们当时就向政府申请了一个'四位一体'的项目，来建设咖啡一号庄园，一号庄园建设好了以后，就招商了一个深圳的老板来经营咖啡。这个深圳的老板他非常有理念、有情怀、有资源，他让我到村里面先安排 10 多户农

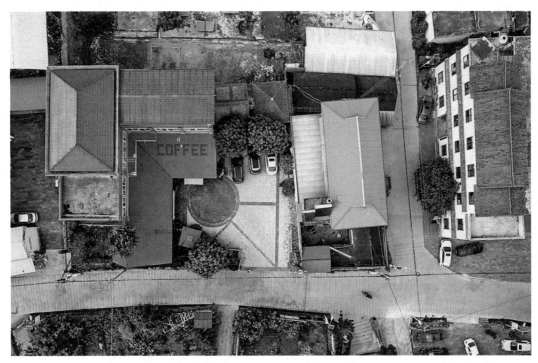

（一）

（二）

由老村委会改造的咖啡一号庄园

户，从采摘上、晾晒上和加工上按照他的标准给他上交咖啡。我记得 2018 年的时候，我们安排了 16 户咖农给他生产咖啡，最后他给到咖农的价格是 60 块一公斤，而当时我们咖啡的市场价只有 8～9 块一公斤，相当于花了接近 8 倍的价格。他的做法对我们整个新寨村来说造成了很大的冲击，因为以前咖农们种咖啡是只讲数量不讲质量的，这个老板来了之后大家知道了，咖啡质量好了才能赚到钱，质量差是赚不到钱的。所以这就把我们咖农的理念转变过来了，大家都知道种多不如种好，走精品之路才能赚到钱。这是我们招商进来的第一个好处。"

"第二个好处是，那个时候村里边也很穷，没有钱请外面的媒体来做宣传，而这个老板的资源都是来自北京、上海、广州这些大地方的，他们来我们这里喝到了实实在在的小粒咖啡，确实非常好喝，香味很足，这些人就把我们的咖啡带出去，相当于免费给我们宣传了。第三个好处是，壮大了村集体的经济。我们现在坐的这个地方，是原来的老村委会，以前连打扫卫生的人都没有，现在每年有了 10 多万块的收入，所以招商把村集体经济也壮大了起来。"

其实在 2012 年以前，咖啡的国际期货价格相对于中国的其他农产品价格来说还是相当高的，因此 20 世纪 90 年代和新世纪的老百姓都还非常愿意种咖啡。只是到了 2012 年后，中国的经济进入了高速发展期，原本低廉的人工成本出现了大幅上涨，这个时候咖啡的期货价格又刚好进入了低迷期，相对其他国内收购价格也在上涨的农产品，种咖啡对农民来说就变成了一件不赚钱的事。面对这样的产业困境，王书记也有解决方案："我们看咖啡产业链的收入分布，一产的收入占 1%，二产的收入是 6%，三产的收入占 93%，所以几乎咖啡产业所有的收入都在三产上。那么现在我们要打破这个格局，你看我们在做认养咖啡树，让包括咖啡馆在内的客户直接对农户，就是这样的模式在做。"

"在一产上，我们也做了一个总规划，叫三个产业化。全村 1000 米以上海拔的区域种植小粒咖啡，800～1000 米的这个区域，种植冬季蔬菜，600～800 米的区域是种燕窝火龙果。所以说我们的模式是以短养长，让我们的群众每个季节都有收入。"

文旅产业新规划："一轴四环十个点"和"十百千万"

在回到新寨村以前，王书记对咖啡可以说是一窍不通，村里大部分的咖农从小并不喝咖啡，而在外省打拼的岁月里，王书记也无暇去咖啡馆消费、享受。重组后的新寨村党支部和村委会能想出这么多有效的办法，成功保住村里的万亩咖啡林，靠的就是为老百姓办实事的真心实意。为了更快地提升村民种植和加工咖啡的技术，王书记还经常请热经所的黄家雄老师团队来村里指导培训。如今，王书记也"被迫"成了一名咖啡专家，可以喝一口就辨别出杯中的咖啡是卡蒂姆、铁皮卡还是波旁品种。

而王书记真正的强项在于对全村文旅产业的布局规划上。作为 28 年的老建筑工程师，王书记对整个新寨村的周边格局有着清晰的部署和规划，这一规划被王书记总结为"一轴四环十个点"。

"一轴就是以整个新寨村作为轴心，四

（一）

（二）

美丽壮观的怒江峡谷和新寨村鸟瞰图

（一）

（二）

即将竣工的三号庄园悬崖酒店

环纵向打造和横向打造。纵向打造是指利用好高黎贡山的海拔落差，进行一系列的资源开发和改造。在海拔2700米的地方，有个二战时期日本人空降物资的机场，周边是有战壕碉堡的遗址，有我们曾经的古村落遗址，我们是从解放后才从山上搬下来的，那里有各种各样珍贵稀奇的鸟类，所以下一步我们计划在那里打造一个抗战遗址。到全村海拔最低只有600米的地方是几百亩的沙滩，可以搞娱乐场所，纵向打造就是这样打造。横向打造的话，右手边有一个山谷，是每年咖啡文化节、自行车夜赛和乐跑的基地，那里也是重点打造文化产业的一个地方。左手边有一条河叫山心河，河里边有热带雨林，有奇石，主要是一个避风港，那些奇石呢就可以做花盆、烟灰缸这些。十个点就是指前期在这些纵横向的点上布局十个咖啡庄园，那么以后来的游客就主要围绕这十个庄园的路线来旅游。我们所要做到的目标是，来这里的人要把这十个庄园全部走完至少需要3～5天，人留住了，钱自然也留住了。"

"通过这一次我们省委省政府市政府提出的干部回家规划加强行动，我们在总规上又做了一个细化，叫'十百千万'。'十'就是刚刚我们说的十个咖啡庄园，'百'是指现在我们整个新寨村有500多户农户，我们提出由100户有条件、有能力、有场地的农户来做农家咖啡小店，游客可以到我们这里住民宿，免费喝咖啡。'千'是指在海拔1200米的地方，我们专门划了一片1000亩的地种最昂贵的瑰夏品种，现在已经种下去500多亩了，今年年底再种400多亩。以后所有来新寨村旅游的人，就围绕着1000亩来参观体验。'万'呢就是指我们的万亩咖啡园。我们这里是立体气

候，从海拔600米到2700米，来这里旅游还有一个最大的好处是开车40分钟就可以享受春夏秋冬四个季节的风景。我们总的目标，就是以产业带动旅游，让大家实现共同富裕。"

我们访谈所在的地方，就是由原来的老村委会所改造的一号庄园，建于2017年。沿着高黎贡山的山路往上开，就能看到2019年竣工的二号庄园和2020年启动施工的三号庄园。受新冠疫情的影响，三号庄园的施工进度走走停停持续了两年多，刚刚进入竣工阶段。据王书记回忆，2019年的时候，每到节假日来新寨村旅游的游客就有2000多人，当时一号庄园和二号庄园每天几乎都住满了。而即将完工的三号庄园，功能则更加齐全，有高档民宿、悬崖酒店、星空帐篷和汽车营地。四号庄园的规划也已经在2021年启动，计划是和深圳大学共建一个咖啡图书艺术馆。未来几年，新寨村的文旅产业建设都将围绕"十百千万"的长期规划有条不紊地进行。

前面说到，早在2014年王书记就请保山职业培训学校的老师来培训村里的妇女考取厨师证，现在全村共有300多张厨师证，那时王书记就已经在为村里以后发展旅游业做铺垫了。在2022年2月25日播出的《天天向上》节目中，王书记和咖啡庄园的运营负责人蔡明月为全国观众呈现了新寨村"厨师队"的一项创新：咖啡宴。咖啡豆炖土鸡、咖啡花炖鸡蛋、咖啡果皮红烧肉、咖啡肉圆子、酥咖啡叶……这桌由12道菜组成的咖啡宴不仅别出心裁地融合了咖啡豆和咖啡副产品作为原料，其他食材也都是新寨村土生土养的原生态食材。我们有幸在当地尝到了咖啡豆炖土鸡这道菜，滋味非常丰富，本地的土鸡肉质结实

有弹性，是广东人来了都要夸的"鸡有鸡味"，咖啡豆也为这道鸡汤增加了一种独特的风味和香气。写到这里，回忆起那锅鸡汤滋味的我，嘴里忍不住开始分泌口水，我只能说，王书记和村里的乡亲是懂中国人的旅游的。小粒咖啡固然好喝，喝多了却容易反酸，此时再也没有什么能比一桌具有当地特色的好菜更能抚慰远道而来的游客的胃口和心灵了。

基础建设、教育和其他产业

咖啡和文旅产业的发展带动了新寨村的经济，提高了村民的收入。但作为村支书，王加维深知仅仅是短期内解决群众的生计问题，并不能让新寨村的村民彻底摆脱对贫困的恐惧。要让新寨村真正发生翻天覆地的变化，为以后引进更多的资源打好基础，就必须要做好两件事，一个是基础设施建设，一个是教育。

刚刚回到新寨村的时候，王加维就敏锐地觉察到了先要在村里修路的必要性。过去，整个村子里只有一条方便通车的路，其余的都是颠簸的土路，这样的路况对村里未来要发展咖啡种植业和旅游业都非常不利。当时全村 500 多户村民一共只有 3 辆小车，所有的农业用品和农产品都要靠人运输，村民种咖啡不但辛苦，效率还十分低下。产季来临的时候，村民又要将采摘好的咖啡鲜果运送到加工厂或是村外的鲜果收购点，车辆的颠簸容易让鲜果因为相互碰撞产生破损，使得品质下降。对习惯了城市里平坦道路的外地游客来说，这里的路况难免让人望而生畏，即便是勉强来了，也不愿多停留几天，更不要说在这里消费享受了。因此，王书记在上任后的

第一件事，就是说服村里的老百姓同意修路。

尽管修路的好处很多，从长期看老百姓一定可以从中获益，但作为一个刚刚到任的"新官"，要统一村里 500 多户村民的思想也不是那么容易的。修路就需要筹集建设资金，按照政府的基建项目规划，建设资金中的 30% 应由村集体负担。修路还要占用村民的土地，村集体还需要向每户被征用土地的村民支付一笔土地青苗费。这两笔费用加起来就有三四百万，筹不到钱，修路的项目就无法启动，以后的所有规划就都将无法实现。想到这里，王书记决定还是先发挥党员的带头作用，自掏腰包拿出了自己过去在省外做建筑工程攒下的所有积蓄，先解决项目的启动资金问题，再向市里和省里的各级政府申请资金。上级政府在刚刚得知新寨村要修路的规划时，也感到非常惊讶，询问村委会是如何解决项目的资金问题的。王书记没有告知实情，回答说这些资金都是由村干部带头垫资，村民共同集资筹得的。各级政府一听十分支持，于是新寨村修路的规划就这样顺利地推动了下去。当修路的事情正式落地后，群众的积极性显而易见变得更高了，对村委会和党支部的工作也更支持了。过去村民要靠自己背扛才能把肥料运到地里，现在家门口就有路，可以直接用车运到自家的地里，大家都对当初修路的决定非常支持。

另一件村民们都非常关心的大事就是教育。在省外打拼了多年的王书记，自然了解年轻人去外面读书和增长见识的重要性。而对老一辈的农民来说，现在中国的教育条件好了，让下一代通过读书改变命运，不用再从事自己这一辈所无法逃避的

别样的风景——夜幕下的火龙果基地

重体力活，也是村民的共同心愿。因此，发动村里的群众支持发展教育工作，比修路要进行得顺利许多。

2012年的时候，党总支和村委会先是把村里在外工作和经商的人请回来开座谈会，由村干部和这些爱心人士牵头共同成立教育基金项目，后来越来越多的村民也加入到了教育基金项目中，家里条件好的就多出一点，条件困难的就少拿一点。从2012年开始，村里每个考上一本的学生家庭每户奖励3000元，考上二本和重点高中的学生家庭每户奖励2000元，迄今为止全村通过教育基金奖励外出求学的学生已有49人，这些学生有的就读农业专业，有的

就读理工技术专业，有的就读电商专业。但王书记并不赞成这些学生一毕业就马上回到新寨村，他认为，年轻人应该先在外面工作，学习到外面先进的理念，再把所学的知识和理念带回新寨村，才能为家乡的发展做出更实际的贡献。

在教育理念上，王书记也没忘记发挥党员的模范带头作用。上文中我们提到，在和热经所的老师一起吃晚餐的时候，我们偶遇了王书记的儿子王涵。之前他在外地的公安系统工作，为了做好村里的咖啡产业，王书记特意把他叫了回来，又让他去星巴克和一家国企学习锻炼了一年。回到村里后，王涵又跟着村民一起从事了一

年基础性的咖啡工作，到现在条件成熟了，才开了自己的公司。他现在的咖啡公司主要从事的是咖啡的种植、加工和贸易业务，有自己的加工厂，也有销售办公的场地。每到产季，合作基地的咖农就可以把收下来的鲜果拿到他的加工厂来加工，再由他帮忙卖出去。

除了备受瞩目的咖啡以外，新寨村还有一些其他的优质农产品，品质特别突出的有坚果、杧果和火龙果。每年杧果和火龙果收成的季节，外地的贸易商会来这里大批量收购，剩余的一部分村民会制成更容易保存的果干。在新寨村的咖啡庄园里，游客不仅能买到小粒咖啡，还能买到村民自制的杧果干和火龙果干。因为潞江坝属于干热河谷区，这里生长的杧果和火龙果本身具有很高的糖分，所以村民在晒制果干的过程中，不需要额外添加白砂糖、香精等添加剂来提升风味。和新鲜的杧果和火龙果相比，晒干后的果干糖分浓度更高，水果本身自然的甜味和香气更加浓郁，是零添加的天然食品，吃起来格外"上头"。

关于新寨村未来的担忧

从 2012 年新寨村的领导班子重组，至今已经过去了 10 多年。依靠王书记和他带领的新领导班子，新寨村的发展取得了有目共睹的耀眼成绩，为云南省乃至全国的基层乡村树立了一个乡村振兴的典范。但这样的成绩，是用每一个新寨村党支部成员日日夜夜高强度的工作换来的。现在的党支部团队一共有 7 人，其中 3 人负责业务的发展，2 人分管后勤治安和党建。随着"中国咖啡第一村"的名气越来越大，每天前来调研开会的领导和参观采访的记者络

"咖啡书记"王加维

绎不绝。为了把新寨村的成功经验和规划讲解清楚，王书记必须亲自接待："现在是由副支书管党建，负责各种接待，但他没有办法把整个村的规划现状完完全全讲透讲清楚，因为他是后来来的，之前的过程他没有经历过，肯定我亲自讲解得要比他更全面。为什么现在很多人来了以后，我就直接给他们看宣传片呢？不是说我觉得累，而是确实没时间，因为有时候同时来几拨人，为了救急也只能叫村里面的人和副支书来简单地给他们讲讲，最后看看宣传片。"

除了要接待络绎不绝的来访，王书记还需要亲自回复微信和手机上的很多信息。我问王书记，是否想过找一个助手来帮助他处理这些事务，他表示很无奈："其实以前我带出来 2 个人，原本是专门协助我，也比较能说，村里的事他也讲得头头是道，最后他考上去了。第二个人也是我把他都教会了，最后也调走了。"因为高强度的工作，今年 50 多岁的王书记双眼被诊断患上了翼状胬肉，眼睛有异物感并时常充血发红。在 2022 年 5 月确诊时，市里的医生建议他尽快做手术，否则可能有失明的风险。但当时王书记的血糖有些偏高，只能先回

潞江坝，谁知村里的工作一忙起来就是 3 个月，直到 8 月份他才有空去医院做手术。

我并不希望把王书记为了村里的工作做出的个人牺牲当成一种正面的事迹来表扬。实际上，虽然新寨村在王书记的带领下已经实现了脱贫致富，但全国近 70 万个乡村的基层干部团队都面临缺乏优秀人才、留不住人的问题。新寨村是幸运的，因为从小在这里长大的王书记在外出打拼多年之后，没有选择继续留在城市里赚大钱，而是愿意将自己在外地学习到的先进思想和理念带回新寨村，过自己的好日子。这种个人选择的背后，除了有他作为党员的觉悟，更包含了他对家乡父老乡亲最朴素的乡情。从 2012 年他回到新寨村开始，他在村里带头发起的每一项项目，都是经过了深思熟虑，基于对新寨村未来 5 到 10 年，甚至 20 年的长期规划做出的决定。但对中国大部分偏远省份的基层乡村来说，能培养出一个像王加维这样既有思路又有觉悟的党员干部已实属不易，更不要说从外地找来更多愿意为村里真心实意付出的年轻干部了。因此基层党支部的日常工作往往需要过度依赖这些老党员干部的个人贡献，当工作和身体健康或者家庭发生冲突时，他们通常会选择牺牲后者。

当我听到王书记为了村里的工作耽误了眼疾的治疗时，我不禁为我们这次的来访又增添了王书记的负担而深感歉意。因此我也向王书记表达了我的心愿，希望能在这本书里将他花了一个多小时向我们讲解的内容一五一十地写下来，以后其他想要学习新寨村优秀事迹的领导干部和想要过来采访宣传的记者可以通过这本书的阅读提前了解王书记如何振兴咖啡产业的经历和对新寨村的整体规划，而不必再由王书记一遍又一遍地讲述。这也算是我们这次的来访能为王书记做的一点微不足道的贡献吧。

再过几年王书记就退休了，关于以后新寨村的建设谁来接班的问题，王书记暂时还没有想过。我们期待，在退休前的这几年，王书记可以有幸找到为他分担工作的人，让他疲惫的身体可以有所放松和恢复。我们同样期待，新寨村的未来可以遇到一个和王书记一样真正懂这个村子、爱这个村子的接班人，将新寨村这些年发展乡村振兴的优秀成果延续下去。

普洱大开河咖啡专业合作社：
"咖二代"梅子的成长之路

普洱是整个云南咖啡产量最大的产区，其中又以思茅区每年的商业级咖啡产量最高。在思茅区，咖农、处理厂和咖啡贸易公司之间形成了自己的行业圈子，每个人都对思茅区做得好的咖啡同行了如指掌。不管彼此之间有没有竞争关系，在街上偶遇的时候也都能坐下来一起喝杯咖啡，聊聊最近的市场行情和以后的发展规划。在我2021年9月第一次到思茅的时候，他们就跟我说，你一定要去梅子家看看，她是这里比较年轻的"咖二代"，这几年她家的咖啡豆受到了上海一些咖啡品牌的认可，销售得还不错。

其实，梅子家的咖啡庄园早在2016年就受到了精品咖啡市场的关注，她本人也接受过新华社、腾讯、《经济学人》、东京NHK等多家海内外媒体的报道，被当地看着她长大的村民笑称是个"网红"。在网上公开的报道中，她家的庄园以几个不同的名字亮相：出现得最多的名字是大开河咖啡合作社，或者大开河咖啡庄园，因为她家所在的村子就叫大开河村，隶属于普洱市思茅区南屏镇。这里的村民从90年代就开始种植咖啡，只不过那时候生产的都是商业级咖啡豆，主要卖给雀巢这家最大的买家。另一个名字是林润咖啡庄园，"林"

字取自梅子父亲的本名华红林，他在90年代初发现了为雀巢供应咖啡的机会，于是决定在大开河村带领村民一起开辟林地为雀巢种植和生产咖啡，"润"字则取自梅子的本名华润梅。由于现在庄园的外联工作主要由梅子负责，大家接触和了解得比较多的都是梅子本人，因此也有网友直接称呼她家的咖啡庄园为"梅子咖啡庄园"，在地图导航上，搜索"梅子咖啡处理厂"能获得庄园精确的定位。

2021年9月，是我第一次去梅子家。只是当时因为写书的计划还未成型，我们并没有做非常深入的交流和沟通。到2022年2月底，我的写书计划正式启动，才再一次联系梅子确认行程。这个时间，普洱的产季正在收尾，梅子大部分时间都在处理咖啡的采收、加工和销售工作，白天还有一些领导和媒体的接待行程，微信经常来不及回复。但梅子还是爽快地答应抽出半天的时间，坐下来和我好好聊一聊。

车子开到大开河村的梅子家，一下车就能看到庄园里最主要的建筑，大开河咖啡脱壳厂。当时庄园里还没有正式接待旅游业务，这片场地的主要功能还是加工处理和干燥咖啡。我到的时候，梅子正在和村民一起晾晒这段时间刚刚采收和处理的鲜果和带壳豆，晒架上铺满了各个不同的采收和处理批次的咖啡豆，用特制的标签注明了处理方式和开始晾晒干燥的日期。除了晒场，在脱壳厂旁边的一段坡上还有一个水洗处理池，水洗处理法的咖啡会在这里经过浮选和初加工。经过晾晒干燥的咖啡在脱壳厂内经过机械分级和脱壳，装入麻袋等待销售。

庄园里还有一排小房子，是办公室、接待区和生活区。在等待梅子忙完的时候，我在接待区的咖啡小吧台自己动手冲泡了一杯梅子当季的一个蜜处理样品。云南当地庄园的咖啡吧台都非常生活化，麻雀虽小，五脏俱全，不在严格的测试场景下自然也没有必要太纠结冲泡的参数和技巧，随手冲的一杯就已经能喝到这支蜜处理样品鲜明饱满的风味和甜感，尾韵很干净。喝咖啡的时候，我看了看吧台旁边书架上的书，都是咖啡种植和加工相关的技术书籍。拿了一本翻看了一会儿，梅子就过来了。

我们在晒场边的露营帐篷下面坐下，冲了一杯咖啡。尽管以前已经有不少媒体对梅子的庄园进行过报道，但关于梅子决定回乡种咖啡的经历，关于梅子的父亲过去是怎么带领村民一起种咖啡的故事外界还是知道得不多。既然来了，我自然希望梅子能畅所欲言，在原本准备好的问题框架之外，我们也随机插入了关于几个小问题的探讨，整个访谈持续了2个多小时，其间偶尔有小伙伴来向梅子确认一些工作细节。作为庄园现在的负责人，1993年出生的梅子既需要把握庄园运营的大方向，又要对执行环节的很多细节亲力亲为，有时还要应付临时发生的事件。尤其是在产季期间，像这样紧张又充满弹性的多线程

工作节奏已经融入梅子的日常。但坐在我对面的梅子依然充满活力，总是带着充分的兴趣对我们的提问进行回应和沟通，这让原本对环境还有些陌生的我也逐渐放松了下来。我说，在我们聊你的故事之前，我们先来聊聊你的父亲吧。

华红林和90年代的大开河咖啡合作社

梅子的父亲华红林和咖啡的缘分还要从梅子的爷爷说起。那时候他是村里的护林员，平时还要身兼多职。在1988年雀巢决定在普洱发展咖啡种植基地之后，梅子的爷爷就开始对接咖啡种植的事情，让梅子的父亲去负责把雀巢引进的种苗培育出来。经过三四年的育苗工作，华红林发现相比当时村里种的其他农作物，以国际期货价格收购的咖啡具有比较高的经济效益。在雀巢入驻普洱的前期，主要的收购模式还是以与供销社、国营企业开设的农场和大型贸易公司为主。经过一番考虑，华红林还是决定先自己开辟林地来种植咖啡。

当时大开河村的农业设施远没有现在这么好。以前村子所在的坝子还都是一片原始森林，开地只能靠锄头和锯子这些最简单的工具，连摩托车都没有，基本的交通只能靠步行，更不要说挖掘机这样的现代化装备。在梅子的印象里，小时候进出基地全靠步行，一走就是七八公里的泥巴路，每次去基地一走就是一上午，小孩子就是边走边玩。只有运送像肥料这样的物资，大人才会请忙用拖拉机运到地里。

1988年，华红林作为最早一批接触咖啡的村民开始培育咖啡种苗，当时大开河还没有形成正式行政意义上的村庄，村民

产季待采摘的咖啡树（梅子供图）

还在靠吃政府的救济粮生活。到 1993 年，大开河村正式划定为行政村，定了村庄以后，镇里就要解决村民的收入问题。华红林在自己种了几年咖啡之后，确认了种咖啡确实是一件收益不错的事情。从 1995 年开始，他在自家的林地开始大规模种植咖啡，也推动和鼓励周边的村民小组和他一起种咖啡。

今天的大开河咖啡专业合作社，前身就是大开河村集体的供销社。当时供销社的任务就是组织和雇佣村民来种植一些经济作物，再通过供销社的渠道把这些作物卖给其他企业和买家。像当时国内最大最官方的咖啡买家就是雀巢，因为雀巢当时是拿着种子直接和普洱的政府谈，谈下来

的合作条件有两个：第一，雀巢需要派专业的农艺师团队来教农户怎么去种植咖啡；第二，种植出来的咖啡雀巢要承诺收购。除了雀巢，也会有一些流动的采购商来这边收购咖啡，但当时雀巢每年的收购量在几十吨左右，从采购量占比上来看始终是最大的。

梅子说："那时候的期货价格应该都是可以查的，如果不赚钱的话，肯定没有现在那么大规模的种植。因为那时候的土壤条件比较好，人工非常便宜，当时村民们占据了一个得天独厚的条件，去自己开地种咖啡。现在的话，可能由于盲目和粗鲁的种植，和一个市场信息接收的不对称，所以很多农户都处在一个无论是品种、种

大开河村咖啡处理一步一步实现机械化的成果——大开河咖啡脱壳厂

植还是销售环节都比较单一的局面，这就导致他们跟不上市场的变化。还有一个就是我们这边没有自己统一的标准，我觉得这也是现在云南的咖啡店发展比较乱的一个痛点。"

"哪怕是生豆贸易公司，在采购上每一家也都有自己的标准，有一些大一点的他会去参考雀巢的标准，然后在雀巢的基础上去微调。因为他们都有自己的外贸客户，这些国外的买家本身就是比较成熟的大公司，所以已经形成了自己的采购标准。而这边的贸易公司就要根据这些客户的采购标准来采购，如果收到的豆子达不到这个标准，再决定是拒收还是降级降价。相比现在每家农户都可以通过手机了解当天的期货价格，那时候的咖啡收购价格更不透明，有可能普洱市里的一些流动采购商已

经知道了今天的期货价格，但这个信息要过一个星期才能传到我们这里。"

说起小时候和父亲一起种植和处理咖啡的经历，梅子开玩笑地吐槽道："小时候我们对咖啡一点都不敏感，就像你家里种了一片青菜一样，你对它不会有太多的好奇和想法，更不知道怎么把它做出来喝。就是纯粹把它当成一种经济作物，该种就种，该帮忙采摘的时候就去帮忙采摘，该脱壳就脱壳。但那个时候就觉得咖啡是个非常辛苦的事，因为之前的硬件设备都非常小，我们去生产加工的人工成本就非常高。那时候我们没有标准的水洗池，脱皮机也是非常小的。所以我印象中我们处理加工咖啡的过程是慢慢改进的，最开始是脱果皮，有时候脱到凌晨两三点或三四点，脱完之后把它放在麻袋里，然后发酵到差

不多。其实对于发酵的时间我是完全没有概念的，反正就一堆堆在那里，我估计他们也不知道发酵到什么程度算'差不多'。"

"发酵到觉得差不多的时候，就把它拉到大河里面去洗。每年冬天的时候，我们有一半时间是在河边玩的。那时候就开一个拖拉机到河里，然后把豆子装在竹筐里用水去漂。现在想起来那时候真是太傻了，根本不知道那些二级漂浮豆还可以卖钱，全让水漂走了。洗完后又拿回来晒，晒干了再拿去打米厂打米，打完米之后再拿回来人工过筛，完全没有现在这些设备。然后一直到我上初中的时候这些初加工的环节才开始升级了，因为有了收益之后，你才有利润去把这些硬件做好，所以就做了两个很小的鲜果加工池和一个 U 形槽，就在里面洗咖啡。一直到差不多 2010 年之后，慢慢地这种比较集成的工厂才做起来，就是这样一个蜕变的过程。"

梅子的咖啡成长之路

虽然从小和咖啡做伴，但梅子第一次真正喝到咖啡做的饮料，还是在湖南上大学的时候。梅子本科就读的专业是室内设计与工程管理，偶尔她会去学校附近的咖啡馆喝咖啡，现在回想起来，那时候喝到的咖啡都是严重过萃又苦又涩，但那就是当时的梅子脑海里定义的咖啡的味道。

2015 年梅子大学毕业回到村里的时候，正值国内精品咖啡和手冲咖啡的逐渐兴起，普洱本地的咖啡协会和机构开始关注到国内咖啡市场的新变化，开始策划和组织一些本土咖啡企业到外地去参展。在积累了一些外部资源后，当地的茶咖学院打算外聘一些老师来给当地的咖农培训手冲咖啡。

工作中的梅子（梅子供图）

当时梅子家里正在筹备现在我们看到的处理厂，梅子的父亲就让她去参加培训。起初梅子的想法是，把这个课程当成一个爱好来学，以后她还是想去外面工作，不会接手家里的咖啡事业。

当时梅子还不知道，接下来这几天的课程，会让她对咖啡欲罢不能，越学越深。茶咖学院请的这位老师是 SCA 体系的考官，第一期的咖啡基础入门课为期两天，在这短短的两天内梅子快速地对咖啡的烘焙、冲煮、杯测等中后端有了一个基本概念，才发现自己原来对咖啡的了解并不深，所有的经验都停留在咖啡的田间管理环节，掌握的知识还非常不专业。

除了咖啡本身的魅力，当时吸引梅子的还有那种年轻人聚在一起讨论咖啡的氛围。于是梅子就决定先留在学院的咖啡吧台打工，通过兼职的方式进一步学习手冲咖啡的制作和拉花等吧台工作，这份工作

梅子家院子里自由生长的咖啡树

一做就是 8 个月。打工的那段时间，梅子每天的时间都非常充实。因为茶咖学院的场地白天需要安排一些接待任务，每天晚上 7 点以后梅子才能到吧台里去帮忙。白天的时间，她就在一家蛋糕店打工，每天早上 5 点起床，6 点开始出品。那段时间梅子过得很忙碌，此时她却逐渐感到有些迷茫，因为外聘的老师后来回去了，没有了专业人士的指导，梅子只能靠网上的视频和内容来继续自学，这让她感到很不自信，最终选择辞去这份兼职的工作。

2016 年 10 月，又一个产季即将来临，梅子打算去炬点咖啡考个咖啡品鉴师证书（Q－Grader）。在课上她跟导师马丁介绍了自家的咖啡庄园，马丁表现出了很大的兴趣，问她愿不愿意一起合作一个咖啡的实验加工课程。在上完 Q－Grader 课后，梅子也开始认识到，不同处理加工方式可以带给咖啡不同的风味，她正想回家好好研究一下这方面。一个月后，普洱正式进入产季，梅子和马丁开始为这门实验加工课程准备实验豆。在准备工作进行到中期的时候，上海的 Seesaw 咖啡正好过来寻豆，看到他们正在自己搭建晒架。因为梅子在上课的时候学到，像非洲这些产区都在用晒架干燥咖啡，他们就自己模仿这些产区的做法去搭建了大棚，又制作了晒架，第一批的实验豆就这么上架了。在咖啡自然干燥的一个月里，他们每天要每隔 2 个小时监测一次咖啡的温湿度、重量和 pH 值。到 12 月份的时候，第一批实验加工的 36 款咖啡生豆全部生产完毕。过去梅子的父亲销售的都是商业大货，采用的都是传统的水洗处理法对咖啡进行加工，而这次的

36 款生豆是分别在日晒、蜜处理、水洗三大传统处理法的基础上又做了微创新。梅子说："以前我也在一些老一辈的人那里喝到过日晒和蜜处理的咖啡，但出于保护商业秘密的考量，他们没有把处理的方法教给我。在我学习的那段时间，我看了很多书，但没有真正实操过，所以这门咖啡实验加工课程给了我一个实践和积累经验的机会。再加上我从小在产地长大，以前对咖啡处理掌握的基础再结合一些新的理念就可以把这些成果实现出来。"

来寻豆的 Seesaw 咖啡第一次看到在产区有人认真地在做加工处理的创新，大为振奋。在喝了这一批实验的 36 款豆子后，他们挑选了其中三款，每款各订了一吨。在 2017 年 3 月的上海酒店餐饮展上，这些豆子第一次正式上架售卖，出乎意料的是，梅子家实验处理的云南咖啡和埃塞俄比亚咖啡的点单率居然不相上下。这样的反馈给了梅子极大的信心，她认识到，采用全红果采收的方式，再加上处理加工环节的精细化，可以迅速提高云南咖啡的品质。就这样，第二年，第三年，梅子一直将改良加工处理方法这件事坚持到了今天。

现在梅子家每年采收的咖啡鲜果大概有 300 吨，咖啡产量可以稳定在四五十吨。在对咖啡进行后制处理的过程中，梅子对咖啡这种植物的理解更深了："我觉得咖啡是一种非常卖命的植物，咖啡树在生长的过程中要一直不停地吸收营养，再把营养传递给它的孩子，也就是咖啡果实。其实这和人类有点相似，我们把营养传给后代的时候，也意味着我们正在衰老和靠近死亡。所以我们需要一直给咖啡树不断提供营养，为它营造良好的生长环境，努力让它的死亡来得更晚一些。到了后段采收加

工环节，我们对鲜果采摘、处理和干燥的每一个步骤都会影响到它的最终产物。如果脱壳环节你的水分没有晒干，就会导致它发霉，或者是你把它装在一个本身就有异味的麻袋里，它就会被污染，更不用说后端的烘焙和冲泡对它地影响了。所以咖啡生产的每一个环节都很重要。"

商业咖啡和精品咖啡：
云南咖啡的过去和未来

梅子的父亲当时让梅子去上课的时候，想的只是梅子以后可以女承父业，继续延续他们以前生产商业咖啡的方式，将咖啡卖给更多的大客户。没想到的是，梅子靠自己的学习摸索走出了一条精品咖啡的新路子。在普洱当地，一些老一辈做商业咖啡贸易起家的老板，听说了梅子的模式之后，一开始也非常不看好，他们认为国外的商业咖啡客户既有量，又稳定。好在，梅子的父母对她自己做的尝试一直都是鼓励和默默支持的态度，让梅子有充分的自由按照自己的想法来经营咖啡庄园。

从经济效益来看，精品咖啡销售的价格要显著高于商业咖啡，由于精品咖啡前期的投入成本，包括鲜果采购成本、硬件设备的投资和其他物料的投入比商业咖啡要更高，和过去的商业咖啡相比，目前这个阶段精品咖啡的整体销售利润仍处在持平状态。

但梅子认为，从未来云南咖啡的发展趋势来看，精品咖啡的做法更具有可持续性。在大开河村，一共有 4 个村民小组。过去生产商业咖啡时，梅子他们在向村民采收鲜果时执行的标准不是很高。在开始生产精品咖啡以后，很多客户也会要求梅子从采收鲜果的环节就开始提高标准，收

购价也相应地比市场价格提高一倍左右。对农民来说，一方面是收购的价格很直观地提高了；另一方面，我们也请专家告诉他们，当他们粗鲁地采摘鲜果时，未熟的果实不但会降低咖啡的质量，那些被一把摘下来的果蒂到第二年也会有产量的损失。从长期整体收益来看，全红果采收的做法对农民是有利的。

但梅子对接下来如何在加工处理方式上继续创新也感到有些迷茫，尤其是这几年大家几乎都在做类似厌氧发酵日晒这样的处理："其实我们最开始做精品咖啡的时候，在整个云南确实算是比较有特色的，因为我们做得很认真，每一个环节从采摘到发酵到干燥，当时云南还很少有人做厌氧发酵日晒、厌氧发酵水洗这些处理法。在加工处理环节，我们认为当地的小环境和菌群对发酵的结果影响是非常大的，所以我们对发酵处理的具体方法是毫无保留的。很多人会跑来看，我们会一五一十地告诉他们我们加工处理的方法，这就导致产区这几年大家都在用类似的处理方法。我喝下来会感觉这两年大家的同质化比较严重，大家做的都是同一个味道的咖啡。但我们这边的豆子本身在品种和土壤上还是有优势的，我自己对比下来，发现我们的豆子整体甜度还是比较高的，我觉得这可能是因为我们这里是雀巢最早一批引进的品种，它保留了原本的基因优势，其他地区的豆子可能已经是二代、三代了。"

"现在云南咖啡的处理方法还处在一个非常初级的阶段，相对于红酒、啤酒这些酿酒行业来说，还有非常大的突破空间。不管是水洗、日晒还是蜜处理，我们都想要再进一步突破，包括现在大家用一些酵素酵母去参与它发酵的过程，这也是我们下一步要去延展的一个问题。只是现在储备的知识量太少了，我们对咖啡的整个种植体系、植物学的体系研究等都才刚刚开始，需要大量地去恶补这方面的知识，然后再结合云南当地的自然环境慢慢去推。"

为了在产品上进一步实现差异化，梅子也尝试过类似肯尼亚 K72 这样的水下浸泡处理法，用这种处理法做出的豆子，整体的酸质、甜感和干净度都可以达到一个比较柔和的状态。目前梅子家每年生产的咖啡中，近 1/3 的产量使用的是可归类为水洗处理法的处理方式，2/3 为非水洗处理法。

咖啡庄园的运营现状和规划

刚刚说到，2016 年梅子刚刚开始做精品咖啡时，国内的精品咖啡市场还处在一个起步的阶段。对云南的咖啡庄园和贸易商们来说，向国内的咖啡品牌销售精品咖啡还是一块完全空白的领域。幸运的是，当时已经有咖啡品牌主动进入云南产区，寻找高品质的豆子，而梅子刚好在这个时机回到了大开河做咖啡。在这样的"双向奔赴"中，梅子一步一步摸索出了国内市场精品咖啡的销售模式，完成了前期的销售积累和口碑沉淀。

除了最早合作的 Seesaw，梅子现在的客户里也有其他的精品咖啡品牌和咖啡馆，他们大多是靠相互推荐找到她的。对梅子来说，客户的体量并不是最重要的，重要的是品牌本身的调性是否匹配，是否真正认可她的品质。通过这种口碑的沉淀和传播，庄园逐渐拥有了自己的一批忠实粉丝，这些粉丝成了目前推动庄园销售的最主要动力。反而是一些像线下展会这样的传统销售渠道，梅子认为对提高销售意义不是很大。一方面是许多大型展会的摊位费很高，对小型的咖啡庄园来说投入产出比不是很高，另一方面是对云南的庄园来说，每年为数不多的展会现场更多的是和老朋友老客户见面，时间安排非常紧张，没有办法兼顾新客户的开发。有时，他们会通过与赛事或者活动合作的方式争取一些免费的展位，增加庄园的曝光。

梅子说，接下来她希望能在 C 端业务上发力，来提高庄园的整体营收。庄园的微店已经上架了几款熟豆和挂耳咖啡，梅子还亲自以大开河咖啡的 IP 设计了一系列周边，有 T 恤、帆布袋，等等。但微店的功能只是为了方便 C 端客户自主下单，目前庄园还没有预算来做广告投放，也没有团队来运营和管理线上的销售，微店仍处在一个放养的状态。另外，她也有发展线下咖啡馆和经营旅游业务的打算。

2022 年 10 月，我再一次回到了梅子的庄园。惊喜的是，梅子的咖啡馆和咖啡民宿已经打好了地基，正在修建中，从工地上我们可以大致看到这座咖啡馆的雏形。因为经常需要接待本地的访客和媒体，还有一些外地的客户和小伙伴会来找梅子玩，咖啡馆将代替原来的小平房，为这些访客提供一个喝咖啡的场地。民宿的落成也方便了外地游客，使他们免于在思茅市区和庄园间奔波，有利于加深他们的旅游体验。今年，咖啡馆和民宿都已经正式竣工，从朋友圈发布的视频和照片我们能看到，除了咖啡同行越来越多的咖啡爱好者也都开始前往梅子的庄园打卡，现在的大开河咖啡庄园不再只是一个咖啡处理厂，而是真正成了一个具备接待能力的旅游景点。

临沧秋珀庄园：做好一件热爱的小事

"我不会做大事，只想做一些热爱的小事。"这是前段时间临沧秋珀庄园的主理人赛敏发的一条朋友圈。如果单从成立时间上看，秋珀庄园还是一家新公司，从2019年7月15日注册至今不过4年多的时间。但在公司成立不到两年之后的2021年云南生豆大赛上，秋珀庄园就斩获了水洗组咖啡的冠军，并在2022年蝉联了冠军这一头衔，2023年又获得了非水洗组第三名的好成绩，在GCEF云南咖啡评选中秋珀庄园也接连获得了2021/2022和2022/2023两届

非水洗组第一名。对不熟悉咖啡种植的咖啡爱好者和烘焙商来说，秋珀庄园是近两年在云南生豆赛上杀出的一匹黑马。但身在产区的人都知道，咖啡从育苗到结果至少需要3年的时间，一块咖啡种植基地想要达到品质相对稳定的产出，需要经历三到五年，更不要说前期的选地、养地和后期的改良加工处理环节还需要投入大量的精力和时间。显然，在参赛时秋珀庄园并非抱着赌一赌的心态，而是有备而来。

在种植咖啡上，临沧市具备优越的地

2024年10底秋珀庄园的咖啡仍是绿果

天坑基地附近的佤族村落

理位置和自然条件，但当地的咖啡产业由于缺乏龙头企业的带动一直没有真正发展起来，直到 2007 年后谷咖啡进入临沧，成立临沧后谷咖啡有限公司。2011 年，临沧凌丰咖啡产业发展有限公司成立，临沧的咖啡种植业进入快速发展期。2014 年，临沧全市的咖啡种植面积超过 50 万亩，产量超过 3 万吨，成为云南省仅次于普洱的第二大咖啡产区。在这一年，凌丰咖啡也成了全国咖啡种植规模最大的企业。

可惜好景不长，由于接下来的几年咖啡收购价持续低迷，再加上前期扩张速度太快，凌丰咖啡很快由于债务危机出现经营困难。在这之前，凌丰咖啡的一批老员工已经看到了传统商业咖啡种植和销售模

式的弊端，开始讨论通过精品咖啡进行自救的可能性。在这样的契机下，赛敏与几位凌丰的老员工因为生产更高品质的云南咖啡的共同理想一拍即合，秋珀庄园的创始团队由此诞生。

在位于沧源县天坑景区的种植基地，我们见到了负责种植板块的合伙人吴洪远。这是秋珀庄园最近开发的一块新基地，也是后期要重点开发的核心基地。这里的海拔在 1600 米以上，种植面积约 500 亩，种植的主要品种是由热经所近几年开发的抗锈新品种萨奇姆，占整个基地产量的 80%左右。因为海拔高的缘故，10 月底的时节这里的咖啡才刚刚结出一小部分绿果，很多咖啡树上还开着白色的花。这些咖啡要

秋珀庄园咖啡种植业务负责人吴洪远

的地块还要经过一段时间的试种，确认咖啡的成活率和挂果的品质之后再进行扩种。我们所在的沧源县天坑基地，是从 2019 年开始试种的，直到 2022 年秋珀庄园才确认这是一个优质地块，于是从这一年开始才在这里大范围种植萨奇姆品种。

在正式开始种植之前，秋珀庄园还邀请了农业局的专家来进行土壤检测和农残检测。这里还是云南农业大学热作学院的一个项目合作基地，基地上安装的摄像头在持续采集和上传地面的风光热等数据，对咖啡的生长情况进行实时监控。运用智能化的手段，整个山头的咖啡都能得到很好的照看和养护。

除了海拔之外，周边的人口分布也在秋珀庄园选择地块的考量之中。沧源县当地的人口以佤族为主，在上山的路上有一个佤族村落，这里聚居着 800 多户佤族村民。由于平时咖啡地的养护和产季的采收需要依靠大量的人力完成，这个村落里的佤族村民就成了秋珀庄园比较稳定的劳动力来源。经过一段时间的接触，吴洪远和几个会说汉语的佤族工头形成了长期合作关系，每到需要人手帮忙的时候，他就告知这些工头庄园的用工需求，由他们组织村里富余的劳动力上来干活。秋珀庄园对除草、施肥、采收等工作的完成质量有比较高的要求，因此工头们还要负责用佤语对过来帮忙的村民进行培训，教会他们按照庄园的标准完成工作。吴洪远说："这里的佤族人很勤劳，街上的商家每天早上 8 点多就开门了，山上只要适合种地的地方都被他们种满了，年轻人出去打工的比较少，所以工人好找，你要 100 个或者 200 个工人他都能帮你找到。因为我们不用农药，整个基地一年七八次的除草都需要通

到来年的 2 月份才逐渐成熟，产季甚至可以持续到 5 月份。

因为长期暴露在高强度的阳光照射下，吴洪远的皮肤黝黑发亮。在开阔的山区里，一座临时搭建的板房就是吴洪远的团队白天在基地的生活区域，中午他们会在这里烧火做饭，晚上吴洪远就住在距离这里车程大约半小时的沧源县城里。几张板凳，一个小桌板，在这样原生态的环境下，吴洪远向我们讲述了目前秋珀庄园种植基地的情况。

高品质咖啡从选地开始

吴洪远原来在凌丰咖啡负责的就是种植业务。和原先凌丰大肆扩张的策略截然相反，在为秋珀庄园选择种植地块时，吴洪远和他的伙伴们首先考虑的因素是地块的海拔是否适合种植高品质的咖啡。前期他们本打算将种植地块选在海拔 1800～1900 米的区域，但在临沧市内这么高的地方到了冬季容易落霜，经过多个区域的测试比较，最终他们的种植基地都选在了海拔 1400～1800 米之间的位置。每个筛选出

咖啡基地的智能化监测技术

过人工完成，每次 100 多个人，一天的工资就要 1 万多块。"正好这天下午庄园需要找人除草，中午的时候两个佤族工头上来和我们一起吃饭。他们用佤语讨论着今天的饭菜，用口音浓重的汉语向我们打招呼，笑容朴实而真诚。可能是当地的食材新鲜原生态，也可能是猛火灶做饭特别香，那天在简陋的户外小厨房里做出来的土鸡汤喝起来格外香。

佤族的民族文化也为沧源县提供了丰富的旅游资源。沧源崖画是新石器时代晚期少数民族部落在此留下的生活印记，是我国发现最古老的崖画之一，距今已经有3000 年的历史。拥有 400 年历史的翁丁古寨曾经是中国保存最完整的佤族原始部落

（可惜古寨在 2021 年被一场大火付之一炬）。每年沧源县还会举行"摸你黑"狂欢节（佤族传统节日，类似于傣族的泼水节，佤族人用抹泥巴表达自己对对方的祝福），节日期间沧源县城挤满了来自国内外的游客。而基地所在的天坑群就位于沧源崖画谷景区的半山腰上，至今仍处于半开发的状态，因此沧源县政府已经计划在这里修建公路和缆车，进一步开发这一带的旅游资源。别看现在只是一座简易板房，未来秋珀庄园希望可以在这里投资建设自己的旅游庄园，拓展文旅业务，这也是庄园后期希望将天坑基地作为重心打造的重要原因之一。

除了位于沧源县的天坑基地，秋珀庄

天坑基地附近的佤族村寨

园在整个临沧市内还拥有 4 个种植基地，分别位于永德县、双江县、临翔区和云县。这 4 个种植基地的面积都不大，全部加起来不过 200 亩左右，因为每个区域能达到他们种植标准的地块本身就不多，但每个

农忙中的佤族农民

基地都配备了简易的处理加工设施，这是整个团队经过深思熟虑做出的设计。秋珀庄园的咖啡鲜果全部采用全红果人工采收，采收下来的鲜果必须在 24 小时内进行预处理，才不会出现过度发酵和腐烂的情况。将鲜果统一运输到市区的加工处理厂的做法的确可以提高加工处理的效率，降低成本，但经过长时间的运输后，鲜果的新鲜度和品质将无法得到保证。对秋珀庄园来说，品质始终是他们最关注的核心。

"小"的价值

午饭过后，我们赶紧动身驱车赶到秋珀庄园位于临沧市临翔区的总部。因为车

秋珀庄园的小型烘焙车间

程还要三四个小时，在去之前我们特意向吴洪远确认我们到达市区的时间是否方便接待，他笑着说："放心吧，我们工作时间很灵活的，平时有领导或者朋友甚至会半夜来，只要提前打个招呼，办公室一样会接待。"傍晚 6 点左右，我们在市区见到了秋珀庄园的产品负责人邓付勇。

说是总部，实际上这里的办公室面积也不大，同一层楼还有一家茶叶公司在这里办公，占用了这一层楼大部分的面积。在这层楼里，秋珀庄园还搭建了一个小型的烘焙工厂，平时可以完成一些打样工作。偶尔客户会有熟豆产品的需求，这个小小的烘焙车间也能派上用场。办公室虽然小，但架子上陈列的秋珀庄园这几年获得的奖项和荣誉已经满满当当。冲好两壶咖啡，邓付勇向我们聊起了秋珀庄园的团队架构。

在当天参观了天坑基地和市区总部后，我已经察觉到秋珀庄园在组织架构上的特别之处，和邓付勇的谈话进一步印证了我的猜想。如果用一个字来概括秋珀庄园的特点，那就是"小"。

首先，是种植基地小。在和吴洪远的谈话中，我们已经知道秋珀庄园在选择种植地块时采用的高标准，既要挑选 1600 米以上的高海拔地块，又要保证冬季不能落霜。除了天坑基地的种植面积在 500 亩左右，其余 4 个基地分布在临沧市内的不同区县，平均种植面积只有 50 亩左右。和当年凌丰咖啡扩张的巅峰时期相比，秋珀庄

秋珀庄园团队

园的种植规模不到当年凌丰种植总面积的2‰，产量只有凌丰当年的零头。但正是从这些优质的小基地上生产的咖啡，让秋珀庄园在云南生豆赛上陆续斩获奖项，一些限定批次刚刚上架就被抢购一空。

其次，是固定资产投资小。在咖啡鲜果的加工处理上，秋珀庄园并没有选择投资大型处理厂集中处理的方案，而是在每个基地投资建设了独立的小型加工处理设施。对采收下来的鲜果及时就近进行加工处理，不仅能保证鲜果的新鲜度和可溯源性，通过对地块微气候的长时间观察和实验，还能最大限度地发掘出各个地块的不同优势，让咖啡的风味尽可能地保留产地的风土特征。在投资烘焙设备和场地时，

秋珀的团队清醒地认识到，作为一家主营种植业务的生豆供应商，秋珀的主要客户群体是那些自身拥有烘焙能力的咖啡品牌，这些客户偶尔会有零散的私人烘焙需求，但大批量的定制订单还是会选择交给更专业的烘焙工厂。因此，在秋珀的烘焙车间

秋珀庄园市场销售负责人赛敏

里，所有的设备几乎都只配备了满足打样和零散烘焙需求的小机型。目前为止，团队的业务核心依然聚焦在生豆销售上，暂时没有拓展 C 端零售业务的打算。

最后一点，就是团队小。秋珀庄园现在的核心团队只有 9 个人，但每个人都按照各自擅长的领域进行分工，既有交叉又非常清晰。比如负责种植业务的吴洪远，每年的大部分时间就要长驻基地，负责运营和品控的邓付勇和另外 2 位成员长驻临沧市区总部，负责市场销售的合伙人赛敏则长年待在昆明，有时也会到外地出差参加一些市场活动。在产品开发中，这种小而专业的团队往往更能体现高效和灵活。每年产季开始前，吴洪远带领的研发团队会提前开始利用基地的小型处理站进行加工处理实验，这些实验批次被送到临沧市区进行品控，最后选出达到秋珀标准的批次作为这一产季批量生产的标准。在庄园的日常运营中，从种植、研发、品控再到销售，团队的每一个人都对秋珀所坚持的生产高品质咖啡的理念深信不疑，并且清晰地知道自己应该做什么，如何做好它。

硅谷的一位创业者 Eric Ries 曾经提出过一个"精益创业"的理念，指创业初期团队以市场客户为导向，通过开发最小原型和快速迭代的方法进行低成本创业的方式。过去 10 多年国内的许多互联网创业公司已经在践行这一理念，但似乎这一理念还完全没有渗透到传统行业。前几年国内的资本市场比较火热的时候，我们总能听到咖啡行业里一些上亿的投资案例，在这样的市场氛围里，人们总是想着如何快速扩张，如何做到体量的大，却往往忽视了"小"的价值。今天我们看到的秋珀庄园已经是一家获奖庄园、冠军庄园，但在他们

刚刚开始做这件事时，也受到过不少的质疑。只是脱胎于凌丰咖啡的创始团队早已意识到了"大"背后隐藏的风险，最终选择了回归到咖啡品质本身，做好咖啡生产环节中的每一件小事和每一个细节。

说起当时的坚持，邓付勇并没有用类似行业发展趋势这样的宏观分析来回应。对他个人而言，支撑他这些年专注于精品咖啡，熬过最初那段艰难的创业时光的只有三个字——放不下。他在云南当地其他的一些庄园主身上也感受到了这种情绪的共鸣："他们会跟我说，这些年真的很难做。生豆期货价格很不好，又有霜冻又有各种事情，然后这两年人工成本也很高，你要精细化管理的话，一些肥料成本又很高。然后还是放不下。我们从凌丰出来之后自己做，以前我去基地的时候很痛苦，以前那个路还都是土路。其实我们现在还是缺很多东西，尤其是配套设施这一块，这几年还是很艰难的，一个是基地要投入，一个是品牌要打造。"

品牌理念和市场变化

邓付勇提到了一件事，就是秋珀庄园要打造品牌。在云南，我们经常听到企业主们在讨论，如何做好公司，如何做好生意，如何找到更多的客户提高销售，却很少听到一家咖啡公司说，我们要做品牌，尤其是一家主营种植业务的生豆供应商。相比过去传统的咖啡贸易方式，品牌化的做法到底有什么不同？面对急剧变化的国内咖啡市场，秋珀庄园有可能蜕变为一个生豆品牌吗？在离开云南之前，我们在昆明见到了秋珀庄园的市场销售负责人赛敏，见面的地点定在了昆明郊区一个高尔夫俱

乐部的咖啡吧，这里是秋珀庄园即将开展合作的一个场地，刚刚完成装修。

2014 年，赛敏还在凌丰咖啡担任副总经理一职，当时她主要负责的是商业大货的出口业务。在从事出口业务的几年里，她发现许多国外的客户愿意为更高品质的咖啡支付更好的价格。到了 2016 年，赛敏意识到国内的咖啡市场正在慢慢开始接受精品咖啡。经过一段时间对市场的观察，赛敏向几个同事提出了成立一个精品咖啡庄园的想法，这就是秋珀庄园故事的开端。

秋珀庄园做的第一件事就是产品线的规划和创新。在 2019 年之前，秋珀种植的品种还是以卡蒂姆为主。同样是卡蒂姆，如何和市场上其他庄园提供的批次区别开呢？团队首先想到的是从种植地块的选择和种植工艺的改进入手。作为一家全新的公司，秋珀庄园的优势是在选择基地时可以完全按照团队的标准和理念，将地块全部定在 1600 米海拔以上的高度，种植过程中全部施用农家有机肥，采用人工进行除草和全红果采收。2019 年开始，秋珀庄园通过保山热经所的黄家雄老师引进了新的抗锈品种萨奇姆，并在 2022 年在天坑基地进行大范围引种，这意味着秋珀庄园的生豆即将实现品种上的差异化。

在对鲜果进行加工处理时，秋珀庄园在传统的日晒、水洗、蜜处理工艺上都做了微调和创新，比如在进行水洗处理时，秋珀的团队会提前对鲜果进行预发酵，测试证明，经过预发酵的咖啡将拥有更鲜明的风味和更饱满的甜度。让我印象最深刻的要数秋珀庄园的一支厌氧蜜处理批次，和市场上正流行的重发酵批次相比，秋珀的厌氧蜜处理咖啡风味清晰，酸质柔和、拥有极佳的干净度和甜感，既发挥了厌氧

蜜处理工艺本身的优势，又没有掩盖品种和产地本身的风味。这样的产品理念我们在品尝厌氧日晒等其他批次时同样也能喝到。拥有清晰的产品理念并坚定不移地将其投入到产品开发中，是秋珀庄园品牌化的第一步。

经过三年多的蛰伏，秋珀的种植基地终于有了相对稳定的产出。在这个"酒香还怕巷子深"的年代，如何将秋珀生产的优质咖啡带到客户和消费者的视线里，是作为市场销售负责人的赛敏亟须解决的问题。在过去传统的咖啡贸易模式里，生豆供应商往往采用直接向目标客户递样的方式进行销售。在实际操作中，由于每一家客户企业的选品标准和采购流程存在巨大的差异，供应商发现传统的递样模式存在反馈缺乏或是反馈不及时、递样成功率低等问题。尽管秋珀的团队对自家的产品非常有信心，但作为一家缺少背书的新庄园如果采用传统的销售方法，依然容易陷入被动的劣势地位。因此，赛敏将目光瞄向已经举办了四届的云南生豆大赛。在 50 多家企业送选的 120 多个云南咖啡批次中获奖，没有什么比这更有力的背书了。出乎意料的是，秋珀庄园在参赛的第二年就以 83.4 分获得了水洗组冠军的荣誉。2022 年，秋珀庄园再次以 84.2 的高分获得了水洗组冠军。经过连续三年的参赛，秋珀庄园终于收获了来自全国咖啡同行的关注，很快，就有多家咖啡品牌向秋珀庄园发出合作邀请。通过参赛主动引起市场关注，是秋珀庄园将品牌和产品成功推向市场的第二步。

仅仅是将产品成功地销售出去并不是秋珀团队追求的终点。从 2016 年还在做大货贸易的时候开始，赛敏就一直在持续观

察海外客户和国内客户对精品云南咖啡的反馈。起初当她向国外的客户推荐品质更好的云南咖啡时，客户并不买账，但改变很快就发生了。疫情前，赛敏曾经用拼柜的方式向一位英国客户销售品质更好的云南咖啡，这位客户不仅对产品的品质表现出了认可，也接受了比云南商业一级咖啡豆更高的报价。

与此同时，国内市场的买家对云南咖啡品质和价格的认知也在发生快速的变化。在传统的商业咖啡市场中，哥伦比亚和巴西的商业咖啡的价格一直以来都高于云南商业一级。品牌商和烘焙商使用云南商业一级咖啡更多的是出于压低成本的考量。2020 年，当咖啡期货价格到达历史低位时，哥伦比亚高等级商业咖啡的价格为每公斤30 多元，而同一时间云南商业一级的报价仅为 18 元。当时国内的烘焙商和品牌虽然逐渐认可了云南咖啡的品质，但在他们的认知里，精品级别的云南咖啡每公斤报价的上限不应该超过 60 元。到了今年，随着消费市场对云南咖啡的品质越来越认可，高品质的云南咖啡在市场呈现供不应求的情况，品牌和烘焙商对精品级别的云南咖啡可接受的报价范围也变得越来越弹性，每公斤报价超过 80 元，甚至 100 元的情况也不在少数。各大品牌都放弃了原先传统的采购模式，在产季来临时纷纷前往产区抢购。

这一事实更加坚定了秋珀庄园团队的信心。实际上，凭借多年从事咖啡种植和贸易的经验，赛敏和团队的其他人从未对秋珀庄园所做的事情产生过动摇，只是来自市场的正面反馈比他们原先预想得来得更快，这让团队的每一个人感到非常惊喜。对赛敏来说，现阶段已经不需要担心市场对产品的接受度，但对于秋珀庄园未来的发展她依然保持理性："我觉得市场对我们来说不是最大的困难，只要我们坚持自己做的方向是对的。这个过程中肯定会有困难，会有各种质疑的声音，但我觉得管他的，反正自己认准了就要坚持去做。未来我觉得我们的瓶颈可能还是在种植上，我们的地块需要提前去养，品种需要提前去种植，秋珀庄园现在还没有进入丰产期，所以我们还处于正在投入的阶段，未来我们可能也会做一些其他的业务来支撑庄园继续往前。"

做好一件热爱的小事，有它独特的价值。就像眼前我们看到的正在筹备的咖啡吧，麻雀虽小，未来也将成为秋珀庄园向消费者展示品牌的一个窗口。做好一件热爱的小事，也没有那么容易。只有真正对自己所做的事坚信不疑，才能对外界的质疑置之不理，穿过市场的寒冬。我想，尽管秋珀庄园的发展仍在起步阶段，但在和秋珀庄园团队的接触中，在秋珀的产品中，我们真切地感受到了秋珀庄园作为一家生豆供应商所坚持的品牌理念。在品牌化的道路上，秋珀庄园无疑已经成功了一半。

澜沧宏丰咖啡庄园：天然的微气候造就了好咖啡

我是在一次偶然的午餐上认识宏丰庄园的邹姐的。当时我第一次去孟连拜访云南精品咖啡社群的阿奇，在计划返回普洱的时候，阿奇当时的同事杨奥跟我说，可以开车带我们到澜沧县城，刚好那天县里正在开一个咖啡产业动员会议，中午我们可以和参会的几位咖啡企业代表一起吃饭，再坐下午的巴士回普洱。这是个好主意，于是那天上午杨奥就带着我们动身了。中午我们和这几位同行在县城的一家小饭店碰上了面，当天在场的除了邹姐，还有艾哲咖啡的李冠霆和澜沧金鼎咖啡种植场的陈文毅。

当时是 2022 年 2 月，刚刚结束的 2021 年年尾咖啡期货价格突然从 120 美分/磅上涨到了 200 多美分。对这些咖啡种植户来说，这意味着已经低迷了近 6 年的咖啡价格终于回到了相对合理的水平，这些年的坚持终于看到了希望。云南各级政府部门也开始重视当地咖啡产业的发展，在当天的会议上也发布了一些利好种植户的政策。吃饭的时候，每个人都对云南的咖啡产业和自家企业的未来充满希望。

当时我对宏丰庄园的邹姐印象格外深刻。她没有去谈自己在商业上的布局和规划，而是一直在聊过去几年宏丰庄园在种植管理方面所做的投入。在做精品咖啡这件事上，宏丰庄园算是开始得比较早的，

这些努力的成果也终于在这两年获得了市场的认可。过去 10 年以来，"星巴克臻选"在中国市场总共推出了 10 支云南咖啡，其中 2021 年的一支云南日晒批次就来自宏丰庄园。提到自家咖啡豆的时候，邹姐的脸上洋溢着发自内心的自信和骄傲。她说："我们的咖啡豆品质特别好，一个是我们那里的微气候特别适合种好咖啡，一个是我们在种植管理上非常精细化。"

不知道为什么，在我回到普洱后的几天，我的脑海里还一直能回忆起邹姐充满感染力的笑容。在普洱，很多从事咖啡传统大货贸易的企业刚刚开始谋求转型，希望趁国内咖啡市场如火如荼的时候分一杯羹。但很多人的脸上分明写着，他们并不相信精品咖啡的理念和未来，也就不愿意为成本更高的精品咖啡去真正地增加投入，而是陷在对国外订单和大客户的路径依赖中不能自拔。这种既想要又不知道该怎么办的迷茫是普洱当地一些老牌咖企的普遍情绪。但在孟连和澜沧的咖啡农场里我完全感觉不到这种茫然，取而代之的是一种明快和乐观。在和邹姐的短暂接触中，我感受到了一种同样的自信，我不禁对宏丰庄园产生了不可抑制的好奇。在我打算 10 月份再次走访云南产区的时候，我再一次联系了邹姐。

这里是拉巴乡塔拉弄村

宏丰庄园地处澜沧县拉巴乡塔拉弄村一处叫果给的地块，靠近孟连边境。"果给"原本是一个佤族部落的佤语名称，时间长了就成了当地一个农民小组的名字。出发当天我们调整了一下行程，决定先绕道位于澜沧县勐朗镇的翁基古寨再前往宏丰庄园。事实证明，我们对去往拉巴乡的路况和车程过分乐观估计了。根据导航的指示，这段车程的预估时间为2小时50分钟，我们下午2点左右从翁基古寨出发，到达拉巴乡时已接近傍晚6点。一路上行经的大多是山路，而靠近拉巴乡的一段路全是土路。此时车子突然发出警报，显示右后轮车胎被扎破了。但当天乡里的汽修店已经下班，我们不得不拖着破损的车胎继续前行。到达拉巴乡之后，邹姐告诉我们需要再往前开三四公里才到果给。这段10多分钟的路程我们全程开着微信共享位置，但依然不小心错过了那个不太明显的岔路口，只好掉头返回。我们终于见到了站在路边等候我们的邹姐。咖啡产季还没开始，邹姐让我们把车停在晒场上，就开始张罗我们吃饭。

这顿晚餐是我这趟云南之行吃的第一只鸡。因为我们对路上的车程时间预估不足，邹姐和她的合伙人杨姐还有张大哥早早就为我们的到来开始准备。当地土鸡烧

澜沧县宏丰咖啡庄园（又名果给咖啡厂）

的鸡汤和一桌子的蔬菜瓜果将我们一天的疲惫一扫而光。吃过晚饭，我们在杯测室里冲咖啡消食。虽然杯测室的装修和配备很简单，却和庄园的其他部分一样干净整洁，看得出来庄园的主人平时有在用心地打扫和维护。今年的豆子还没下来，我们在桌上挑了一支去年剩下的日晒萨奇姆和岩茶日晒卡蒂姆。酸质柔和，甜感充分，尾韵有明显的茶感又不失干净，这2支豆子在风味上有细微的差异，整体喝起来有一定的相似之处，同行的小伙伴都说非常喜欢。

我和庄园的另外两位合伙人杨姐和张大哥都是第一次见面，杨姐本名杨惠，生性开朗，看到我们来开心得笑咯咯。张大哥名叫张启生，性格比较内敛，不太说话，但他是宏丰庄园最精通咖啡种植的专家。天色已晚，我和邹姐约定次日上午再来访谈，张大哥开车将我们带到拉巴乡上唯一的小旅馆住宿，这里的双人标间一晚只要40元。杨姐说，明天是他们申请的农业贷款到期的最后一天，她要赶着准备资料，因此不能来和我们告别，希望我们以后常来。

第二天早上，我们先去汽修厂补了车胎，在小旅馆隔壁的早点店吃了碗米线，就出发了，此时邹姐早已在庄园等我们。听说我们的摄影师要给她拍照，她特意穿了一套拉祜族的民族服饰，整个人看起来挺拔且容光焕发。见我们对拉祜族的服装

本书作者是（左一）与宏丰庄园三位合伙人合影

身着拉祜族传统服装的邹姐

感兴趣，她解释说，三角形是拉祜族崇尚的图案，因此拉祜族的服装总是以很多三角形作为装饰。在建筑上，拉祜族的房屋也喜欢用三角形和葫芦作为设计元素，因为传说拉祜族是葫芦的后代，而佤族的图腾则是牛头。拉祜族和佤族是澜沧居住人口最多的少数民族，在澜沧县城到处可以看见带有三角形屋顶和牛头装饰的楼房。在杯测室里，邹姐开始向我讲述她和宏丰庄园的故事。

国企改制后的艰难自救

宏丰庄园的公司全名叫澜沧宏丰粮油贸易有限责任公司。在 2003 年创办宏丰之前，邹姐曾经是国有粮食系统的一名财会人员。邹姐的父亲是一个本分的农民，一辈子生活在乡下。1992 年当她从专业会计学校毕业时，她本来可以像其他同学那样回到老家的财政局上班。但她不甘心回到乡下，而是选择到县城里的国企工作。1999 年，当地的粮食系统被划分为政策性和经营性两大类，邹姐所在的国企被分到了经营性一类，从此需要自负盈亏。

2003 年，云南省农业系统的国有企业开始推行改制，邹姐所在的公司从国有体制中被正式剥离出来，和公司一起出来的还有一块 500 亩的咖啡地。这块咖啡地是 1998 年公司用贷款购入的，然而紧接着 1999 年云南省就发生了一场严重的霜冻。这场霜冻让大部分的咖啡树都遭遇了灭顶之灾，至今一些老咖农提起来依然心有余悸。到 2003 年国企改制的时候，这块咖啡地还有 100 多万的贷款没有还清。改制出来的宏丰粮油起初并没有将全部身家继续投入到咖啡种植中，而是一边将重心放在粮食的购销业务上，一边拿出一部分资源重新购买咖啡苗，慢慢恢复咖啡地的种植。

当时宏丰的粮食主要销往缅甸等东南亚周边国家，后来联合国开始向缅甸当地供应一部分粮食，出于发展经济的需要，缅甸当地的种植和进口逐渐被甘蔗等经济作物取代。受国际政策局势的影响，宏丰的粮食外销业务开始出现阻滞。再加上当时仍然负债的宏丰并没有置办自己的仓库等固定资产，原本公司租借的仓库因种种原因被迫不再续租。2011 年 9 月，邹姐和她的合伙人们决定将宏丰的业务重心转移到咖啡种植上，公司也搬到了咖啡地所在的拉巴乡塔拉弄村。

在 2016 年之前，宏丰庄园主要种植和加工的还是传统的水洗咖啡，当年经营粮食购销业务时坚持的诚信经营的理念被团队保留了下来。可惜好景不长，2013 年云南再次遭遇了一场霜冻，当时宏丰采用的经营管理模式是：雇佣咖农到咖啡地上种植，种植基地的租金和肥料全部由公司负责投入，采收的鲜果再由公司支付现金收购。

财务出身的邹姐很快意识到，这种由公司承担全部风险的经营管理模式给团队造成了巨大的压力。于是从那一年起，宏丰开始转为和农民共同成立合作社的形式，由宏丰提供土地和技术培训，农户自行对咖啡地进行管理，在鲜果采收季宏丰再按照市场价收购咖啡鲜果。这种模式的改进一定程度上降低了宏丰在经营上的风险，提高了农户种植咖啡的积极性。

但随着 2017 年咖啡期货价格进入了低迷时期，同期国内的劳动力成本不断上升，这种经营模式的改良并没有给宏丰在实质上带来更多的利润。相反，这些年为了维持对咖啡地的投入，邹姐和她的合伙人陆续将自家的住房拿到银行抵押，以换取资金来源。与此同时，张大哥在星巴克、雀巢等品牌的引导下开始接触和学习精品咖啡的种植工艺，团队决定逐渐将生产的重心从商业大货转移到毛利更高的精品咖啡上来。这两年宏丰庄园生产的精品咖啡开始受到市场的认可，但邹姐身上的贷款却越背越多了。

邹姐说，尤其是刚刚过去的 2022 年，她比往年过得都累。因为宏丰的客户主要集中在上海，这些品牌在 2022 年上半年的疫情中都受到了一定的冲击。当上海的生产秩序恢复后，产地又受到了疫情的影响，运输出现阻滞，原本长期合作的采购商陆续出现欠款和退货问题。邹姐说，宏丰庄园目前面临的最大难题就是资金回流太慢了。

从稳定的国企职工到负债经营的创业公司合伙人，这 20 多年的经历让邹姐的性格发生了巨大的改变。以前在国企的时候，大家都习惯了每个人做好自己份内的事，很少去帮助其他人完成工作，更不会主动过问与自己无关的事。在刚刚开始经营宏丰的头几年里，工作节奏的变化让邹姐还有一些不适应。和过去国企稳定安逸的工作氛围相比，现在她不仅要无偿加班，有时还要帮助同事完成一些紧急的工作。起初邹姐还感到有些不平，但她很快就调整好了自己的心态，尝试去改变自己。她想，既然这些事她无论如何都要做，不如让自己更主动一点，做得更开心一点。如今随着年龄的增长，邹姐对这种工作状态已经看淡和习以为常了。邹姐说，虽然现在的她比以前过得更累，但在这个过程中学习到的东西让她由衷地感到充实和快乐。

坚持咖啡品质改良和创新

作为靠天吃饭的农产品，咖啡的品质很大程度上取决于产区的气候、土壤等先天条件。邹姐说，作为宏丰的团队他们是幸运的。今天宏丰庄园的咖啡之所以能受到如此广泛的认可，首先要归功于果给这个地方得天独厚的水土条件和微气候。拉巴乡地处亚热带山地季风气候区，全年气候温和，夏季平均气温 23℃，冬季平均气温 13℃。全年降水量 2067 毫米，降水天数164 天，雨量充沛，干湿季分明。其次果给所处的地块海拔在 1120～1300 米之间，昼夜温差大，这样的环境非常有利于咖啡鲜果中糖类物质的生成和积累。

尽管先天条件得天独厚，邹姐和她的伙伴并没有安于现状，坐享其成，而是持续将自己的精力投入到咖啡品质的创新和改良上，学习如何利用好宏丰庄园自身的优势进一步提高咖啡的品质。邹姐说，因为咖啡她认识了很多人，不管这些人是比她年长还是年轻，她都很乐意从和他们的谈话中学习新的知识和经验，改进自己不足的地方。她认为，每个人都可以发表自

深山中的宏丰咖啡庄园

己的观点，关键在于听的人如何根据自己的实际情况去把它转化为对自己有用的建议，而不是下意识地认为对方是在指责他。除了日常和朋友的交流，邹姐也会通过微信等线上渠道每天获取新的知识和信息。面对网上繁杂的信息，她会根据自己的实际情况去不断验证，再总结出一套适合自己的方法。

比如每一年的产季邹姐和她的伙伴都会做上百个批次的加工处理实验，但她从

不觉得累，这就要归功于她科学的实验方法。有一些同行在做加工处理实验时缺乏规划性和科学性，今天做一个日晒，明天做一个水洗，所以他们每年做二三十个批次就会觉得很累，而宏丰的团队则会运用一些运筹学的方法，对每个批次的加工处理时间进行提前规划。比如同样使用日晒处理法加工的批次，根据发酵天数的不同统一开始加工，最后再一起测试对比，蜜处理和水洗的批次亦然。用这样的方法进

宏丰庄园的咖啡基地中的咖啡树

行实验，不仅可以保证采用相同处理法加工的不同批次可以在相对一致的环境条件下（包括气温、降水、湿度等）完成发酵和干燥，不但可以大幅提高实验的效率，还可以缩短产季的准备时间。

并不是每项技术的引进和改良过程都那么顺利。在引进咖啡干燥棚这项新技术时，邹姐和她的伙伴也经历了一些曲折。在宏丰的晒场上，我们能看到一大一小两个干燥棚，小的干燥棚是张大哥一开始自

己找的一家公司引进的，在实际使用时发现并不好用，棚内积累的水汽无法通过顶部排出。后来在阿奇的帮助下，庄园引进了哥伦比亚、印度尼西亚等产区已经推广得非常成熟的咖啡干燥棚，也就是现在我们看到的那个大的干燥棚。有了这个干燥棚以后，在雨水比较多的年份，咖农就不需要反复地将正在晾晒干燥的咖啡收起来。干燥棚的材质本身具有保温性能，内部的通风设计可以让棚内的水汽顺利排出，但

（一）

（二）

宏丰庄园通过阿奇引进的咖啡干燥棚

新落成的咖啡鲜果处理车间

又不会过于干燥，因此咖啡可以维持在一个相对稳定的温度和湿度下进行慢干。

在普洱，生产商业咖啡为主的庄园通常会使用效率更高的机械干燥技术，而一些生产精品咖啡的庄园仍在使用传统的晒床和晒架进行干燥，我们还没有在任何一家咖啡庄园看到过类似的干燥棚。在宏丰庄园，这个300平方米左右的干燥棚成了团队提升咖啡品质的又一大法宝。在咖啡产季外的其他时间，干燥棚也没闲着，庄园会将干燥棚无偿借给小组的其他村民来干燥玉米、坚果等其他作物。

邹姐说，在我们来之前，庄园刚刚上线了一套新的处理设备。因为这两年普洱推行的污水治理新政策，政府要求像邹姐这样的咖啡生产商将原先需要用到大量清水的水洗处理产线更换为无水或微水脱胶设备。因为这套设备还没有正式投产，邹

姐对它的预期比较保守，庄园里还保留着原先的水洗槽。

在引进设备和新技术时，庄园不仅要考虑新技术对提升咖啡品质产生的实际效果，还要考虑投入的资金规模和相应的回报。在引进干燥棚时庄园一共花费了6万多元，而今年更新的无水脱胶设备，需要通过政府指定的供应商采购，采购费用约22万元。在访谈中，邹姐不止一次地提到，咖啡的钱赚得不容易，一定要用在刀刃上。对咖农和以生产精品咖啡为主的庄园来说，超过5万元的投入就算一笔不小的资金。但咖啡生豆属于初级农产品，政府的财政收入中只有很小一部分来自咖啡生豆贸易，因此咖农和庄园也很难为投资生豆加工设备申请到相应的财政补贴。投入增加的同时，咖农和庄园还要面临新设备调试期存在的生产品质不稳定等一系列新的风险。

不难想象，今年这场新旧设备的切换势必将给普洱的咖农和庄园带来不小的挑战。

邹姐说，对于政府推行的新政策他们的态度肯定是支持的。只是有时候政府希望企业做的事，并不一定适合每一家的实际情况。比如今年政府希望像他们这样的生豆供应商也可以投资咖啡烘焙场地来发展附加值更高的深加工业务。但宏丰庄园擅长的业务主要是在咖啡种植和生豆加工方面，这也是团队主要投入精力的地方。因此面对领导的建议，宏丰不得不选择坚持自己的发展路线。

如今宏丰庄园拥有的自有咖啡种植基地已达1180亩，每年生豆产量约100吨。这1000多亩的基地都尽可能少用或不用除草剂，施肥、除草、采收等工作全部都靠人工完成。产季来临时，每天果给农民小组都有近20位村民在基地进行鲜果采收的工作，每人每天工资约120元，一年下来每家农户仅务工收入一项就有近1万元。这两年，邹姐和她的伙伴又从这1000多亩基地中开辟出了80亩的实验基地，用于种植萨奇姆、波旁、帕卡马拉等新品种。我们在杯测室喝到的萨奇姆就是邹姐去年做的实验批次，还没有量产。最快要到2023年的产季消费者有望可以喝到品质比较稳定的萨奇姆批次，但产量不多。

邹姐说，在实验新品种的时候庄园还是要面临一定的风险和压力。首先是新品种的种苗价格明显比卡蒂姆的种苗价格高，正常情况下一株卡蒂姆的种苗成本在1~2元之间，而萨奇姆的种苗价格在高点时曾经达到过6元，今年回落到了相对比较理性的水平，但也要4元多。新品种在移植到咖啡地里之后还要经历一段时间的适应期，存活率也没有卡蒂姆这些已经适应良

好的老树种高。而高成本和低存活率带来的结果是，新品种的咖啡生豆价格必然高于卡蒂姆。虽然在品种基因和后期加工处理工艺的双重加持下，新品种从风味和品质上的确可以超越卡蒂姆，但市场对新品种的价格可以接受的最高上限到底在哪里，邹姐心里并没有底。因此，每年在做新品种的实验批次时，邹姐的内心都非常忐忑，对每个批次的产量预估做得小心翼翼。毕竟咖啡生豆是低毛利的农产品，一旦一个批次出现滞销，就相当于好几个批次都白做了。

市场销售环节力不从心

和我们在这本书中提到的大开河咖啡专业合作社、临沧秋珀庄园这几家同样生产精品咖啡的庄园相比，宏丰庄园的团队有一个显著的特点，那就是团队中的合伙人都是国企出身，对传统的农产品贸易模式更加熟悉。大开河的现任主理人90后的梅子非常熟悉微店等线上销售工具的使用，也更善于和同样年轻的精品咖啡团队和咖啡店主沟通。临沧秋珀庄园的市场销售合伙人赛敏有着曾经担任凌丰咖啡总经理的职业经历，在执行大客户销售和品牌联名等市场活动时显得游刃有余。相比之下，宏丰庄园的团队在市场销售一块就显得比较薄弱。在目前的团队分工中，张大哥负责种植和研发工作，杨姐负责行政工作，身兼财务的邹姐要同时负责外联、销售等工作。但实际上由于农业生产事务繁多，基地交通不便，团队平时的主要精力还是放在了基地上。

虽然邹姐每天都在通过微信等线上渠道获取市场信息，但并没有足够的精力去

主动进行客户开发。过去几年里，宏丰庄园的销售靠的依然是客户的寻豆团队主动联系或者依靠口碑转介绍这样被动的方式。有时乡里或是县里的政府会带领企业在当地或是到上海等消费地举办市场活动，邹姐和她的伙伴也只是配合安排，做一些简单的产品和文化展示。仅仅是这些低频次的市场活动，已经让宏丰的团队感到力不从心，更不要说主动投入更多的市场资源做什么策划和推广了。

在察觉到邹姐和她的伙伴面临的困境后，我们也在思考到底应该怎么帮助像宏丰庄园这样真正的农民企业来解决他们日常经营的实际问题和在市场销售端的无力。实际上，市场一时的热度和盲目高价并不能真正为他们带来什么，反而会让他们对市场需求产生错误的预期和估计，在潮水退去后留下一地鸡毛。我想，他们真正需要的是一个诚信友好的市场交易环境和一种可持续的运营能力，比如更诚信的付款履行、更短的回款周期、更准确地销售和产量计划，等等。这不仅仅是市场对咖农和庄园提出的新考验，考验的还有作为客户的咖啡品牌的团队运营能力。

Coffee or Tea？这不是一个问题

在出发去宏丰庄园的前一天，我们同行的小伙伴查到电影《一点就到家》的取景地翁基古寨就在澜沧县惠民镇，我们决定第二天早点出发，先绕道翁基古寨再去找邹姐。我想，应该有很多观众是通过这部电影第一次了解到云南咖啡，关注到翁基古寨这个地方。翁基古寨也是我们这趟云南之旅途径的一个比较有意思的目的地，

只是在我们实地探访之后，我认为它还不足以重要到让我在这本书中专门为它开辟一个章节，就姑且把它放到这里。

翁基古寨藏在有"千年万亩古茶园"之称的景迈山深处，山上的 14 个村落分别属于景迈村和芒景村两大行政村。景迈村的村民以傣族为主，芒景村的村民则以布朗族为主，此外这里还居住着一小部分的拉祜族、哈尼族和佤族。翁基古寨隶属于芒景行政村，是迄今为止保留布朗族居住文化最为完好的古村落。寨子里居住着 80 户村民，其中近 300 人是布朗族。据说早在公元前 5 世纪，布朗族的祖先云南濮人就已经有种茶制茶的传统，因此布朗族也被称为"千年茶农"。

景迈山的平均海拔在 1400 米左右，翁基古寨所处的位置在景迈山的海拔最高处近 1700 米的地方。浩瀚的古茶林被密密麻麻的原始植被覆盖，当我们在中午时分进入景迈山时，高大的古茶树为我们挡住了山区毒辣的阳光，也就不觉得晒。山顶的一处酒店门口挂着农民合作社的牌子，我们在这里吃过午饭歇了歇脚，顺便在酒店的大堂买了一些当地村民自产的古树茶，袋子上写着茶叶的制作年份是 2013 年。上车后继续往山里开不到半个小时，就到达了翁基古寨。

一下车就是电影《一点就到家》里熟悉的场景。村口是电影里村民们摆集市的空地，在影片的结尾，刘昊然和一个老奶奶坐在这里，感叹电商的渗透让集市的时代成为过去。我们在村子里走了一圈，几乎家家户户都有制茶晒茶的设备和工具，门口挂着出售茶叶的牌子。显然整个寨子如今主要靠旅游业为生，一些留在村里的年轻人索性把房子改成了民宿，经营奶茶

景迈山中的翁基古寨村落

一类的小吃。因为疫情的关系，当天我们在村子里并没有看到其他游客，布朗族的阿姨穿着传统服饰坐在家门口悠然地聊天，小吃摊的老板有点百无聊赖，我想找他买杯奶茶，他说最近客人太少没有进原料。

在我来到翁基古寨之前，我一度以为电影的热度会为古寨的旅游业带来巨大的改变。除了客流量会增加，应该会有不少游客为了电影中的云南咖啡慕名而来，村民则会顺势做起咖啡生意，甚至开始在自家地里种起咖啡。但实际情况却完全出乎我的意料，整个村子里我们没有看到一棵咖啡树。全村唯一可以买到咖啡的地方，是年初村口新开的一家小咖啡馆。老板是一个年轻的小伙子，刚刚大学毕业回到村里，就把家里的老房子改建成了咖啡馆。他说，店里咖啡的点单率很低，反而是奶茶卖得好。他在奶茶里加了一种经过特殊发酵的蜂蜜进行调味，顾客可以喝到浓郁的水果香气。这些蜂蜜有独立罐装出售，

茶叶是翁基古寨的重要经济来源

定价不低，应该是这家店的主要利润来源。

　　"翁基"在布朗语里有"看卦选址"的意思，据说当年布朗族的先祖经过看卦选址，最后选择定居在这里。村口的帕哎冷寺建于 1015 年，以传说中布朗族的种茶始祖哎冷山帕勐部落首领帕哎冷命名，属于南传上座部佛教。如果你想来探寻一下景迈山的千年古茶园或是体验一下布朗族的文化，翁基古寨是一个不错的去处。但如果你因为电影而想来这里更深入地了解云南咖啡，那恐怕你要失望了。在景迈山一带，有着上千年历史积淀的茶叶具有压倒性的文化地位，在当地发展旅游业的过程中也为村民带来了可观的经济收入。和电影中刻画的当地人面对的种茶还是种咖啡的困境不同，在现实生活中景迈山的村民从来没有考虑过放弃茶叶改种咖啡。云南咖啡不在翁基古寨。Coffee or tea，在这里从来不是一个问题。

翁基古寨村口的小咖啡馆

翁基古寨村口的帕哎冷寺

保山比顿咖啡·林果咖啡：潞江坝的瑰夏时代

如果要问最近几年哪个咖啡品种风头最盛，那一定非瑰夏莫属。自1996年巴拿马首次举办 Best of Panama（简称 BOP）竞拍以来，巴拿马的咖啡屡屡刷新国际竞拍记录，这个位于中美洲的小国也因此成功摆脱了90年代的咖啡价格危机，成为全世界最受瞩目的精品咖啡产区。起初巴拿马和其他中南美洲国家的产区一样，主要种植的是卡杜拉、卡杜艾、波旁等品种，复杂多样的微气候让这里出产的咖啡拥有得天独厚的品质，但和哥伦比亚、哥斯达黎加等周边产区相比，因为产量极少、人工成本高而价格昂贵的巴拿马咖啡在国际市场上并没有形成足够的差异化和竞争力。直到2004年，翡翠庄园偶然发现的瑰夏豆种首次在 BOP 上亮相，一战成名，巴拿马咖啡才真正迎来了高光时刻。如今，瑰夏这一豆种几乎已经成了巴拿马咖啡的代名词。巴拿马作为瑰夏这一豆种的第二故乡，其耀眼的荣光也已经完全盖过了瑰夏真正的原乡——埃塞俄比亚。

巴拿马瑰夏之所以能惊艳世界，是因为这一品种本身拥有强烈的花香、明亮的柑橘酸质和蜂蜜般饱满的甜感。在杯测中，巴拿马瑰夏可以轻易拿到90分以上的高分。由于产量极少，每年 BOP 的竞拍价格也水涨船高。2023年 BOP 的标王桂冠，由卡门庄园的水洗瑰夏以10005美金/公斤的价格摘得，这一价格是2022年标王的2.27倍，再度刷新了 BOP 的竞拍纪录。近几年，巴拿马周边的其他咖啡产国也都在进行瑰夏品种的试种，看是否能突破自家咖啡在品质和价格上的"天花板"。

早在2012年，就有人在云南保山的高黎贡山种下了第一棵瑰夏。2016年，云南省农科院热经所的科研人员将一批瑰夏种子带到了潞江坝。保山潞江坝的佐园咖啡、比顿咖啡、林果咖啡等几个庄园对引进的瑰夏品种进行了长达5年的试种，如今这些瑰夏咖啡树已经实现了量产。2021年，比顿咖啡的瑰夏以1200元/公斤的价格被 Seesaw 拍得，创下了云南咖啡生豆交易价格的历史纪录。

2021年，我曾与比顿咖啡庄园的创始人李丽红有过一面之缘，她的身上有一种无畏的真诚和直率，这给我留下了深刻的印象。2022年10月我们计划再次拜访比顿庄园时，李总因为需要照顾家人未能赶回潞江坝，于是这一次我们又见到了比顿咖啡的副总赵琴香。

潞江坝的童年

赵琴香是潞江坝本地人，从小生活在咖啡地旁边。回忆起在潞江坝度过的童年，赵琴香的脸上流露出一丝纯真的快乐："我

比顿咖啡庄园副总赵琴香

上小学四五年级的时候（80 年代末），这边就有种咖啡，我们每天下午放学以后也都会去采咖啡，当时我们其实吃得最多的可能是咖啡的果汁，边采边吃觉得特别的甜，而且当时吃的东西比较少。把咖啡采回去以后的话，我们自己不知道怎么去做。但是因为当时像潞江农场这样的单位已经在跟国外或是省里的一些贸易商做一些咖啡贸易。当时他们也有出去喝到人家的咖啡，但是不知道人家怎么做，所以说当时大家就开始了一些土法加工。我记得因为我们那时候没有脱皮机，我们去采完咖啡以后如果直接晾晒它（类似日晒的加工方式）也不会有风味，晒干以后直接就脱皮了。但是要做水洗的话，我们一般会把咖

啡采回来以后把它放在一个袋子里面，让它稍微有点松散的话，比如半袋或是六七成满这样，然后人就站在袋子上去踩。因为果子比较成熟，一踩一挤的话果肉和皮就会分开，分开以后我们再放在篮子里面，再放在水池里面去漂。这样果皮就会被漂走，果肉和咖啡豆就会留下来，然后我们再去发酵和清洗，大多数会是这样去加工。加工出来以后我们会用手舂把它舂开，再放到大锅里面去炒，炒的时候添加一些牛油让它蓬松，或是添加一些食盐让它软化，炒的程度类似于我们现在的意式深烘，炒完之后还会加一些白糖进去。"

这样炒制出来的咖啡，看上去像黑色的麦乳精一样是松散的粉状。喝的时候像

速溶一样挖一勺放在杯子里，再用开水去冲泡，喝起来香香甜甜。美中不足的是，喝的时候会嚼到一些咖啡渣。

"我们那时候喝的最早的咖啡就是这样。那时候你在商店里是买不到咖啡的，所以我们喝的咖啡都是自己炒出来的。我上小学的时候我们家里面会喝，到上初中的时候，我们也会把它带到学校去。一般都是大人在操作，我们不会炒这个东西，但是大概知道他们是这样操作的。他们有的人在外面跑过，喝到了一些其他的口味，回来还会在咖啡里加一些蛋清或是其他的东西，让它达到自己想要的口感。其实可能当时他们喝的就是速溶，加糖加奶或者加了一些芝麻，总之大家就会不停在里面去尝试做添加，我喝到的最多就是加了牛油和糖，然后炒出来比较松软的黑色带柔软颗粒状的那种，我们就会装在瓶子里带着。我记得 1999 年我去保山（市区），回来的时候还会让他们炒一些带出去，直到后来才慢慢有了烘焙机什么的，之前喝的一直都是那种。"

今天的比顿精品咖啡

时光荏苒，一转眼赵琴香已步入中年。2012 年，比顿咖啡的创始人李丽红邀请她加入创业团队，就是看中她从小和咖啡打交道的经历。尽管如此，当时的赵琴香和李丽红一样，对咖啡的烘焙和冲泡环节接触甚少。那时候，国内的咖啡技能培训还不普及。经过了几次失败的折腾，李丽红领悟到必须要从外面请专家来指导咖啡的种植、烘焙和冲泡技术。在省农科院热经所专家的指导下，比顿的种植基地逐渐走上了正轨。在烘焙工厂刚刚成立的时候，

李丽红也请来了 2013 年世界咖啡烘焙大赛的亚军江承哲来培训烘焙的技术。不知不觉，两人在咖啡这条路上越走越远，对这个行业也越挖越深。赵琴香说："咖啡和其他的食品不一样，如果是其他的产品，你只需要知道它的进和出，了解它的卖点就可以了。但是咖啡你必须完全深入地去学习，然后完全地去喜欢上它，爱上它，当你对它的热爱深入骨髓时，你就会忍不住和别人去分享它。"在合作的过程中，一些客户甚至也会主动给予他们技术上的帮助和指导，这让赵琴香非常感恩。

很多人第一次听说比顿咖啡，会以为"比顿"是个英文音译词。但实际上，"比顿"这个词取自傣语里"我们"的意思，傣族也是潞江坝人口数量较多的世居民族之一。比顿咖啡的含义即"我们的咖啡"。在比顿的本地员工里，傣族员工的比例占到 30%。与此同时，可能因为李丽红和赵琴香都是女性，在比顿的管理层里，女性的占比也特别高。每年产季繁忙的时候，赵琴香就会带着她的丈夫来公司一起加班。十多年的创业经历，赵琴香已经习惯了把公司当成自己的家，把员工当成自己的家人。

说到自己负责的生豆业务，赵琴香非常自信："从品牌成立到现在，我们一直做的是精加工，在采收鲜果的时候，我们要求红果率要在 95% 以上，这在整个潞江坝是开始得比较早的。我们的处理设备全套采用的是巴西的，可以进行五次分拣，包括后面脱壳的产线也是分得比较细的。在潞江坝，如果做的是商业咖啡一般不会到我们这里来加工处理，只有精品咖啡才会在我们这里加工，因为我们的设备分拣得比较精细，而且机器分拣之后还有一道人

比顿咖啡庄园的夜景

工分拣。"

　　在潞江坝，比顿的种植基地有一万多亩，这些基地一部分以"合作社＋农户"的模式进行管理，还有一部分由比顿公司自己种植，公司种植的部分主要涉及的就是品种的更新工作。之前以 1200 元/公斤售出的瑰夏，就是比顿这些年在基地上进行品种更新的成果。"我们现在的基地分布在潞江坝几个区域的上中下区域（海拔高度），包括高黎贡山这条线的上中下区域都有，未来我们也有可能向六库（怒江州）方向发展。根据地块不同的种植条件，我们会种植不同的品种。就比如说高黎贡山这条线，虽然都是在高黎贡山上，但是不

比顿庄园咖啡馆的年轻咖啡师

同的区域之间还是会有微妙的差别，所以不同的地块之间我们会进行不同的种植和合作。"

比顿庄园内的咖啡鲜果处理车间

关于精品咖啡的概念，赵琴香有她自己的理解。"其实我觉得精品咖啡的说法更像是现在大家的一句口头禅，以前潞江坝没有精品咖啡的说法，有的只是一级米、二级米的定义。我们现在说的精品咖啡，指的就是那些口感和风味比较好，在瑕疵和品质方面把控也比较严的咖啡。我们也不能简单地将精品咖啡和品种等同起来，除了品种、生产环境、处理法都会对咖啡的风味产生很大的影响。就好比经过日晒的卡蒂姆大概率要比经过水洗的铁皮卡风味更好，我们也不会因为品种本身的信息去提高杯测的分数，最后还是要靠杯测的口感和风味来说话。"

林果咖啡：芒宽乡的咖啡世外桃源

在比顿庄园的咖啡民宿度过一夜，我们享用了比顿为每位房客赠送的早餐和手冲咖啡，继续我们探寻潞江坝的旅程。根据林果咖啡辛雪老师发送的定位，我们开车驶入了芒宽乡。然而，在沿着山路盘旋而上的时候，我们不知什么时候已经错过了林果咖啡的路牌，开到了海拔1800米左右的高度。在看到三叠水景区的路牌时，我又打给辛雪老师请他为我们指路。在往下开了近200米的高度后，我们终于看到了林果咖啡基地的路牌。

（一）

（二）

芒宽乡山中的林果咖啡种植基地

（一）

（二）

全红果慢速阴干

门口的几棵瑰夏咖啡树是辛雪的骄傲

顺着路牌的指引驶入基地的过程让我联想到陶渊明笔下的世外桃源："林尽水源，便得一山，山有小口，仿佛若有光。便舍船，从口入。初极狭，才通人。复行数十步，豁然开朗。"驶过一段狭窄的山路，我们下车走到基地的入口。通过入口之后，基地的全貌突然展现在了我们的眼前。原来，基地的农舍和晒场所在的位置背对着我们上山的这一面，难怪我们上山的时候丝毫没有看到基地的影子。

和赵琴香一样，辛雪也是个"咖二代"。出生于1982年的辛雪从小在热经所附近长大，当时他阿姨家的咖啡园种的就是铁皮卡和波旁。1990－2000年间，潞江坝的咖啡种植在快速扩大和发展，此时种植的品种主要是卡蒂姆 CIFC 7963 和 PT 系列。最贵的时候，一公斤咖啡生豆可以卖到40多元人民币。

然而2002年左右，咖啡的期货价格出现下跌。台湾咖啡企业联兴热带作物咖啡（云南）有限公司入驻保山潞江坝，准备将云南的小粒咖啡销往日本。辛雪也顺利应聘到了这家公司，正式成了一名咖啡人。

回忆起以前潞江坝采摘咖啡的场景，辛雪笑着说："现在大家都说精品咖啡，其实那个时候的咖啡比现在还要精品，因为当时人家摘咖啡的时候至少要背两个箩筐，一个放红色的，一个放干的，有一些死的或是地上捡的都是分类分得好好的，不像现在一下子全部捞下来，摘咖啡的时候，果蒂要留在树上，箩筐里面要无叶，老一辈的人做工都非常精细，大家的鲜果都是漂漂亮亮的同一个要求。"

我顺势问道："那你觉得是什么原因让大家后来采摘的时候越来越粗放呢？"辛雪答道："其实这个问题和人工有很大的关系。我们现在最担心的还是人工，因为目前为止在所有的农业里面，如果没有机械，最难做的就是劳工。你看年轻的这一辈基本上40岁以下的都进城了，剩下的都是些老人在地里。而且像我们下一代的小孩子，你不要说是叫他去做工，你叫他去地里面走一圈的话，他也没有那个能力去走下去，为什么？地里边会不会有蛇，会不会有老鼠，有毛毛虫，还有蚊虫，你叫我怎么去？第二太阳又那么晒，这个是一个大的问题，我们最担心的就是劳工的问题。"

2018年，面对咖啡期货价格的再度下跌，联兴公司总经理曹存礼在现在这个位置承租了300多亩的咖啡地，决定在这里种植优质咖啡。从那时起，辛雪就调到了这里负责咖啡基地的管理。2019年，辛雪就在这里种下了110多亩瑰夏，其余的品种还有铁皮卡、波旁和卡蒂姆。辛雪说，

林果咖啡基地获得的欧盟有机认证

这些品种是他从热经所引种的，现在这些瑰夏已经逐步投产了。

在整个聊天的过程中，辛雪显得特别松弛。关掉录音后，他站起身带我们参观了他引以为傲的种植基地和瑰夏的树。辛雪是一个聪明而富有灵性的人，他总是能从每日山间的生活中想出一些点子来改善咖啡地的情况。看到咖啡树被虫咬时，他就在地里种了几棵柿子树，等柿子结果的时候虫子就跑去咬树上的柿子，这样咖啡树就不需要打农药驱虫了。说到养地，辛雪也有他的办法。在割草的时候，他直接将割下的草往地上一压，一层一层的草逐渐腐烂就成了最好的肥料。辛雪说："从地面上我们看到的是一个植物的舞台，在我们看不见的地底下还有一个动物的大舞台，下面有一些菌种，还有蚯蚓和蚂蚁。我不用农药化肥和地膜的时候，就是在养地。这些割下来的草到了冬天的时候会腐烂，蚂蚁和蚯蚓在吃的时候也相当于在给树根松土，最后这些草又会变成肥料。"没有系统性地学过有机农业知识，辛雪就是靠生活中的智慧和经验构建了一套原生态的种植方法。

在处理鲜果时，考虑到脱皮脱胶产生的污水会沿着高黎贡山向下流，给这里的土地和山脚下的自来水厂造成污染，辛雪选择不使用脱皮脱胶的机器，而是采用了日晒慢速阴干的方式："如果太阳太暴晒的话，鲜果里面的菌群就晒死了。就像我们的衣服如果天天在太阳底下暴晒，可能一个月就晒烂了，它的质量就会改变。所以我们不能暴晒，而是要通过环境的自然通风让它慢慢发酵晾干。"

自从调到基地以后，辛雪几乎一年365天都住在这里，只有过年的时候会回家一趟。每天他都会用心观察地里的咖啡树，捕捉基地生活中那些微小的乐趣。他给我们看了手机里随手拍的一条短片，是山里的鸟儿在咖啡树上筑巢。他开玩笑说："我把这个视频发给雀巢的人看，说他们可以直接用这个做雀巢的广告片。"雀巢、肯德基、农夫山泉这些公司也的确都在采购林果基地上的咖啡，但辛雪对这些商业上的成绩并不是很在意："上次卖给雀巢的咖啡，后来卖了68元一公斤，但在我们的定义当中它还是商业级的，还没有达到精品的等级，我们的目标是要做到90分以上，这才叫精品级别。只是目前从我们的环境来说，还需要慢慢去积累。"

辛雪在山林生活中的单纯和快乐不知不觉感染了我。在这里望望远处山中的美景，聊聊咖啡树，一下子竟忘记了时间。临近傍晚，我们才有些不舍地准备离开。回到路口的指示牌位置，我们特意拍了一张照。我想，下次来的时候我们一定不会再错过了。

云南精品咖啡社群·孟连

2022 年 2 月，我终于下定决心去一趟孟连。在这之前，我在普洱的朋友不止一次提起说要去，却因为疫情原因迟迟不敢动身。但我实在等不及要对这座边陲小城一探究竟。一方面，普洱的朋友总对孟连的咖啡赞不绝口，我们喝到的一些令人惊艳的咖啡豆正是来自孟连的高海拔地区（1400～1800 米之间）。另一方面，我早就听身边的朋友们提起过阿奇，他们说，阿奇在云南做了一些有趣的生豆。彼时正值 2021 年的云南生豆大赛刚刚落幕，在水洗组和非水洗组第一到十二名的获奖名单中，"孟连阿奇和他的伙伴咖啡农民专业合作社联合社"同时拿下了水洗组和非水洗组的第二名等多个奖项，其他大部分奖项也都被来自孟连的几家咖啡庄园和一个叫"庄园联社"的组织瓜分。实际上，阿奇在孟连所做的事并不像其他咖啡庄园那样仅仅是种植和贸易那么简单。而孟连咖啡之所以能取得今日的成就，成为普洱精品咖啡的代表，背后绝对离不开阿奇这些年在孟连所做的努力。为了搞清楚阿奇是如何在背后一步一步帮助孟连咖啡走到今天，我坐上了前往孟连的客车。

到达孟连客运站的时候，阿奇开了一辆摩托车来接我。这是我第一次见到阿奇本人，高而瘦削的身形，古铜色的肤色，一张脸棱角分明，显得有些冷峻，一头中长发又为这张脸增添了几分自由潇洒的气质。阿奇的工作室距离客运站只有 3.6 公里，在前往工作室的路上，我才明白阿奇一定要来接我的原因。原来由于孟连地处中缅边境，疫情期间这里的出租车和网约车都无法营业，也没有公共交通，电动车和摩托车也就成了当地最便利的交通工具。说实在的，这样的情况对于习惯了内陆城市便利交通的我来说有些出乎意料。幸好在孟连的这一天时间里，阿奇又安排了同事杨奥开车接送我，才使我免受寸步难行的尴尬。

阿奇的工作室不算大，为了兼顾工作室的咖啡馆对外开放的需求，为孟连这座小城增加一些咖啡的氛围，阿奇特意租了一条马路沿街的两个店面作为工作室的选址。由于疫情的原因，孟连的游客并不多，咖啡馆也没有什么客人，但还是有外地慕名而来的义工在这里担任咖啡师。除了咖啡馆和办公区域之外，工作室的另一半空间被设计成了同样对外开放的杯测室，咖农平时就是在这里参与由社群举办的各种培训和杯测活动。阿奇的话不多，他没有主动谈起这些年他们所取得的成绩，只是带我参观了一下工作室，顺便回答一些我的问题。实际上，我们到达孟连的时机并不太好。2 月底正值普洱的咖啡产季尾声，当天傍晚阿奇和他的团队计划开车前往普

（一）

（二）

YSCC 坐落在孟连县城的门店

洱，好赶在第二天去一家咖啡庄园回访。忙碌的事项和出行前的准备让阿奇有些焦头烂额、心不在焉，因此在我们正要准备开始访谈时，他不得不因为烦乱的心绪中断了我们的谈话。一个多月后，我们终于有机会在电话里补上了这次的访谈。

咖啡：在"内卷"和"躺平"之外的第三条路

作为"云南精品咖啡社群"（简称YSCC，Yunnan Specialty Coffee Community）的创办者，阿奇这两年常常被当作杰出公益青年的代表受邀出席各种公开演讲和活动。再早一点，他曾是 Seesaw 咖啡"云南十年计划"的发起人和负责人，这段履历被很多咖啡行业的朋友们所熟知。但大多数人不知道的是，在进入咖啡行业之前，他曾经有过一段因为创业失败"躺平"大半年的经历，而咖啡成了他在"内卷"和"躺平"之外找到的第三条路。

阿奇大学学的是财务专业。2013 年，正值国内的互联网创业浪潮刚刚兴起，刚刚大学毕业的阿奇踌躇满志地和朋友创办了一家互联网公司，业务内容大致是为本地消费者提供餐饮优惠等生活服务。也许是经验和知识不足，也许是创业的难度太高，总而言之，阿奇的"互联网淘金梦"很快就破灭了，随之而来的是创业失败的茫然和大半年的躺平时光。那段时间他看书看电影，只做自己喜欢的事，但这样悠闲的日子没过多久他就开始感受到内心的不安，创业状态下的"内卷"让他疲惫，但现在这样停下来什么都不做的生活又好像不是他真正想要的。人到底应该过怎样的生活，自己到底还能做些什么，在找到

答案之前，他就这么在不安的陪伴下继续生活着，直到他想起了自己从小感兴趣的咖啡，遇见了刚刚在上海成立一年的 Seesaw。

在跟着 Seesaw 的一位烘焙师学习了一段时间之后，他开始转向负责 Seesaw 的生豆采购等业务。在和国外一些庄园主的沟通中，他学习到了许多关于精品咖啡种植和加工的理念和实践，而那时我们的云南产区仍然是以生产商业水洗大货为主。在一次拜访供应商的旅途中，他发现当时的云南咖农和庄园无论是在生产设施、种植理念还是管理水平上都停留在较为粗放的阶段，这让他意识到云南作为中国最大的咖啡产区还存在巨大的提升空间，由此萌生了在云南发展精品咖啡的想法。回到上海以后，他马上做出了"Seesaw 云南十年计划"的方案。为什么是"十年"呢？要想做出好喝的咖啡，首先要从种植的源头去提升，这就需要至少三到四年的时间，接下来还需要至少三到四年这些咖啡树的鲜果品质才会逐渐稳定，最后再用两年的时间从处理法上进行创新和改良。中国每年创立的新品牌数不胜数，其中最终能跨越十年周期存活下来的品牌却凤毛麟角，因此对当时还是新品牌的 Seesaw 来说，这是一个颇具野心的计划。

没想到的是，这个提议很快得到了公司内部其他人的支持。于是，"Seesaw 云南十年计划"在 2014 年正式启动。从此，阿奇开始频繁往返于上海和云南两地。他既是一位寻豆师，以品牌的名义在产区当地采购一些和当时的商业主流大货不太一样的豆子，寻找已经开始或是愿意尝试转型的供应商；他更是一位农艺师，深入到产区的田间地头，向咖农和庄园主面对面地

YSCC 的月度项目计划

讲授新的种植理念和商业知识，并教他们怎样将这些知识应用到实践中。起初，只有极少数听说过和理解精品咖啡理念的咖农愿意参与到其中，绝大多数的咖农并不相信精品咖啡的未来。为此，阿奇也曾怀疑过自己工作的价值。惊喜的是，当 Seesaw 将云南咖啡庄园生产的微批次产品带到消费者的眼前，他们发现，大家并不抗拒来自云南的咖啡豆。相反，他们为云南能生产出高品质的豆子而感到惊讶，愿意以实际的购买行动来支持它。经历了三到四年在市场上的反复验证，云南精品咖啡被证实在商业上是行得通的，阿奇的付出也开始得到回报。同行的成功案例让越来越多的咖农对精品咖啡的态度从不理解和将信将疑转变为理解和支持，激励他们参与

到其中，这让阿奇最终坚定了自己的想法。

如今的 Seesaw 已经完成了早期的品牌沉淀，培养了一大批认可并支持精品咖啡理念的消费群体，又获得了资本市场的青睐。随着项目的推进，阿奇和 Seesaw 品牌在云南产区和当地咖农间也形成了一定的号召力。对阿奇来说，作为 Seesaw 的早期员工之一，这意味着他在职场上的巨大成功。但阿奇在 2019 年作出了一个令人吃惊的决定，离开 Seesaw。

原来，在推进项目的过程中，阿奇从未停止过关于云南咖啡未来的思考。对他来说，通过教育和资源的投入帮助咖农提高咖啡豆的质量，改善咖农的生活条件是他发起这个项目的初衷。而 Seesaw 作为一个商业品牌，本身的运营逻辑和项目的公

益性难免会产生冲突。与此同时，品牌自身的局限性也让项目在运作的过程中无法为咖农和产区引入更多第三方的资源。为了与咖农保持立场上的一致，将更多的资源投入到咖农更加需要的公益领域，阿奇决定离开 Seesaw 到云南扎根。

2020 年初，YSCC 在孟连成立。将大本营选在孟连，是阿奇经过深思熟虑作出的决定。在普洱的各个产区中，孟连在气候和海拔等地理条件上具有更加适合种植精品咖啡的先天优势，更容易种出好喝的咖啡。更重要的是，孟连这座边陲小城的咖啡产业氛围相对原始，更有利于新事物的建立。总之，阿奇带着破釜沉舟的勇气来到了孟连。这一待，又是 3 年。

我想，阿奇的经历为那些厌倦了"内卷"却又不甘心"躺平"的年轻人提供了一个很好的样板。实际上，我们渴望的并非世俗上的成功，而是在满足生存需要的同时能够完成自我价值的实现。只是我们曾经以为这个世界提供给我们的选项有限，又或者自身缺少走向更广阔的世界的勇气和能力。而阿奇凭借他的直觉在咖啡中找到了内心的归属，用他的双脚走遍了云南的产区，用他的双手实实在在地为产区创造了新的秩序。他的故事告诉我们，其实这个世界远比我们想象中的大，我们能做的也远比我们想象的更多。

公益与商业的平衡和可持续发展：云南精品咖啡社群 & 云南咖啡庄园联社

阿奇希望 YSCC 在产区扮演的角色是，作为推动者和链接者，将咖啡生产地和消费地更好地串联起来。3 年来，阿奇将通过

YSCC 募集的经费全部投入到用来提升咖啡品质和改善咖农生活所需的一系列公益项目。这些项目都被记录在一本项目手册上，上面详细地列出了项目背景、工作内容、经费使用、人员分配等信息。除了为咖农提供免费的培训和技术支持等常规活动，这些项目还涉及图书编写和出版、妇女权益保护和民俗文化传播等有利于本地社区可持续发展的领域。算上阿奇自己，YSCC 的团队只有 4 个人，一个负责农业，一个负责市场推广，一个负责财务和行政，而他自己则什么都要做。我们的向导，YSCC 的团队成员杨奥说，因为项目多，他几乎每天都要加班到深夜，这样的工作节奏在生活缓慢闲适的云南是非常少见的。但只靠这 4 个人的高强度工作还不足以完全应付这两年迅速增多的项目，YSCC 还会招募一些兼职和义工来一起工作，尽量让项目能如期完成。

阿奇说，YSCC 目前的经费来源有两大类：一类是外部来源，包括一些公益基金会的专项资金以及来自作为采购方的咖啡品牌的赞助。比如 YSCC 曾经通过调研发现，咖农在从事田间作业的时候需要便携安全又可以保温的容器用来喝水吃饭。除此之外，长期暴露在恶劣的野外环境中进行人工作业的咖农们还需要配备相应的劳动保护用品和医疗用品。由于缺少公共资源的投入，咖农自身也缺乏这种意识，这些合理的需求一直以来都处在被忽视的状态。于是，2022 年 YSCC 通过上海联劝公益基金会设立的"行走的咖啡豆"专项基金，为至少 9 个村寨的咖农定制了 300 套田间工具包。这些工具包里包含便携水壶、铝制饭盒、耐磨围裙、透气遮阳帽、修枝剪刀、应急医疗包、腱鞘炎矫正手套等三

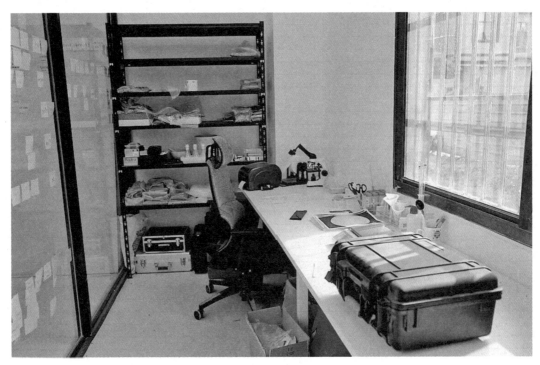

（一）

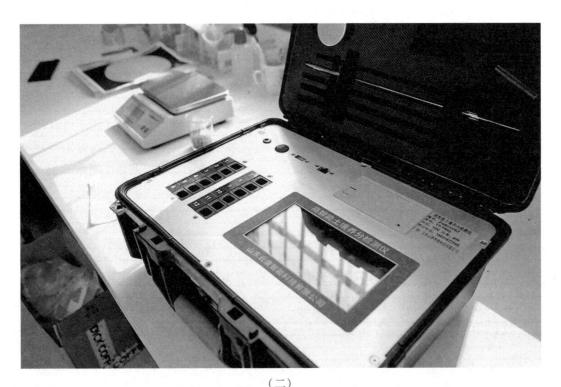

（二）

YSCC 土壤分析实验室

大类共 11 件物品，帮助咖农解决日常田间作业中最高频的需求。

YSCC 的另一部分经费来源于内部，也就是阿奇发起的另一个组织"云南咖啡庄园联社"（以下简称"庄园联社"或"联社"）。很多小伙伴既听说过 YSCC，也听说过庄园联社，但不是很理解者两个组织之间的区别和关联。和 YSCC 的公益性质不同，庄园联社是一个类似于农民合作社的商业组织。加入联社的庄园们每年可以选择将一部分生豆交到联社，由阿奇帮忙销售给下游的咖啡品牌以获得更好的价格，销售获得的利润将有一定比例留在联社的账户中作为"公共资金"，这些"公共资金"中的一部分将被注入 YSCC 的资金池中，通过免费培训、技术支持和专项基金等形式使咖农间接从中获益，其余沉淀在庄园联社的"公共资金"则会通过每年分红的形式返还到咖农的手中。

不得不说，阿奇为孟连的咖农构建的这套自给自足的模式（我称之为"孟连模式"）无论在农业板块还是公益领域都是非常有价值的创新。在传统的助农模式中，农民的形象常常被塑造成绝对的弱势群体，他们既没有精细化种植的知识，更没有预见市场的能力，只是盲目地跟随市场随波逐流，什么好卖就种什么。当市场下行时，农民只能被动地接受过低的收购价或是滞销的后果，成为需要消费者"慷慨解囊"进行帮助的对象。但只靠消费者的同情并不能从根本上转变农民在产业链中所处的劣势地位，帮助农民获得抵抗市场风险的能力。一些企业还会打着助农的名义，利用消费者的好心来提高售价刺激销售，由此产生的超额利润却并不一定能回到农民的手里。然而正如雀巢的农艺师侯老师所说，咖农并不像我们想象的那么"落后"，只需要农艺师稍加指导，他们很快就学会了如何生产好咖啡，如何通过手机和电脑查看期货价格。在阿奇来到云南以前，已经有一小部分咖农开始将精品咖啡的概念并付诸实践。也就是说，咖农本身已经拥有了帮助自己摆脱困境的勇气和能力。只是对于身处咖啡产业链最上游的咖农来说，想要通过精品咖啡来提高收入，他们还需要一个像庄园联社和 YSCC 这样的组织将他们团结到一起，通过阿奇这样的职业经理人来帮助他们连接到市场，通过向消费者传递更多的价值，匹配更优质的买家从根本上改变他们原本在产业链中所处的劣势地位，才能真正改善自己的生活。

与此同时，阿奇成功地将公益和商业结合到了一起，通过以商业支撑公益的方式，让公益本身获得了持续稳定的现金流，实现了可持续发展。在大部分人的固有印象中，公益和商业应该是相互矛盾冲突的两套体系。过去，公益组织的资金大多来自于外部企业或个人的直接捐赠，过于依赖不稳定的外部资金使项目本身缺乏长期运营的可持续性，受助者的处境也难以通过一次性的捐助事件真正得到改善。更遗憾的是，由于施助者和受助者之间对项目的预期和理解存在差异，很多公益项目因为各方的不理解最终只能尴尬收场，这导致许多人认为从事公益事业是一件"吃力不讨好"的事。而在孟连模式中，咖农既是庄园联社的合伙人和 YSCC 的资金提供者，也是 YSCC 项目的直接受益者，这让咖农们获得了充分的动力参与到其中，也避免了由于施助者和受助者主体不同导致的不理解。在通过培训提高咖啡质量，收入提升，继续投入教育资源提高咖啡质量，

品牌和云南咖啡的连接者

收入进一步提升的正向循环中，产区的咖啡品质也实现了稳步提升。

2021 年产季，咖农们通过庄园联社销售出去的生豆已经达到了 1400 吨，在 2022 年 2 月份产季还未结束时，这一数字已经达成了 1000 吨。这意味着在国内的生豆产业链中，庄园联社已经形成了一定规模的影响力，获得了一定的议价能力。对于只有几十亩咖啡地的小农户们来说，在过去这完全是天方夜谭，而庄园联社让咖农们的梦想提前照进了现实。

处理法只是一个开端

2015 年世界咖啡师大赛（WBC）冠军 Sasa Sestic 在决赛现场分享了一支厌氧发酵处理法的豆子。这支豆子的加工过程借鉴了葡萄酒酿造中使用的二氧化碳浸渍法，将咖啡果实装入不锈钢桶后注入二氧化碳密封发酵，填充的二氧化碳使桶内的空气完全排出，达到发酵过程中完全隔绝氧气的目的。在厌氧发酵状态下，咖啡果实中含有的糖分分解速度下降，糖类在酵母的作用下转化为二氧化碳和乙醇，因此不同于传统日晒豆容易获得的莓果风味或是传统水洗豆容易喝到的柑橘风味，经过二氧化碳浸渍法处理的咖啡豆往往带有浓郁的熟成水果风味和更饱满顺滑的口感，有一些还会带有非常明显的红酒香气。厌氧发酵处理法最早诞生于哥斯达黎加的 "Café de Altura" 公司，而 Sasa 的夺冠让这一处理法一夜之间受到了更广泛的关注，在随后几年的各类咖啡竞赛中，使用厌氧发酵处理法的咖啡豆参赛的选手数量剧增。

随着精品咖啡市场逐渐成熟，咖啡竞赛的风潮被加速推广到消费市场中。大约在 2019 年前后，一类被归类为特殊处理法的咖啡豆也开始风靡国内咖啡爱好者的圈子。除了上述 Sasa 在比赛中用到的二氧化碳浸渍法之外，厌氧日晒、双重厌氧日晒、双重酵素水洗、酒桶发酵等一系列特殊处理法层出不穷。在一众国外产区中，尤以哥伦比亚以数量最多的批次和最快的上新速度独领风骚（洪都拉斯和哥斯达黎加也有各自的爆款批次，但近年来已少有新品）。这些能受到市场欢迎的特殊处理法批次都有一个共同的特征，那就是消费者能很容易地喝到荔枝、菠萝等相对稀有但又非常具象的风味。至于咖啡豆在加工处理的过程中到底是如何获得这些风味的，庄园主往往以"商业机密"为由而语焉不详，唯有这些处理法的名称和庄园主的只言片语透露了少量信息，比如双重厌氧日晒是经过两道厌氧发酵后再进行日晒干燥，双重酵素水洗是在发酵的过程中添加了某种酵素。至于厌氧发酵的环境温湿度和发酵时长如何控制，发酵中具体添加了什么物质，一般不再说明。这种犹抱琵琶半遮面的状态给消费者在品尝过程中留出了一定的想象空间，但也给好事者提供了造谣的空间。

受到国外产区特殊处理法风潮的启发，云南的一些庄园也开始跟进，每年通过若干个实验批次的研发寻找最适合自己庄园和最受市场欢迎的风味，其中不乏一些批次风味突出口感干净，因此获得业内人士和市场的一致好评，也有一些批次却因为风味过于奇特和浓烈抢夺了咖啡豆的本味

而被质疑添加了"香精"。处理法的实验和改良也是阿奇这两年在产区推动的主要工作之一。到底这些五花八门的特殊处理法之间有什么本质的区别，颇受媒体诟病的"香精豆"应该如何定义，阿奇从技术层面给出了他的理解：

"我们把处理法分成三个大类，一个是叫常规发酵，一个是叫辅助发酵，还有一个叫增味发酵。常规发酵包括你提的很多的厌氧，这些其实都算是常规发酵，因为它没有使用到咖啡本身或者说环境以外的一些东西，它还是自然的。这个里面就涉及比如说我们熟悉的水洗日晒蜜处理，包括一些长时间厌氧发酵，还有一些混合发酵，其实这些都属于常规发酵的范畴，然后当然这里面也有氧和无氧，但这种反正都是常规的。然后第二类是叫辅助发酵，就是在发酵的过程中加入一些东西，但这些东西本身是不具备有风味的，它只是辅助发酵的进行，比如说像酵母或者乳酸菌这种类型它其实都算是辅助发酵，然后还有一类是增味发酵，它加进去的东西本身就是有风味的，所以它叫增味发酵。"

关于增味发酵中添加的物质，阿奇进一步给出了他的解释："一般来说添加物就三种，一种是天然提取物，一种是天然水果，一种是天然提取物，还有一种是食用香精。这三类其实不太一样。"根据我国针对咖啡生豆的国标规定，咖啡生豆中绝对不允许添加食用香精，而另外两类添加物必须在标签中注明，相对来说也是比较安全的。

但阿奇并不希望我们对云南产区的关注只停留在处理法上，在他看来，处理法的改良只是提升产区咖啡品质的一个切入点和开始。经过近 10 年深入产区的工作，阿奇对如何循序渐进地提升云南产区的咖

啡品质有了更成熟的想法："处理法它只是一个方式或者手段，它不是最终真正能够就是长远的去影响咖啡品质的一个东西，因为咖啡它其实有很多个环节，最初的其实还是品种种植，往后才是采摘处理加工，然后再到后面是烘焙和冲煮。然后我们之所以选处理法做第一个改良的原因就是处理法非常的快，几乎当年就能够带来一些更好的收益，这背后还有一个更深层的原因，是很多往前端的一些改良，比如说种植，比如说大田，这些其实是需要很多原始资本的积累的，但是你让一个什么技术条件都没有，什么原始资本都没有的一个庄园去做，直接就开始去做更新更好的一些种植品种，这其实是非常难的，所以我们才选处理法是说帮助他们先去获得一些收益，然后才是继续往前去做，但是可能被大众理解了，就是说我们好像做处理法的，包括是说云南现在很多的主流的处理加工方式，基本上就是我们做什么，然后大家就也做什么，但这个其实只是一个阶段而已。"

目前在庄园联社每年的生产批次中，属于增味发酵的实验批次产量只占总产量的3%~5%，其他批次依然以常规发酵为主。

关于《给小朋友的咖啡书》

在孟连的时候，阿奇向我展示了他们即将出版的一本绘本的样书：《给小朋友的咖啡书》。这本书的故事以庄园联社为背景，主人公小奇的父母在城市里经营一家咖啡馆，有一天他们受邀来到云南参加由云南咖啡联庄社举办的咖啡分享节，在一户咖农的家里，小奇认识了咖农的女儿花花，花花带着小奇认识和了解了咖啡的种植和加工过程。

这本书的两个主人公小朋友的原型正是阿奇本人和YSCC的员工赵花花。花花家是富岩镇上的一个佤族家庭，赵是他们家的汉族姓氏。花花的父亲岩冷是富岩镇第一个种咖啡的人，姐姐赵梅如今接手了父亲的生意，成了富岩镇信岗茶咖庄园的庄园主。从医护专业毕业后，赵梅原本在镇上的卫生院当医生，那时她对父亲种的咖啡可以说是一点都不了解，直到2017年父亲带她去参加上海的咖啡展会。展会上很多观众都对赵梅家的咖啡感兴趣，当客户问起赵梅家种的咖啡是什么品种时，赵梅却完全答不上来。从那次之后，赵梅下定决心要学好咖啡，再回家帮忙父亲打理咖啡的生意。回到云南，赵梅先是到普洱市的一家咖啡店当学徒，学成之后她回到了富岩镇接手了父亲的庄园。同为"咖二代"的花花则加入了YSCC，希望在这里学习更多关于咖啡杯测和冲煮的知识，好回家帮助姐姐一起经营庄园的生意。

花花和姐姐的故事和我们前面写过的大开河咖啡庄园梅子的故事很类似。1993年出生的梅子在湖南的大学学习的是设计专业，在大学毕业之前她对咖啡的认识还停留在和其他农作物一样能卖钱的阶段，直到她有一年参加了普洱市举办的一个咖啡培训班，系统地学习了咖啡杯测和冲煮的知识，才真正体会到了咖啡的乐趣。回到大开河村，梅子在父亲的咖啡处理厂里开始照着炬点咖啡的马丁老师教的处理方法鼓捣起了自己的处理法实验。2016/2017产季时，当时还在Seesaw的阿奇在寻豆的过程中发现梅子正在做的实验批次，因此开始了和梅子的采购合作关系，他和梅子的友谊也一直延续到了现在。

在推广精品咖啡的过程中，阿奇从这些遇见的"咖二代"身上看到了云南咖啡未来更多的可能性。相比他们的父辈，这些"咖二代"受过更高的教育，更乐于接受新观念和拥抱新事物。在学习咖啡知识的时候，"咖二代"掌握得更快，也更容易举一反三。在经营庄园的过程中，他们也更善于用一些新思路来改善庄园的现状，适应新的市场环境。可惜的是，很多咖农的孩子就像曾经的赵梅和梅子一样，虽然从小生活在咖啡山上，跟着父辈们去种植咖啡，却从没有想过去真正了解咖啡是一种什么样的农作物。如果能用绘本的方式让咖农的孩子能从小了解咖啡，在他们幼小的心灵里埋下种子，即便有一天他们去了大城市上学，他们也更有可能愿意回到家乡，将云南咖啡发扬光大。对城市里的小朋友们来说，如果能从小了解咖啡的种植过程，等他们长大后就更容易接受咖啡这种饮料，也更愿意去关心这些咖啡背后的原产地和咖农。

带着这样的想法，阿奇和社群的小伙伴们马不停蹄地开始了这本书的策划工作。书内的插画交给了毕业于北海艺术设计学院视觉传达设计专业的自由插画师武娇君。为了准确地将咖啡树的形态和咖啡的生产过程通过画面传达给读者，插画师本人在普洱居住了一段时间，深度体验了咖啡"从种子到杯子"的全过程。从策划、绘制到出版上市，这本书的创作经历了整整一年的时间。如今，这本书已经正式出版了。一部分绘本被免费提供给了云南当地的咖农家庭，另一部分通过 YSCC 的微店销售，方便感兴趣的读者购买。上市一年多以来，已经有 2000 多人通过购买的行动表达了自己对 YSCC 这一项目的支持。

孟连联斯达庄园

到达孟连的第二天，YSCC 的成员杨奥带我们来到了距离县城约半小时车程，位于娜允镇洪安村的联斯达庄园。联斯达庄园的老板岩壤是佤族人，员工也都是当地的佤族和拉祜族，接待我们的卡卡就是其中一个。卡卡的肤色黝黑，努力地用带着明显口音的普通话向我们介绍庄园的设施。我看庄园里的其他工人都和卡卡一样穿着迷彩服，就忍不住问他："你们以前是当过兵吗？"卡卡笑道："没有，只是迷彩服干活特别方便。"

联斯达庄园的海拔在 1500 米左右。我们去的那天正值产季的尾声，庄园当季收获的最后一批鲜果刚刚送到。在这里我们看到了鲜果从运送进来、发酵处理和晾晒的全过程，也就明白了杨奥带我们来这里的原因。虽然大家都知道精品咖啡的采摘标准是全红果采收，但很多大型庄园和处理厂因为是从咖农手上直接收购鲜果，没有受过培训的咖农在采摘时为了方便还是会将未成熟的绿果一起摘下，所以这些庄园只能用机器色选分级的方式挑选出红果用来加工精品咖啡。而联斯达庄园采用的是真正的全红果人工采收，从卡车上卸下的鲜果几乎全是令人喜悦的深红色和紫红色，绿果率极低。这意味着他们要耐心地等待每一批咖啡果实完全成熟到他们想要的程度，鲜果的甜度也会更高。鲜果送达当天还会在浮选池里经过第一道清洗和浮选，筛选掉空心果、坏果、树叶等异物。

接下来，浮选后的咖啡鲜果会按照不同的处理方式进入不同的流程。在联斯达庄园每年生产的咖啡中，日晒处理法和水

（一）

（二）

孟连联斯达庄园 2022 产季的最后一批全红果

实验日晒发酵

联斯达庄园的水洗池

洗处理法的比例约为一半一半，这里的日晒处理法也包括厌氧日晒等特殊处理的微批次在内。日晒咖啡的鲜果按照不同批次经过不同时长的预发酵（1~2天）和厌氧发酵（2~5天），再平铺到晒场上晒干，晾晒的过程中每天还要人工翻动好几次，防止鲜果发霉变质。值得一提的是，联斯达庄园每个产季都会进行多个批次的处理法实验，在庄园里我们随处可见一些零散的装着鲜果或带壳豆的麻袋，这些麻袋里的咖啡就是正在进行的实验品。由于每年的鲜果状态和气温、日照、降水等气候条件都会有差异，往年发酵数据并不能直接沿用，需要根据当季测试的结果进行微调。

水洗咖啡的鲜果则需要经过机器脱皮和发酵脱胶，再将带壳豆投入水洗槽冲洗干净表面的果胶。水洗槽的设计利用了山地自然的高度差，水流在重力的作用下由高向低流动，形成强大的冲击力将带壳豆表面的果胶带走，混合了果胶的污水沿着管道流到卡车的车斗里，等收集满时被一起运走。清洗干净的带壳豆和日晒的咖啡鲜果一起被平铺在晒场上晾晒干燥，直到水分含量下降到12%左右。遇到持续降雨的天气或是降水充沛的年份，庄园还有两种干燥方案可以作为代替。一个是使用生物有机燃料作为动力的机械干燥机，一个是利用太阳能和自然风进行干燥的咖啡干燥棚（类似的干燥棚我们后来在澜沧宏丰庄园也见到了，那套干燥棚也是在阿奇的帮助下引进的）。

可以说，联斯达庄园的整体设计完整地还原了精品咖啡在处理加工环节的生产细节，同时充分考虑到了可持续发展的原则。除了引进利用自然资源和生物资源作为动力的水洗设备和干燥设施，联斯达庄园在保护当地生态方面还有一项秘密武器，那就是用来处理水洗咖啡带来的废水的咖啡废水处理池。咖啡废水中含有丰富的蛋白质、糖分、酸性物质和有机物等复杂成分，如果直接排放将对当地的生态环境和其他农作物的生存产生严重影响。由于普洱当地对咖啡废水排放的管理政策收紧，很多咖啡庄园因此不得不放弃传统的水洗处理工艺，改用无水或微水脱胶工艺，这导致云南当地采用传统水洗处理工艺的咖啡豆产量越来越少。阿奇说，其实这些庄园不得不放弃水洗工艺，是因为没有提前做好准备。完全未经处理的咖啡废水直接排放，治理起来确实会有一些难度。但是如果提前对咖啡废水进行处理，降低酸度和微生物等指标，让它达到可以直接排放的标准，那么

联斯达庄园的废水处理池

传统的水洗工艺就可以继续使用。联斯达庄园的这套废水处理池一共由四个池子组成，咖啡废水经过四道池子的沉淀、酸碱中和、微生物降解、过滤等处理，最后变成可以直接排放的清水。有了这套装置，阿奇并不担心新的污水排放政策被推行到孟连的那一天，反而到时候传统水洗工艺的咖啡豆可以成为联斯达庄园的一项特色。

参观完联斯达庄园之后，我们准备当天返回普洱。离开之前，我们又请卡卡帮我们开了通行证，以应付边检的检查。作为中缅边境的一座边陲小城，孟连给人的整体印象是比较封闭的，尤其是在行政管理、交通这些方面。然而，孟连的咖啡产业氛围又是开放和领先的，在这里也有像联斯达这样在设计和管理水平上不输于国外传统咖啡产区的咖啡庄园，诞生出杯测分数可以达到 84 分以上的精品咖啡豆。我

想，要想让作为个体的咖农做出改变，可以通过培训和教育将知识和理念传递给他们。要想让一个产区从整体上发生改变，则需要找到一套行之有效的模式，让参与到其中的每个人都能从中受益，这是阿奇创造的"孟连模式"尤为值得我们借鉴参考的地方。

阿奇说："其实在做这些事的过程中，我从来没有想过可以'拯救全云南'之类的，我想的只是如何把事情真正做好。当我们真正把事情做好以后，也许可以为云南其他产区的人作出一个榜样，让他们愿意学习或者加入。但这是别人的事，我不认为他们需要靠我去拯救，这是一个自然的过程。就算没有我们，也依然有一些好的庄园好的咖农愿意去学习进步。即便有我们，也依然有大量的庄园在抗拒进步。这不是我们要考虑的问题。我们想的就是怎么把事情做好。"

云南农垦集团：云南咖啡产业的"定海神针"

2022 年 12 月 1 日，云南农垦咖啡有限公司在普洱市思茅区六顺镇官房村投资的鲜果处理中心正式开机。一方面，这家鲜果处理中心的投入运营，可以提升咖啡产区的鲜果处理加工效率和技术水平，缓解产季来临时鲜果加工处理的压力，解决咖啡处理污水难治理的问题。另一方面，促成这一项目落地六顺镇官房村，将为六顺镇各村的村民增加收入渠道，拉动村镇集体经济的发展。作为国有企业云南农垦集团的下属公司，云南农垦咖啡有限公司的这一步动作，是国家在西南边陲布局乡村振兴战略的有力体现。

2021 年 11 月，在马若宇老师的引荐下，我认识了刚刚到任农垦咖啡普洱分公司的张继伟张总。马若宇是云南咖啡的专家，90 年代曾在雀巢农业服务部担任翻译。2007 年后，作为德国生豆贸易商欧易特的中国区代理，马若宇每年在云南产区采购的生豆原材料达上千吨。当时张总正在忙于普洱分公司新业务的筹备，当我提到我想写一本以云南咖啡为主题的书时，张总表示愿意帮忙联系昆明总部安排访谈。

2022 年 2 月 22 日，在这"百年一遇"的日子，我拜访了位于官渡区希陶路的云南农垦咖啡有限公司昆明总部，也就是云南咖啡厂。前一天我落地昆明，刚好遭遇了"春城"一年中最冷的时候。到访农垦的当天昆明的气温降到了 0 度以下，早上昆明的路面已经结冰，我在火车站附近呼叫网约车，却多次被取消订单，好不容易才坐上一辆车。

云南咖啡厂的园区门口挂着"云南农垦集团"和"云南农垦咖啡有限公司"两块牌子，走进厂区一眼就能看到厂房的白色外立面上写着"绿色兴农，报国惠民"八个大字。在办公的云啡楼，负责咖啡生豆出口板块的业务总监范波接待了我。作为 1992 年云南咖啡厂建厂时的第一批员工，范波向我讲述了他被分配到云南咖啡厂后，云南农垦集团的组织变迁和咖啡板块的业务发展历程。中途，他叫来了马厂长向我介绍工厂的日常运营工作。

访谈持续到了中午，这时昆明竟下起了鹅毛大雪，引得一些员工在午休时间跑到了外面玩雪。白色的积雪让园区里飘扬着的中国国旗、联合国国旗和云南咖啡厂厂旗显得更加鲜明。午饭过后，范波带我参观了咖啡厂的生产车间，里面放着 30 年前云南咖啡厂在联合国的帮助下引进的 Neuhaus 35 公斤级热风烘焙机，这台年龄和我差不多大的机器至今还在正常工作。近几年，云南咖啡厂又添置了一台 60 公斤级必德利烘焙机。在参观完云啡楼一楼的咖啡吧台和陈列室后，我们这趟拜访云南咖啡厂的行程告一段落。

云南农垦咖啡有限公司

云南咖啡厂是我为本书开始访谈的第一站，当时我对云南产区的了解还停留在浅层的碎片化阶段，对云南农垦集团在国家战略和市场中扮演的角色认识并不深刻。正如大多数沉默的国企一样，云南农垦咖啡有限公司的身影几乎只出现在官方媒体的报道中，极少为云南省外的咖啡消费者所熟知。在国内咖啡市场蓬勃发展的今天，经历了多次改革的云南农垦集团如何在服务好国家战略的同时，完成在咖啡产业链中的价值重塑？在完成了整本书的实地访谈工作后，我重新回顾了关于云南农垦集团的文献和访谈资料，希望可以找到这个问题的答案。

中国农垦制度的历史变迁

中国的农垦制度从历史上可以追溯到古代的屯田制度和屯垦戍边思想。早在公元前169年，西汉文帝就创办了民屯事业，但当时并未确立屯田的说法。《史记》中曾有汉武帝派军60万前往河套至河西走廊戍田的记载。到公元前89年，桑弘羊在给汉武帝上奏的扩大轮台屯田书中第一次提到了屯田的名称，从此屯田的名称被中国历代王朝沿用了下来。汉武帝时期主要推行的是军屯，即利用驻守边地的军队就地开垦荒地，耕种土地，这一举措为当时西汉抵御匈奴，维护西北边防的稳定发挥了极大的作用。

东汉末年，群雄割据的局面导致流民四起，大量田地被荒废。在长达17年的统一北方之战中，曹操大力发展军屯和民屯，为实现北方统一和建立曹魏政权奠定了充分的物质基础。曹魏政权时期，曹操更是极力推广屯田制，尤其是在内地推行民屯，以安置流民，恢复和发展内地破产的农业经济。

唐朝后期，吐蕃时常扰乱唐朝西部边境，李泌、陆贽等人主张招募民兵到西北屯垦戍边，以防御吐蕃的进攻。到西北边境战事频发的宋朝，北宋时期的钱若水、曹玮、范仲淹，南宋时期的岳飞等人都曾主张招募民兵和发展屯田，可惜由于宋朝政治腐败，没有有效组织屯田事业，最终未能抵御南下的金军和元军。

明朝洪武年间，出身贫农的朱元璋非常重视发展农业，将屯田视为"强民足食"的国之大计。明朝建立之初，朱元璋曾下令全国十分之七军队屯田，十分之三军队防守，每兵种地50亩左右。1370年，朱元璋命令招募农民和罪犯，到土地荒芜处大办民屯。为了减轻朝廷向边疆运输粮食的负担，朱元璋又推行了商屯，即令各处的盐商向边疆运输粮食换取盐引，再以盐引换盐转销，后来盐商们索性直接在边境雇佣农民耕种粮食换取盐引，因此商屯又称盐屯。在发展了100多年后，商屯政策在弘治五年被废止。明朝是我国古代历史上屯垦事业最兴盛的时期，朱元璋曾下令在全国范围内大办屯田，并且把自己的4个儿子派到辽东、河北、内蒙古、甘肃各地屯垦戍边。但到了明朝后期，由于政治腐败、赋税苛重，屯垦事业最终衰落，明朝走向灭亡。

清朝时期，康熙帝曾派军队在东北屯田，以抵御沙俄的侵略。在平定噶尔丹之乱后，康熙帝又下令派军队到新疆东北部进行屯田，以防止准噶尔卷土重来，并解决驻军的粮食问题。到乾隆年间，乾隆帝尤其重视新疆地区的屯垦，从1761年开始每年都会发动甘肃的贫民到乌鲁木齐屯田。得益于屯田带来的农业、手工业和商业贸易发展，乌鲁木齐得以成为日后新疆地区政治、军事和经济的中心。清朝后期两位发展屯垦的代表人物是林则徐和左宗棠。前者曾在被道光帝发配新疆充军期间（1842—1845年），为南疆的屯垦作出卓越贡献。后者曾于1876—1878年率军西征，收复被浩罕汗国侵略军占领的新疆。收复新疆后，左宗棠曾主张通过恢复屯田，大力发展新疆。

到清末民初，"屯田"一词逐渐被垦殖、屯垦代替。民国时期，新疆、云南等边疆地区省政府曾设立屯垦委员会和办公署，专门负责边地开发和垦殖事业。20世纪30年代，为了将非战时的闲置兵力转化为垦荒的生产力，民国政府在全国多处设立国营农场。农场的开办经费来自军费、银行贷款、内外债等途径，日常经费开支由专门的屯垦银行负责。民国时期出现的国营农场是中国现代农垦制度的早期雏形。同一时期，中国共产党也开始带领军队士兵和农民群众在革命根据地建立了农场，其中为人熟知的是1941年王震带领八路军三五九旅在延安附近进行的南泥湾开荒。1947年6月，李在人在黑龙江省创办的松花江国营第一农场，是我国最早的社会主义全民所有制的国营农场。

新中国成立初期，新中国政府仍面临着内忧外患的局面。为了守护边疆安宁，恢复和发展边地农业经济，同时在外交封锁的环境下早日实现重要战略物资的自给自足,中央政府从 1949 年 10 月开始陆续在新疆、黑龙江、广东、广西、云南、福建、四川等地区建立垦区。在过去 70 多年里,中国农垦为保障全国粮食和其他农产品的供给,发展垦区的政治、经济、文化和社会事业做出了不可磨灭的贡献。为了响应新中国不同时期国家战略的需要,全国各地的农垦组织也经历了多次变化和改革。了解这样的历史背景,有助于我们理解云南农垦组织的发展历史。

云南农垦的组织变革

《云南省志·农垦志》中详细地记载了新中国时期云南农垦组织的变革和农垦事业的情况。最初,中央人民政府决定在云南设立垦区,是为了解决抗美援朝战争后无法从资本主义国家进口橡胶的问题。1951 年 8 月 31 日,中央人民政府政务院第一百次政务会议通过《关于扩大培植橡胶树的决定》(以下简称《决定》)。此《决定》指出:"橡胶为重要战略物资,美英帝国主义对我进行经济封锁,为保证国防及工业建设的需要,必须争取橡胶自给"。《决定》提出:"自 1952 年迄 1957 年,以最大速度在大陆上的广东、广西、云南、福建、四川等 5 个省区共植巴西橡胶 770 万亩,其中云南为 200 万亩。"

1951 年 9 月,云南省农林厅成立林垦处,1952 年 6 月改为特林科。1953 年 1 月 21 日,林业部云南垦殖局成立,因同年 4 月中央林业部领导指出:云南边疆民族情况复杂,困难多,垦殖方针应为"积极准备、稳步发展",中央指示云南垦殖局"转为小规模试种",云南垦殖局于同年 10 月

撤销,由新成立的云南特种林木试验指导所(简称特林所)指导云南的橡胶试种工作。1954 年,河口第一垦殖场成立。1955 年,潞江、黎明、砚山、盈江、陇川、芒市、勐底、勐连、双江等多地组建军垦农场。1956 年,云南省农业厅热带作物局成立,景洪、广龙、遮放、橄榄坝等多地先后建立垦殖场。1957 年,云南省农业厅热带作物局正式改为云南省农垦局。1958—1961 年,临沧、德宏、红河、文山、思茅等各州县成立农垦局。1970 年 3 月 1 日,云南生产建设兵团在思茅成立,1974 年撤销,成立云南省农垦总局,1976 年 10 月从思茅迁往昆明。

1980 年 1 月,由原黎明农场试办的第一家农工商联合企业——黎明农工商联合公司成立。1981 年 1 月,云南省农垦农工商联合企业总公司成立,1983 年 6 月改称云南省农垦商业公司。1984 年开始,云南农垦的企业化改革加快,国营农场通过兴办职工家庭农场的方式下放。1996 年,云南农垦集团有限责任公司成立,与云南省农垦总局实行"两块牌子、一个班子"的管理体制。2014 年 8 月,云南省农垦总局与云南农垦集团有限责任公司实行政企分开,云南农垦集团有限责任公司正式成为市场经营主体,这标志着云南农垦集团体制改革的全面深化。

经过农垦人 70 多年的不断建设,云南已成为我国的第一大天然橡胶基地。2021 全年云南橡胶产量 507119 吨,远超海南省的 345591 吨(曾经云南的橡胶产量落后于海南一大截,从 2005 年开始云南的橡胶产量与海南基本持平,从 2014 年开始出现反超)。但云南农垦集中化和组织化的垦殖行为所带来的经济成效不仅体现在橡胶种植

上，也辐射到了其他热带亚热带经济作物和农林牧副渔等各个领域。农场生产建设和职工生活的需要也带动了垦区当地农业机械化和工商业的发展。

表1　1985年云南垦区各类作物种植面积

	种植面积（万亩）
橡胶	97.69
茶叶	6.26
咖啡	1.13
水果	4
粮食	8.92
甘蔗	4.99

注：数据来源于《云南省志·农垦志》。

农垦组织的发展和农业经济的开发，极大地推动了民族融合和民族团结。农场就地招工和鼓励家庭农场承包的政策，为垦区当地的人民群众解决了就业和收入问题。在支援地方教育事业和基础建设上，农垦局也发挥了积极的带头作用。如1977—1985年，云南垦区各级领导逐步认识到了教育事业的战略地位，在各垦区增加了教育投入，兴办教学场所。截至1985年，全垦区共有中小学298所，教师4850人，学生6.1万人。1985—1986年，西双版纳农垦分局在勐腊镇曼庄大桥、达拉勐水库、打洛公路等多个地方建设项目中都有大额资金投入。

新中国成立初期快速发展农垦的需要也极大地推动了垦区当地的农业科技进步。为了更好地指导和规划农业种植，云南农垦于50年代到60年代设立的云南省热带作物科学研究所、云南省农垦设计院（现云南省农业工程研究设计院）、德宏分局热带作物试验站（现云南省德宏热带农业科学研究所）、红河分局热带作物试验站（现云南省红河热带农业科学研究所）等一批农业科研机构，至今仍在国内外科技交流和农业科研成果方面发挥着积极作用。

从国营农场到云南咖啡厂

中国引种咖啡的历史始于1884年的台北，20世纪初，海南岛、广西、云南等地也陆续开始引种。由于当时中国国内种植的咖啡没有形成稳定的海内外市场，这些区域的咖啡树长期维持在零星种植的局面，并未形成规模化种植。1950年，云南全省仅存咖啡树5000多棵，这些母树成了后来全省发展咖啡生产的主要种苗来源。

1952年春，当时任云南省农业厅试验场芒市分场（云南省农科院热经所前身）负责人的张意和科研人员马锡晋从德宏州遮放镇一户傣族边民的庭院发现了咖啡树，遂将采得的鲜果带回芒市进行育苗，但当时他们只知道这种植物傣语名叫"咖居"，后来经过当时的农垦部顾问秦仁昌教授鉴定才知道这是小粒种咖啡。1952年冬，因单位搬迁至保山潞江坝，科研人员将已经培育成功的咖啡苗木一半留在芒市林场，另一半引种到潞江坝，这是新中国成立后我国试种成功的第一批咖啡种苗。

到50年代中期，正值美苏冷战白热化时期，为了保障社会主义阵营"老大哥"苏联的国民咖啡消费，中央决定在云南大力推广咖啡种植。1955年，中央要求边疆地区和边疆学校必须种植咖啡，各边地农场都分配到了小粒咖啡种子。1956年，云南农垦开始在双江农场（157亩）和德宏分局试验站（123亩）种植，并在遮放、河口、潞江、景洪、橄榄坝等农场进行小面积试种。1957 年起，各农场进行大面积发展，到 1960 年，云南农垦下属农场种植咖啡面积达 3.28 万亩，占全国咖啡栽培量的 1/4，这是新中国时期农垦咖啡栽培的第一个高潮。当时，全省共有分布在西双版纳、保山、德宏、临沧各垦区的 25 个农场及省热带作物研究所、德宏试验站都在种植咖啡，分布之广前所未有。

1961 年后，由于中苏关系破裂，且全国各地出现粮食短缺。各垦区农场的咖啡失去了销路而被逐渐荒废，有一些垦区为了腾出地来耕种粮食，将刚刚进入丰产期的咖啡树全部砍去，最终只有保山潞江坝一带有留存。到 1970 年，潞江、新城两农场共种植咖啡 556 亩。1975 年，只剩下潞江农场还保留着 435 亩咖啡地。直到 1980 年，国家四部一社在保山召开了全国咖啡会议，云南农垦重新开始在各垦区农场进行扩种。"六五"期间，云南农垦总局贯彻橡胶为主，多种经营的方针，建成了以潞江、新城为主的咖啡商品生产基地，并初步建立了以八布和天保农场为主的文山垦区咖啡基地，德宏、西双版纳、临沧等多个垦区也都有少量种植。

1982 年 11 月，联合国粮农组开发计划署法国籍咖啡专家路易斯·史泰首斯来到潞江农场考察，看到了当时正在保山全面推广的无荫蔽适当密植小粒咖啡园，路易斯·史泰首斯将自己在云南考察的见闻写了报告，联合国开发计划署决定援助云南农垦 100 万美金发展咖啡产业。1988 年，由中国政府和联合国开发计划署合作的咖啡项目立项，云南咖啡厂作为合作项目之一开始了筹备工作，并于 1992 年在昆明正式落成。在云南咖啡厂 2300 万人民币的投

资资金中，其中 100 万美金来自联合国的援助，其余资金来自中国政府自筹。

在分配到云南农垦前，范波曾就读于海南省的华南热带作物学院（现海南大学热带作物学院）。当时，正值国家科委在全国实施"七五"星火计划，目标是在全国乡镇地区开发 100 类生产技术，建立 500 个技术示范性乡镇企业，并且每年为这些地区和企业培训一批知识青年和干部。在这样的时代背景下，学习热带作物产品加工专业的范波在毕业后直接被分配到了云南农垦总局，和他一起分配过来的还有他现在的妻子。在云南咖啡厂正式投产后，范波从原先所在的同属云南农垦的云南省热带作物机械厂调到了云南咖啡厂。

建成之初，带着中国政府和联合国共同合资筹建的光环的云南咖啡厂可谓风光无限。在联合国的帮助下，云南咖啡厂引进的第一台烘焙机就是来自德国的 Neuhaus 35 公斤全热风烘焙机，这在当时属于世界最一流的设备之一。全热风式烘焙技术最大的优点就是：极高的烘焙效率和极稳定的可复制性。根据范波介绍，Neuhaus 完成一锅烘焙只需要 4～5 分钟。和生产车间后来添置的 60 公斤必德利烘焙机相比，这台 Neuhaus 在体积上显得格外巨大，除了烘焙机的主体烘焙仓外，整条生产线前后还连接了投料、冷却、研磨、包装等设备，至今仍是云南咖啡厂的生产主力。

但顶尖的设备并不足以弥补早期团队在生产加工技术方面的欠缺。从 50 年代在第一个农场试种咖啡开始，云南农垦已经积累了 30 多年的咖啡种植经验。然而在咖啡烘焙、速溶咖啡生产等精深加工技术方面，整个云南省乃至全中国依然处在起步摸索阶段。在云南咖啡厂成立早期，团队

云南咖啡厂 Neuhaus 热风烘焙机产线

面临的最棘手的问题就是如何在行业经验几乎空白的情况下，总结和建立一套可行的生产加工行业标准。

在问到这个问题时，范波特意为我们叫来了负责咖啡生产研发和品控的马厂长，马厂长说："其实在云南咖啡厂建成之前，云南农垦在 1980 年已经有一部分的咖啡生产业务，当时国内喝咖啡的人很少，烘焙咖啡豆的主要客户是云南当地宾馆的外宾。现在团队内部水平最高的一位杯测师，从那个时候就已经开始干了。在 1992 年建厂后，作为联合国的援助项目，云南咖啡厂接受了来自联合国派遣的国际咖啡组织（International Coffee Organization，简称 ICO）专家的培训和指导。依靠当地宾馆外宾的市场反馈，以及国外的技术专家援助，早期团队逐渐了解了什么样的咖啡是好喝

的，是受到市场欢迎的，在这些经验的基础上逐渐建立了自己的生产标准。"范波说："我妻子原来也在这个厂，她当时是国际咖啡组织的品尝专家，和我一起来把他们带会的，所以说我这个家庭是整个贡献给咖啡了。"

和建立品控标准同样重要的，还有培养自己的品控团队。当时，国内还没有任何公开的咖啡培训课程，内部培养是当时新办的咖啡企业唯一的选择。范波认为，咖啡品控最难的一块就是感官，因为像实验室检验之类的环节比较容易学会，而感官则需要天分和累积。只有经过一段很长时间的培训和观察，确认具有杯测咖啡的天分和能力的人，最终才能留在品控团队。通过这种内部培养的方式，云南咖啡厂逐渐培养出了自己相对稳定的核心品控团队。

云南咖啡厂样品杯测室

即便在今天有了各式各样的咖啡感官课程，云南咖啡厂也依然采用内部培养的方式为品控团队纳新，而不是直接招聘持证人员。在早期团队的集体努力和来自国内外专家的共同帮助下，云南咖啡厂终于顺利度过了艰难的初创期，建立了行业认可的生产标准。2004 年，云南咖啡厂陆续通过了 ISO 9001 和 HACCP 质量体系认证（Hazard Analysis Critical Control Point，即危害分析的关键控制点，是国际通用的一套食品安全保证体系），在对生产流程工艺和产品质量的控制标准上实现了与国际接轨。当时，云南咖啡厂是全国第一家通过 HACCP 认证的咖啡工厂。

云南农垦咖啡有限公司：咖啡板块市场化的重新探索

云南农垦诞生之时，是为了响应新中国政府在建国初期面临内忧外患的战略需要。在计划经济时代，得益于国家资金的投入和农垦的组织形式，云南各垦区的农业经济得到了史无前例的高速发展，当地的群众也在农场的劳动中掌握了各类农业生产技术，为日后云南省农业资源的开发奠定了良好的基础。但随着改革开放和社会主义市场经济的不断深化，云南农垦早期以国营农场为主要经营形式，吃"大锅饭"的管理体制逐渐显露出弊端。1979 年开始，云南农垦组织内部经历了第一轮的思想解放和体制改革，包括扩大国营农场经营自主权、建立农工商联合企业、扩大农垦企业自主权等一系列举措。1996年，云南农垦集团成立，与云南农垦总局实行"两块牌子，一套人马"的管理体制，但由于农业生产所涉及的领域较广，各垦区的情况复杂，这一时期的市场化改革进程相对滞后。直到2003年，云南农垦全面推进农场下放，由职工家庭承包农场经营，实行农场政企分离，组建以产业为核心的股份制公司，云南农垦的体制改革深化进入了全面加速阶段。

2014年8月，云南农垦集团和云南农垦总局正式实行政企分开，云南农垦集团从此剥离了行政职能，成为真正意义上的市场经营主体。范波说："农垦集团的成立和政企分离对整个集团公司的资源整合起到了非常大的促进作用。在此之前，农垦总局的橡胶、茶叶等各个板块之间作为独立的行政部门运作，资源和人才之间无法互通，造成了一些浪费。集团成立后，各个板块的资源首先汇总到总公司，再分配到各个板块，同时总公司也可以协调各个板块之间相互合作互补，集团下的分公司也可以根据业务发展需求进行不同经营模式的探索。"

2017年成立的云南农垦咖啡有限公司则标志着云南农垦体制深化改革的又一次新的探索。云南农垦咖啡有限公司和云南咖啡厂是云南农垦集团下属并列的两个二级公司。在股权结构上，云南咖啡厂属100%国家控股，而云南农垦咖啡有限公司是由云南农垦集团和上海自贸区咖啡交易中心有限公司合资成立的，股权中有30%为民营股份。云南咖啡厂主要承担生产职能，云南农垦咖啡有限公司则负责贸易销售。

作为农垦咖啡原材料贸易的负责人，范波对于生豆价格的波动看法相对理性："生豆涨价对我们农垦来讲是好事，因为农垦不是单纯的贸易公司，它还有做一部分的收储，我们头一年收的咖啡，在价格高的时候卖就会赚得多一些。当然这也会造成一定的库存风险，但云南咖啡厂是我们的坚强后盾，如果收储的咖啡卖不动，马厂长可以帮我们烘焙成熟豆销售，这就是我们的底气。但对于一些民营的贸易企业来说，涨价会让他们做不动，没有钱来收购生豆。在云南，没有人卖生豆是走账期的，都要现款现货。从农民的角度考虑，我们也希望云南咖啡不要低于30块，如果一直低于这个价，以后你别说云南的水洗了，可能连干法处理的咖啡都喝不到了。"

关于生豆品质，范波认为还是要从市场本身的实际情况出发："其实不管什么品质的咖啡，都会有它的价值和市场。像我们主要是做商业豆为主，有一些比较低档的二级三级的豆子，我们这边根本不喝的，但是中东那边就很喜欢，虽然他们很有钱。像精品咖啡，虽然价格很好，但量还是很小，毕竟我们不可能把所有的云南咖啡都提价到50元或者100元一公斤。"

说到最近几年国内咖啡消费市场的增长，范波表现出了一些困惑和不自信："实际上很多事情我到现在还不是很明白，比如说我认为咖啡第一个是口感要好，第二个是朝饮用方便的方向发展，这个我认为是没问题的，我觉得挂耳已经很方便了，但是现在像冷萃冻干这些产品这么受欢迎，确实出乎我的意料。"关于终端零售渠道的布局，范波坦言目前农垦咖啡面临最大的问题有两个，一个是营销成本过高，一个是团队不足。"云南本地一些电商做得好的企业，可能每天的销售费用就要两三万块，我们国企最大的问题就是不敢投入，很怕收不回投资。我们现在也不知道怎么搞比较好，这一块对团队要求比较高。之前我们也找过头部主播做直播，但是他们的销售费用很贵，几乎没有什么利润。现在因为各种原因没有合作，我们也不知道要怎么办了。"在天猫平台上，云南农垦咖啡有限公司开设的云啡食品旗舰店，仍在正常运营，但销售数据却不温不火。截至2022年12月，历史销量最高的三款产品均为单条售价在0.7元左右的速溶咖啡，这三款也是直播合作的主推款，其中一款速溶黑咖啡的历史销量超过了10万件，但这款产品近30天的月销量仅为300件以上，其余产品的月销大多在两位数。

范波提到的问题并非农垦咖啡一家所面临的困境。"其实现在整个市场环境倒逼中国的制造业，中国的工厂不管是技术还是生产的成品，品质都已经很好了，但是他们在销售环节反而赚不到钱。所以现在很多人他不愿意从事制造业，又辛苦又赚不到钱，还有很多风险要冒。你看我们马厂长，经常要接待一些工商税务检查，还有一些职业打假的投诉，有时候他会觉得很烦。"

尽管作为国企，云南农垦在市场化改革后难免会经历一个水土不服的过程，但事实证明云南农垦集团的改革成效非常显著。除了云南农垦咖啡有限公司，云南农垦集团还先后成立了云胶集团、云粮集团、云垦茶业集团、云垦糖业集团等一系列以产业布局为核心的集团公司。从2014年实行政企分开到2021年，云南农垦集团营业收入从29亿元增长至370亿元，年均增长164%，总利润从0.32亿元增长至1.03亿元。2020年12月，云南农垦集团被农业农村部农垦局评选为首批具有国际竞争力的

"农垦现代农业企业集团"。

农垦咖啡普洱分公司：回归咖啡种植加工板块

农业是中国国民经济的基础产业，作为拥有14亿人口的大国，中国人民的衣食住行都离不开农业。但农业作为第一产业，长期面临产业小而分散、投资周期长、社会服务和管理水平落后等问题，要解决这些问题，靠少数几家民营企业的短期投入只是杯水车薪，必须依靠像云南农垦集团这样背靠国家的产业领头羊进行长期的投资，云南的咖啡种植业也是如此。

曾经，云南农垦通过农场下放、财务包干等改革举措解决了农场经济效益低下的问题，但这也让云南农垦很长一段时间不再介入咖啡种植加工板块（除科研领域的德宏热带农业科学研究所外）。2021年年底，云南农垦咖啡有限公司在普洱成立了分公司，计划利用自身整合产业资源的优势，投资建设咖啡种植基地和加工基地，重新回归咖啡种植加工板块。本章开头提到农垦咖啡在普洱市六顺镇官房村投资建设的鲜果加工中心，正是农垦咖啡计划在普洱投资基础设施建设的一部分。通过鲜果加工中心，可以实现鲜果的集中加工处理和污水统一治理，这将解决许多种植户的燃眉之急，尤其是那些缺少资金购买鲜果加工设备或是污水处理设备的小型种植户。

未来，农垦咖啡也计划在普洱投资咖啡精深加工合作项目，促成普洱咖啡全产业链集群的打造。经历过70年风雨和多次变革的云南农垦集团，也将继续做好国家布局乡村振兴战略的抓手，为云南咖啡产业的发展承担起应尽的责任。

雀巢咖啡：现代云南咖啡种植业的铺路者

在中国，雀巢速溶咖啡是集体记忆般的存在。1988 年，雀巢的第一条电视广告在中央电视台播出，许多中国人第一次知道了咖啡这种饮料。在 90 后的童年记忆里，咖啡就等于超市货架上罐装的雀巢速溶咖啡和条装的雀巢 1＋2。1999 年开始，星巴克等咖啡店品牌陆续进入了中国市场，但一杯咖啡 30 元左右的定价让消费者对现磨咖啡的印象很长一段时间停留在高端消费品这一块。均价一块多一条的雀巢 1＋2，是大学生和白领日常学习工作用来提神的最佳饮料。

然而近几年，随着以精品咖啡的兴起为标志的第三波咖啡浪潮席卷中国，雀巢和星巴克作为速溶和商业现磨咖啡的代表突然沦为了"咖啡鄙视链"的最底层。在媒体报道中，雀巢和星巴克是强势的国外品牌，是三顿半、瑞幸等新锐国产咖啡品牌要打败的对手。对消费者来说，面对市场上越来越多的选择，雀巢 1＋2 也不像过去那么"香"了。出现在配料表里的糖和植脂末，曾经是让雀巢 1＋2 口味更香甜更受市场欢迎的法宝，如今反而引起了消费者对健康的担忧。

在电影《一点就到家》里，谭卓饰演的"星雀"公司代表企图通过对主人公公司的收购，以统一高效的标准化种植园取代云南的本土咖啡种植业。哪怕是平时不喝咖啡的观众，对"星雀"两个字影射了哪两家公司也应该心照不宣。批评雀巢似乎已经成了一种不假思索的"正确做法"。

与此同时，雀巢中国的公关部却始终保持缄默，从未对网上任何攻击雀巢的声音作出回应。只有新品发布或是有项目成果上线时，雀巢中国的市场部才会为品牌增加一些曝光。和近几年咖啡新品牌疯狂的补贴策略和猛烈的新媒体攻势相比，雀巢市场部的节奏看起来有点不急不慢。

在咖啡行业里，雀巢作为一家老牌的外资企业同样维持着低调而神秘的形象。与频频宣布向原产地进行原材料直采的瑞幸不同，每年向云南采购多少原材料，采购流程如何进行，这些行业信息雀巢很少对外披露过。大部分人只知道，云南是雀巢在全球进行布局的咖啡种植基地之一，雀巢的速溶咖啡粉很大一部分原材料来自云南。

受媒体报道的影响，曾经我也以为雀巢就像"人们"所说的那样，剥削完咖啡产业链中最大一部分的附加值后，把贫穷留给了云南的咖农。然而，当我走进产区真正了解雀巢，我才知道原来对雀巢的评价有失公允。

2022 年的 2 月底，正是普洱木乃河工业园区的货车繁忙的时候。这些拉满了咖啡生豆的货车中有很多是赶去雀巢交货的，因为那几天雀巢的生豆采购价格在当地的咖啡采购商中最高。自从 1988 年正式入驻云南，经过 30 多年的扎根，雀巢和普洱当地的咖啡庄园和企业早已建立了千丝万缕的联系。在木乃河园区，我访谈到了曾经于 90 年代在雀巢思茅农艺服务部担任翻译的马若宇老师。90 年代马老师曾跟随雀巢的外国农艺师们前往云南各地适合种植咖啡的村落，教当地的村民种植咖啡。

我意识到了雀巢作为访谈对象参与到本书中的重要性。于是我请马若宇老师帮我联系是否可以拜访思茅当地的雀巢咖啡中心，但被告知雀巢咖啡中心必须得到中国总部的邮件通知，才能接收外部访客。后来我通过炬点咖啡的马丁，获得了雀巢市场部工作人员 Jo 的微信。

与雀巢的行前沟通

与雀巢的 Jo 和农业服务部的侯家志老师取得联系的过程出乎意料地顺畅高效。Jo 了解了我关于这本书的想法后，第二天就向总部的同事转达了我们想要拜访雀巢咖啡中心的想法。之后，Jo 将在雀巢工作了 20 多年的农艺师侯家志老师的微信转给了我，我们约定 3 月中旬再到普洱时，正式拜访雀巢咖啡中心。

然而上海的疫情让我们再次到访普洱的计划延迟到了 10 月份。在出发之前，我和侯老师有了两次电话沟通。一开始侯老师不了解我们的来意，语气中带着戒备。过去媒体中关于雀巢的报道他都有关注，但雀巢的公关部一直坚持着低调策略，作为员工他不能主动对外发声。当他得知我们此行的目的是了解一个在云南咖啡产区真实的雀巢时，他的语气才变得放松和热情。

侯老师告诉我，这段时间他在做产季准备工作。平时农艺师最主要的工作，就是去到农户的种植基地，指导他们改进种植技术和加工工艺。除此之外，每年他们还会定期组织包括农户在内的生豆供应商到雀巢咖啡中心进行质量培训，培训内容包括如何通过杯测了解样品的质量，如何通过种植和加工的改进来达到雀巢采购的质量要求。他推荐我读一本叫《创造共享价值》的书，以了解雀巢这家全球化的食品公司所坚持的价值观。在挂断电话前，侯老师鼓励我直接给 Jo 发信息，请她以总部的名义给雀巢咖啡中心发一封邮件，我们就可以和雀巢咖啡中心自行约定到访时间了。

我将与侯老师的电话沟通内容告知了 Jo。没过两天，侯老师就跟我确认他已经收到了总部的邮件，整个过程比我预想的要简单得多。

正式拜访雀巢咖啡中心

10 月 13 日是我和侯老师约定好正式拜访雀巢咖啡中心的日子。因为那几天普洱正在进行全员核酸大筛，当天中午我们等待了 25 个小时的核酸报告终于出了。下午 1 点，我们到达了雀巢咖啡中心的门口。在登记了访客信息领取了访客证后，侯老师将我们带进了办公区。

在会议室我们见到了雀巢咖啡中心的总经理王海。出于谨慎，他再次向总部确认了我们这次的来访是否经过备案。在得到肯定的答复后，他主动询问我们应该如何配合我们的采访。我提出希望和他进行一次个人访谈，他确认了一下下午的会议时间，跟我说 4 点之后都可以，在这之前，

雀巢咖啡中心

请侯老师先带领我们参观雀巢咖啡中心的园区。

整个雀巢咖啡中心园区最显眼的建筑就是仓库，仓库的外立面悬挂着雀巢经典的红白色品牌 Logo。我们参观园区的路线基本上就是绕着仓库走一圈，在参观时侯老师反复提醒我们要沿着园区划好的路线走，注意安全。此时距离产季还有一两个月，园区内阳光明媚风平浪静。一旦产季开始，每天园区就会有很多供应商的货车进出。这些货车会统一停在背面的交货区，按照排队的顺序等待交货。

所有大货都要进行现场抽样，在实验室对样品的生豆瑕疵、含水率等一系列指标进行初筛后，至少 3 位像侯老师这样具有丰富杯测经验的老农艺师，会立刻对样品进行杯测，杯测结果直接反馈给在外面等候交货的供应商。如果样品没有通过，供应商将被告知没有通过的原因以及可以改进的办法。样品通过的大货当天就会办理交割和入库。收货后，雀巢会在 5 天内将货款打入供应商的银行账户。

但只有交货量比较大的供应商需要等候比较长的时间。针对交货量不到 500 公斤的小农户，雀巢开设了一条快速通道。很多小农户是一大早从澜沧、西盟、孟连这些县区开车过来的，交货时间太长会影响他们返程，还可能会耽误家中的活计。

我们继续往前走，仓库的另一面是发货区。在这里，新产季收购进来的生豆原

雀巢咖啡中心的发货区

材料会被装进集装箱，再发往全国各地及国外的雀巢工厂。青岛、东莞、上海乃至法国、德国、西班牙的雀巢工厂都会收到这些从云南收购来的当季原材料，再按照样品的杯测等级制作成不同档次的雀巢产品销售给当地的消费者。当天我们无法看到发货的繁忙景象，但发货区的输送臂和地磅车让我们可以想象到发货的流程。侯老师说，操作这些机器都有严格的 SOP 管理，这样才能保证使用过程的安全。

离开发货区，我们来到了雀巢的质量培训室和品质检测实验室。质量培训室是雀巢每年邀请生豆供应商免费参加质量培训的地方。正如前文所说，质量培训的内容首先是让供应商学会通过杯测了解样品的品质和雀巢的采购标准。在了解了样品品质之后，供应商还要学习如何通过种植和加工改善样品中喝到的某一类瑕疵，提升样品品质以达到雀巢的采购标准。质量培训室和品质检测实验室的门口是休息等候区，交货时农户可以在这里等待生豆样品的检测结果和杯测结果。

在品质检测实验室，生豆样品会经过含水量测试、筛网目数分级、人工挑选瑕疵等步骤，只有这几项物理指标都达到雀巢的采购标准，生豆样品才会进入下一轮的烘焙打样和杯测。在使用德国 Probat 双锅炉样品烘焙机进行样品烘焙时，品控人员会使用色板作为烘焙度的对照，确保杯测的样品在烘焙度上相对一致，以避免烘焙对杯测结果带来的影响。

　　穿过检测室，就是雀巢的杯测室。侯老师的同事已经事先准备好了一桌样品，为我们演示产季时的杯测工作。值得一提的是，雀巢的样品杯测和我们在 SCA 和 CQI 体系中学习的杯测流程有很大不同。在 SCA 和 CQI 的课程中，我们通常使用长方形的高脚杯测桌，1 号到 6 号共 6 组样品沿桌子的长边逆时针摆放。当杯测过程中切换到下一组样品时，杯测人员需要沿着桌边走动，在移动的过程中每个人要拿好自己的杯测表、铅笔、杯测勺和吐杯。杯测人员需要对包括干湿香、风味、酸质、醇厚度、余韵等 10 个单项进行判定和打分，最终按照总分高低进行品质的排序。

　　SCA 的杯测流程是目前绝大部分的咖啡采购商正在使用的体系。当每天杯测的样品数少于 5 桌（30 组）时，使用 SCA 的杯测表确实可以为样品提供更为细致的评价记录。但是在雀巢，一旦进入采购旺季，每天等待杯测师作出采购决策的样品数最多可达 80 多组。在如此高强度的杯测环境下，雀巢形成了一套自己的杯测流程。首先最明显的区别是，雀巢引进了带转盘的 Probat 杯测桌，每张桌子可以坐下 4 位杯测师，杯测师的座位上都配备了写字台和带水龙头的水槽。通过桌台的旋转，杯测师可以方便地在座位上喝到所有的样品。咖啡液直接吐到水槽里，节省了拿吐杯的麻烦。每个水槽里放一只马克杯，用来装杯测勺或是接水漱口。在繁忙的产季，这样的设计可以为杯测师节约不少体力，减轻身体负担，把注意力集中在对样品的杯测上。

　　另一个显著的区别是，雀巢使用了自己设计的杯测表。侯老师说，他们并非不

产季样品杯测

图雀巢的杯测表

认可 SCA 的杯测表，但因为每天要杯测的样品很多，而包括小农户在内的供应商都在外面焦急地等待杯测的结果，他们必须用一套更快速高效的打分逻辑来作出采购决策，以减少供应商等待的时间。在雀巢咖啡中心，所有的样品通过杯测将被分为 1 级、2 级和 3 级，被划分到 1 级或 2 级意味着样品达到了雀巢的采购标准，其中 1 级原材料对应的是 Nespresso 等高端产品线，2 级原材料则对应雀巢 1+2 等平价产品线。随着雀巢产品线的丰富，1 级原材料通过反复杯测还会被分为 1.1 级、1.2 级，像感Café 的产地挂耳系列使用的就是 1.1 级的

雀巢咖啡中心团队

原材料。如果换算成 SCA 的杯测分数，这些生豆都已经超过了 80 分。

结束了园区的参观，我们回到会议室，4 点钟王海在这里准时等待我们的访谈。从他从总部调职到雀巢咖啡中心的过程到他对于咖啡行业的看法，王海对我的提问知无不言。我们的访谈持续了将近一个半小时，整个过程中我们没有被其他的任何事务打断。王海说："收到你们通知说下午到，我特意将本来放在下午的会议提到上午开完了。"

访谈结束后，王海郑重其事地问我们："你们觉得今天的参观和访谈是否达到了你们的预期？"他的询问让我们感受到了雀巢这家企业对我们极大的尊重。在离开雀巢咖啡中心前，我们提出请雀巢咖啡中心的 26 位员工一起合影的请求。王海开玩笑说："那你们动作要快点，再晚几分钟我就要付加班费了。"

虽然拜访雀巢的时间只有短短几小时，但我对雀巢的研究和资料搜集早已开始。作为一家历史已经超过 150 年的跨国企业，雀巢坚持的长期主义使它在入驻云南咖啡产区后的 30 多年里持续不断地投入，这才成就了它和云南咖啡之间这段值得诉说的故事。在雀巢内部，企业遵循的价值观和管理哲学也有着某种迷人之处，在和 Jo、侯老师、王海这些雀巢人的互动中，雀巢的企业价值观也在得到印证。

雀巢的百年中国路和扎根云南的三十年

雀巢诞生于 1867 年瑞士日内瓦湖畔一座叫作沃韦（Vevey）的小镇。品牌名称 Nestlé 来源于创始人 Henri Nestlé 的姓氏，因为姓氏中的"Nest"含义为鸟巢，刚好符合雀巢当时想要提供安全、营养的母婴食品的品牌形象，创始人 Henri Nestlé 直接采用了鸟巢图案作为品牌标志。时至今日，雀巢的品牌标志几经改动，但标志主体的鸟巢图案依然沿用了下来。

作为一家野心勃勃的食品公司，雀巢在创立 7 年后就派代表来到香港注册了"鹰唛"炼奶的商标，成为鹰唛炼奶在香港的独家经销商。1908 年，雀巢在上海开设贸易办事处；1920 年，雀巢在香港开设了雀巢产品有限公司；1982 年，台湾雀巢股份有限公司成立；1984 年，雀巢在广州开设了第一家办事处。但在这一阶段，雀巢的在华业务只维持在"占坑"初探水平。直到 1987 年，改革开放的持续深化让雀巢这家外资企业坚定了深耕中国市场的信心，雀巢在黑龙江双城投资建设了第一个奶区，这标志着雀巢在中国只供商品不做产品的策略成为过去。

恰逢 20 世纪 80 年代，雀巢时任 CEO 的汉穆·茂赫确立了雀巢的发展愿景，就是致力于成为全球食品领域最大的公司。为了实现这一愿景，雀巢制定的战略是：通过并购符合雀巢中长期战略目标的本土企业，快速实现全球范围内的规模化效应。因此，经历了 100 多年的持续观望后，雀巢加快了在华业务的收购步伐，在食品饮料领域一路高歌。1988 年，雀巢收购了东莞糖酒集团有限公司，成立了以生产速溶咖啡为主营业务的雀巢东莞有限公司。1996 年，雀巢大中华区总部在北京成立。1999 年开始，雀巢收购和合并了一系列本土品牌，进入爆发式增长期。许多我们从小耳熟能详的品牌，背后的股权架构都有雀巢的身影，比如银鹭、徐福记、广州五羊。

与通过快速并购扩张业务版图这一策略同时并行的，还有在本地建立自己从田间生产到消费端的完整供应链。汪若菡在《创造共享价值》中提到，雀巢在经营上的特色就是，各国的工厂在为本地生产产品的同时，尽可能地使用本地原材料和雇佣本地员工，这一点在侯老师的访谈中也得到了佐证。在电话沟通和访谈中，侯老师不止一次地强调："雀巢有一个不成文的原则，原材料本地化，我在这里建工厂，我就希望从这里找到原材料。"在成立东莞的速溶咖啡厂的同一年，雀巢就决定入驻云南，在中国发展本土咖啡种植业。

无论是从投资回报还是企业管理的角度考虑，在当地投资农业，从零开始建立供应链，都是一个漫长和艰难的过程，但雀巢认为，从中长期来看这是一个各方都能从中获益的决策。对雀巢来说，通过使用本地原料、包装材料和人工可以节约供应链成本，形成规模化效应。而且通过对供应链每个环节的影响，雀巢可以保证最终送到消费者手中的产品的品质，建立品牌与本地消费者深层次的情感联系。对当地的供应商来说，那些为雀巢提供原料的农民以及提供包装仓储物流等服务的公司，可以从和雀巢的合作中获得长期稳定的利润。对当地社区来说，雀巢通过日常经营而非做慈善的方式，推动着本地经济的长期可持续增长，当地人民的生活水平在这样的正向循环中可以实现稳步提升。

1988 年，雀巢将落脚云南的试点选在了思茅地区，也就是今天的普洱市。虽然当时保山的潞江坝地区仍保有一些咖啡树，但这些从 50 年代的计划经济时代遗留下来的咖啡树已经几乎没有什么产量。经过多方调研论证，雀巢认为处于北回归线附近的普洱，昼夜温差大，降水量充沛，并且属于中海拔区域，非常适合种植咖啡。

当雀巢派到中国的第一任农学专家包德带着种植咖啡的可行性研究报告出现在当时的思茅地区行政公署时，当时的政府官员被说服了，同意拿出 5000 亩土地让雀巢试种咖啡。在 1988—1992 年，思茅地区下属的各个县依托供销社系统成立了十几个国营咖啡公司。雀巢为这些国营咖啡公司的农场提供种子、农业培训和技术协助，并且承诺收购这些公司生产的咖啡生豆。

在云南，超过 90% 的农户耕地面积不超过 10 亩，这些小农户零散地分布在云南各地的山区，信息闭塞，交通不便。任何一家企业想要在云南当地采购农产品原材料，最方便的方法就是直接通过当地的公司和中间商。到 1997 年，东莞咖啡厂生产速溶咖啡粉所需的小粒咖啡已经可以全部从普洱获得，也就是说，雀巢完全可以直接通过当地的咖啡公司获得足够的原材料。随着每年雀巢在云南当地采购咖啡量的提升，云南当地也出现了一些大型种植户和有一定规模的中间商，当时雀巢收购咖啡原材料的主要供应商就是这些中间商、大型种植户和国营咖啡公司。

但是，对于打算长期深耕咖啡产区的雀巢来说，最终的理想模式是和小农户合作。根据雀巢在全球 80 多个种植基地的经验，只要与小农户建立起长期稳定的关系，教给他们正确的种植和管理技术，小农户每年提供的咖啡品质可以很稳定，并且管理成本比那些单一种植的大型咖啡园更低。通过和小农户直接合作，雀巢可以将原本支付给中间商的 20%～30% 的利润直接支付给他们。这不仅可以进一步提高当地农民的收入，还可以稳固他们作为供应商和雀巢之间的关系。只是，对于 1992 年初来乍到的雀巢来说，要找到这些零散分布的农户并一一说服他们跟着自己种咖啡，实现起来未免有点太难了。于是，经过十多年循序渐进的准备，雀巢在 2002 年将采购模式转变为"以小型农户合作为主"，并将原本设在昆明的农业服务部和咖啡采购站迁到了思茅。

2014 年，登记在雀巢供应商名册中小农户的比例已占到了 72%，每年贡献的产量占到了雀巢采购量的 40%。2015 年，随着雀巢的咖啡采购量越来越大，工作人员越来越多，雀巢农业服务部和咖啡采购站搬进了位于木乃河的工业园区，也就是我们今天看到的雀巢咖啡中心。

在过去的 30 多年里，雀巢从未以盛气凌人的姿态俯视云南这片土地，而是肩负起了自己作为跨国企业的社会责任，用长期的付出和诚信赢得了云南当地众多小农户的信任，在普洱真正扎根了下来。在刚刚入驻云南的头几年里，雀巢经历了只有投入没有收益的连续亏损，和雀巢同一时期入驻云南的麦斯威尔早已宣告退出，但充满韧性的雀巢却坚持了下来。背后支撑着雀巢的，既有着眼于长期利润的企业战略目标，更重要的是还有一群农艺师的默默坚守。

农艺师——雀巢咖啡中心的灵魂

在咖啡产业链中，农艺师往往是被忽视的一个职业群体。但在雀巢咖啡中心，农艺师是毋庸置疑的团队灵魂。从1988年第一任派到云南的包德，到2017年从雀巢中国的北京总部调到普洱的王海，雀巢云南业务的每一任负责人无一例外都在农业方面有着丰富的经验和各自擅长的领域。比如第4任专家杨迪迈（Jan de Smet），在来云南之前曾在非洲布隆迪的咖啡农场工作过21年，为雀巢在菲律宾指导过当地的咖啡种植，对咖啡种植到生豆加工的每一个环节都十分精通。杨迪迈离开后，他的

儿子邬特子承父业，接手了杨迪迈在云南的职位一直到2015年。而2017年调任雀巢咖啡中心的王海，在大学毕业后一直从事的是农产品进出口和农业原材料采购相关方面的工作。每一任总经理到任后，都必须到种植基地去了解农户的真实情况，在雀巢建立可持续发展农业的战略框架下，为当地制定可提升的策略。

侯家志是目前雀巢在职时间最长的农艺师之一。从1997年加入雀巢担任西双版纳试验农场的"场长"，到2002年调入思茅雀巢农业服务部，再到2015年迁入雀巢咖啡中心，侯家志经历了从范士良到王海6任总经理的轮换，从跟着外国专家们学习

雀巢农艺师侯家志介绍园区内的咖啡试验品种

咖啡知识和技术的"咖啡小白"成长为如今独当一面的资深专家。25 年的职业生涯里，他见证了雀巢在云南一步一步扎根的过程以及雀巢对云南当地现代咖啡种植业的深刻影响。

侯家志是广西人，1986 年他考入了华南热带作物学院（现已并入海南大学）。说起考农学的原因，侯家志当时的考虑很简单："我农村家里以前是种菠萝的，我就想毕业以后能回家帮忙种一下。"但是 1990 年毕业后他并没有马上回到老家，而是相继到海南三亚附近的一家研究所和中科院热带作物研究所工作了两三年。正值 90 年代的"下海潮"，1993 年侯家志选择了停薪留职，辗转去了珠海、深圳的工厂打工，

后来又到了东莞市的农业科学研究所负责花卉业务。当时雀巢在东莞一共有两个工厂，分别是雀巢咖啡厂和美极调料厂，他和雀巢的缘分就从这里开始。

起初，因为厂区要做绿化，雀巢工厂的人经常到侯家志所在的农业科学院花卉研究所购买鲜花。买花买了两年多后，有一天美极调料厂总经理的太太突然跟他说，雀巢正在云南建一个试验农场，需要找一个学热作的人去当 Manager，问他有没有兴趣。侯家志说，1995 年、1996 年那会儿外企还很吃香，很多人都想去外企，接到雀巢的邀请他就欣然同意了。

当时雀巢农业服务部经理汉斯·范士良（Hans Faessler）特意飞到东莞为他面

2005 年引进的哥伦比亚脱皮脱胶机

试。面试通过后，侯家志搭上了前往西双版纳的飞机。回忆起第一次来到西双版纳的情形，侯家志还历历在目。"我是1997年4月8号安排的机票来版纳，到4月16号我才回去的，差不多8天。当时是西双版纳一年一度的傣历年，每个村庄就像我们过春节一样，太漂亮了！"在了解了雀巢在西双版纳试验农场的工作环境后，侯家志又飞回了东莞。

过了几个月后，侯家志接到了雀巢的电话，问他想好了没有，什么时候过来上班。回忆起这段经历，侯老师对雀巢的人性化赞不绝口："他们决定把你派过来之前，要让你来看一下这个环境，看你是否同意接受这份工作。"1997年7月底，在东莞办好入职几天后，侯家志第二次飞到了西双版纳，这次一待就是5年。

其实这次来之前他本来做好了只待一年的打算。对于在广东经历过改革开放浪潮的他来说，西双版纳真的太偏僻了。但第一年的生活和工作，让他对西双版纳这座民风淳朴的小城有了好感，也让他真正体会到，雀巢的确是想在种植咖啡方面做点实事。"如果你没有亲眼看见你可能都不会相信，当时我所在的试验农场1997年11月7日开始正式对外服务，它的培训全部是免费的不收钱，那些咖啡公司的技术人员来学习，有些还要补贴路费给他们。在试验农场有自己的宾馆之前，还要租宾馆给他们吃住。当时雀巢的做法确实让人感到不可思议。"回想自己当时在西双版纳待了5年的原因，侯家志有些后知后觉："我估计当时确实感觉到雀巢有不一样的地方。"

说到试验农场的工作经历，侯家志滔滔不绝："试验农场最重要的一个作用就是示范，为农民示范怎么开垦土地，怎么保持水土，怎么保持生物多样性，等等。还有种植，种完以后这些种苗的塑料袋要怎么样集中处理。因为老百姓要看到才会相信，我们还要做实验，比如不同种植的间距（对结果的影响），有60厘米、80厘米、1米、2米还有1米5。"

1992年开始雀巢引入了很多卡蒂姆品种，包括今天还在广泛种植的有P3、P4和PT，试验农场曾是重要的育种基地之一。除了卡蒂姆以外，雀巢也试种了哥伦比亚、铁皮卡、Café、萨奇姆等。考虑到卡蒂姆具有良好的抗锈性，再加上它本身的品质也不赖，雀巢最终选择了卡蒂姆作为主要推广的品种。今天的雀巢咖啡中心，也是云南农业大学热作学院合作的品种试验基地之一，园区内种着上百棵已经试种成功的新品种，从挂果的情况看这些品种产量十分惊人。园区最里面还有一片育苗圃，用来培育咖啡种苗。

在加工处理方式上，雀巢也有过一些先驱性的探索。早在2005、2006年左右，侯家志和他的同事就曾为Nespresso系列所寻找的新风味制作了一批使用日晒和蜜处理法加工的云南豆样品（当时云南整个产区几乎都在使用水洗处理法）。差不多同时期，雀巢还引进了哥伦比亚的无水脱胶机并在农户中尝试进行推广，以减少水洗处理法产生的污水排放。但当时这台机器无人问津，直到2021年普洱当地针对咖啡处理产生的污水制定了治理政策，一部分种植户才开始试验无水脱胶法。

2002年，雀巢决定将原来主要向国营咖啡农场和中间商采购的模式转变为直接向小农户采购为主，除了工作地点调到了思茅，农艺师的工作形态也发生了很大的

雀巢的农艺师团队（从左到右依次为：翟盾、李孙强、侯家志、胡晓琼、罗正阳、陈文春）

变化。过去，培训和技术指导主要在国营的咖啡农场进行，农艺师每个月可能有20天都在国营农场度过。现在，由于小农户的种植面积比较小且分布很零散，他们未必愿意为了一个种植的问题主动来找雀巢询问。要想让雀巢的技术指导和农业服务覆盖尽可能多的农户，最好的办法就是一家一家去找他们。

雀巢办公室里挂着一副"咖啡地图"，上面记录了每一家为雀巢提供生豆的农户的供应商编号、名字和种植面积等信息。雀巢目前登记在册的供应商约有1200户，根据所在的区域和种植面积，所有供应商以100～300户为一组，每位农艺师负责1～2组。从2002年开始，侯家志就经常跟

着他的领导邬特一起去拜访农户，邬特也是侯家志在职期间共事时间最长的一任领导。邬特的车技和他的父亲杨迪迈一样娴熟，并且能记住拜访农户时走过的每一条山路。在和邬特的长期共事中，侯家志不仅学到了邬特在咖啡种植加工和品质鉴定方面的造诣，英文也突飞猛进。在出差的空隙里，侯家志喜欢用工作日记和手绘地图的方式记录下所到农场的具体位置、概况以及工作的细节和体会。虽然邬特听得懂中文，却讲得不太好，这样的工作环境强迫侯家志开始自学英文，以方便和邬特沟通。刚到西双版纳时，侯家志对英文还一窍不通，现在他不仅能用英文进行对话，甚至可以用全英文记录自己的工作日记。

雀巢农业服务部曾在 1999 年编写了一本《咖啡种植手册》，免费发放给所有种植户和咖啡公司。与咖啡公司相比，小农户之间的个体差异比较大，对咖啡种植的理解参差不齐，农艺师需要针对他们不同的情况对咖啡知识和种植技术进行普及和讲解。在和农户经年累月打交道的过程中，邬特和侯家志有一个共同的体会：中国的农户都非常聪明，学习新技术时领悟得非常快。很多时候，他们更需要的是观念上的转变和对咖啡市场持续的信心。

可持续发展农业和 4C 认证

在种植观念的转变上，雀巢最重要的影响就是引入了可持续发展农业和 4C 认证。早在 20 世纪 90 年代范士良和王道夫任职时期，雀巢就已经为云南的种植基地引入了可持续种植咖啡园。通过试验农场的对比，雀巢验证了草本—咖啡树—遮阴树的立体多样化种植模式长期来看更有利于保持水土和改善土壤肥力，有了遮阴的咖啡树结果品质更好，产量更高。相比单一种植园模式，多样化的立体种植模式更适合咖啡种植业的长期发展，这一点如今在产区当地已经达成了共识。

但仅仅是保持生物多样性还远远不够。作为全球最大的食品公司，雀巢关心的是如何让可持续发展的观念从头到尾贯穿供应链的每一个环节，而改良种植模式只是实现种植环节可持续发展的其中一个步骤。早在 2006 年，雀巢就开始为开展 4C 认证做准备。2011 年，在邬特主导编写的新版《咖啡种植手册》中，雀巢加入了关于 4C 认证的新内容。从 2012 年开始，侯家志开始主导了一项新工作，就是为帮助雀巢的

供应商通过 4C 认证。

4C 认证的英文全称是 The Common Code for the Coffee Community，于 2003—2006 年发起，2007 年 4C 协会正式成立，致力于在全球的咖啡产区建立一套可持续发展的生产实践标准。在 4C 认证的官网上，我们可以看到 4C 认证的目标是为了改善咖啡农业社区的生产者所面临的问题，包括提供公平和安全的劳动环境、提高咖啡农场的产量和利润、保护水源和土壤、保护生物多样性、协助生产者建设基础设施、建立可再生农业等。为了实现这些目标，4C 认证制定了分别对应经济层面、社会层面、环境层面的一共 12 条基本原则和 45 条生产标准，涵盖了从种植、施肥等田间管理到加工处理的各个生产环节。

参与 4C 认证体系的主体按照各自在咖啡供应链中的角色分为 5 类：认证机构、管理单位、供应商伙伴、中间买家和终端买家。认证机构负责处理认证申请、评审和颁发证书，目前全球共有 25 家 4C 认证机构，分布在 20 个咖啡生产国。管理单位则是各地像雀巢这样直接向农户收购咖啡生豆的大型采购商和贸易商。供应商伙伴是指直接从事咖啡种植和粗加工的农户和庄园，即咖啡的生产者。在 4C 认证的整个流程中，认证机构并不直接与咖啡生产者进行沟通，而是必须通过管理单位。截至 2020 年底，4C 认证已覆盖全球近 30 万咖啡生产者，其中超过 90% 是种植面积在 75 亩以下的小农户。

但 4C 认证对种植和加工的要求很严格，前期需要进行土壤测试等一系列鉴定，然后按照认证的要求投入设备和原料进行改进。更难的是，每次颁发的 4C 认证证书有效期只有 3 年，3 年后需要重新认证，对

4C认证
4C CERTIFICATION

4C（咖啡社区的通用管理规则）是目前世界上被广泛接受的、涉及咖啡种植、生产、加工和市场营销等供应链各个环节可持续发展的管理规则，旨在促进咖啡生产、加工和贸易的可持续发展。

为了帮助云南咖啡种植业与国际接轨，在当地政府和合作伙伴的支持下，雀巢公司从2012年起对部分咖农和咖啡公司开展了有关4C的免费培训。

自2014-2015年度采购季开始，雀巢在云南采购的咖啡豆全部经过4C认证，并主要出口到国际市场。

4C (Common Code for the Coffee Community) is a widely-accepted management rule worldwide. It relates to all links along the coffee supply chain, including growing, production, processing and marketing. It is designed to promote the sustainable development of coffee production, processing and trade.

In order to help internationalize Yunnan's coffee growing industry, Nestlé has, backed by the local government and our partners, carried out 4C-related free training among some coffee growers and companies since 2012.

Since the 2014-2015 procurement season, all coffee beans purchased by Nestlé in Yunnan have been 4C-certified, and most have been exported to international market.

4C 认证

改善后的效果进行追踪。早期，为了吸引和激励农户加入 4C 认证体系，雀巢承诺为农户缴纳 4C 认证的会费及土壤检测等费用，并且给予通过 4C 认证的咖啡豆更高的收购价。从 2015 年开始，雀巢收购的咖啡豆已经100% 通过了 4C 认证，没有 4C 认证的咖啡豆都将被雀巢拒收。

侯家志说："4C 认证不仅关心咖啡豆的品质和种植条件，它更关心农户的生活和工作环境，尤其是安全生产方面。所以我们去农户家的时候，不仅要教他们怎么施肥，还要看看他们的农药摆在什么地方，有没有和食物摆在一起。"在雀巢开始直接向小农户收购咖啡豆时，他们就要求货款必须通过银行转账或是支票。当时许多农户还没有一张银行卡，在雀巢的指导下他们学会了和银行打交道，也因此养成了储蓄的习惯。2014 年，雀巢为农户设立了子女奖学金计划，农户的子女如果考上大学，每人每年可以获得 5000 元。当农户们发现雀巢的提议和帮助确实让自己的生活更好了，他们就会非常乐意作出改变。

公平透明的交易环境

以低贱的价格向农民收购咖啡豆，这是雀巢经常遭到攻击的一个理由，但这类媒体报道中我们并未找到关于雀巢在产区收购咖啡的细节。在说到这个问题时，侯家志有点激动："我们每年产季之前都会做产量预估，就是为了了解全球的生豆库存和市场的需求，雀巢是跨国公司，收购报价完全是按照全球的市场行情来的。"2017—2020 年，确实是国际咖啡生豆期货价格比较低的年份，我们在云南当地也经常能听到庄园主和贸易公司们诉苦说，咖啡不赚钱。那几年确实也有很多农民因为咖啡豆价格不高，砍掉了咖啡树转而种植其他作物，但产量受到市场价格的影响出现波动，这本身就是农产品这类商品存在的一种共性。如果说雀巢真的强行压低咖啡的收购价，那么为何每年雀巢依然能从云南收购到上万吨的咖啡生豆，而没有受到当地供应商的集体抵制？雀巢的收购价到底是如何决定的？要回答这些问题，我们就得从咖啡生豆的全球交易市场说起。

全球的咖啡交易参考的价格基准是美国洲际交易所（ICE）发布的 C 型咖啡期货价格，这也包括了云南商业一级的阿拉比卡咖啡。影响咖啡期货价格最直接的因素是当年市场对全球生豆库存和消费量的预估，其中每年巴西的产量对期货价格的影响最大。根据美国农业部数据，2017 年巴西的咖啡豆产量是 5210 万袋（60 公斤/袋，相当于 312 万吨），2020 年这个数字上升到 6990 万袋（相当于 419 万吨），巴西咖啡超预期的供应量直接导致生豆期货价格降到了历史较低水平，在 110 美分/磅左右，同期云南商业一级的收购价约在 18 元/公斤。而 2021 年底，巴西遭遇旱灾减产，直接将咖啡期货价格拉到了 220 美分/磅左右，云南商业一级的价格也因此涨到了 33 元。

在巴西庞大的产量面前，云南每年 10 万吨上下的产量并不足以影响国际期货价格指数。但在咖啡现货交易中，国际买家还会根据对不同产区的采购需求量和生豆的品质给出一定的"升贴水"（也叫基差），雀巢也不例外。在国内的咖啡消费市场出现爆发式增长之前，由于云南咖啡生豆在加工处理上会有一些不稳定，云南咖啡的大货一直都是以贴水 7～10 美分进行交割的，偶尔出现品质非常好的批次可以获得平价的待遇。但随着国内对云南咖啡需求量的增加和云南咖啡生豆品质的提升，去年云南咖啡的现货交易价格一度出现了升水 1 美分的情况，这意味着云南咖啡很有可能即将告别贴水时代。

这种"国际期货价格指数 + 升贴水"的交易模式并不是雀巢的专利，而是国际咖啡交易市场通用的原则。在雀巢刚刚入驻云南时，云南咖啡的国际买家数量还很少，如今云南省内从事咖啡贸易的公司就有上千家，这些公司中不乏当年通过雀巢的培训培养出的竞争对手。如果雀巢的收购价显著低于市场价，供应商会直接用脚投票，将咖啡卖给出价更高的买家。

但情况恰恰相反，雀巢每天更新的收购报价，依然是农户和供应商交货时最坚实的参考之一。通过微信群，供应商每天都会收到最新的报价和采购信息，很多咖农还学会了自己用手机查看当天的纽约期货价格。虽然雀巢多年来一直在为农户提供无偿的技术指导和农业服务，但他们从未要求农户必须要将生产的咖啡豆卖给雀巢。农户可以根据雀巢的报价决定卖出咖啡豆的时机，也可以根据其他买家的报价自由选择将咖啡豆卖给谁。有了雀巢的报价参考，他们反而不用担心在和其他买家交易的过程中会因为信息不对称而被压价。

利用信息差向农民低价收购，虽然这种做法短期内可以创造一部分额外利润，但在雀巢的观念里，这种行为是短视的，不符合雀巢的长期利益的。农户一旦知道自己上当了，就再也不会信任你。而与农户之间的信任和合作，才是雀巢能持续屹立产区的根基，一旦失去就意味着雀巢过去30多年在云南的投入都将功亏一篑。所以雀巢不愿，也不敢这么做。

在雀巢看来，要提高农民的收入，最好的方法绝不是盲目提高收购价格，盲目提高收购价格反而会让产区在世界市场中被孤立。只有自由的市场竞争和公平透明的交易环境，才能真正有利于产区的长期良性发展。过高或者过低的收购价对农民来说都不是好事。极度波动的市场中，往往更容易出现投机者，最终吃亏的还是农民。而雀巢的做法更多的是帮助农民学会使用获取市场信息的工具，告诉他们如何用长期的眼光面对市场的波动，通过稳固产量让市场更加稳定。

王海向我们描述了一个和以往的媒体报道非常不一样的咖农形象，"我觉得我之前的那些农艺师做得非常好，现在整个普洱的咖农都学会了看期货。很多年前还没有家庭电脑的时候，他们半夜两点半、三点就起来去网吧看期货，就知道他们当天的价格能不能赚钱。所以那时候会去思茅的网吧的，不是那些爱玩游戏的，都是这些小老板守着看期货价格。"

谷贱伤农，这句出自班固的《汉书·食货志》的成语，如今却经常遭到断章取义和滥用。这句话的原文是："籴甚贵，伤民；甚贱，伤农。民伤则离散，农伤则国贫，故甚贵与甚贱，其伤一也。善为国者，使民毋伤而农益劝。"意思是说：粮食的价格贵了，老百姓会受害；粮食的价格便宜了，农民会受害。只有相对平衡稳定的价格，才能让大家都受益。面对咖啡价格的波动，侯家志也一直在说："咖啡就是一种饮料，它的价格不应该太贵，也不应该太便宜。"他的观点与东汉时期的班固不谋而合。

创造共享价值和"集中—分散型"的管理模式

"创造共享价值"是哈佛大学教授迈克尔·波特和哈佛大学肯尼迪政府学院高级研究员马克·克莱默共同提出的一个概念。创造共享价值的过程是指企业通过重新构想产品和市场、重新定义价值链中的生产率和促进企业所在集群地的发展等方式，在创造利润的同时为社会提供新的价值，解决社会问题。在访谈了近100位雀巢的员工后，汪若菡决定用《创造共享价值》这一书名来点明雀巢这家跨国食品公司长期所坚持的企业战略和经营哲学。

与一些进入中国市场就水土不服的外企不同，雀巢这家瑞士企业在中国市场获得了巨大的成功。雀巢并购的中国企业迄今为止经营良好，而雀巢的供应链也成功实现了本地化，尤其是在保留着高度乡土性的农业社区。汪若菡在《创造共享价值》的开头提道：作为一家拥有几千种产品，业务横跨80多个国家和地区的超级大公司，雀巢庞大的组织背后，隐藏着一套"集中—分散型"的管理模式，这也是雀巢在并购本土企业后，本土企业仍然能够保持自主性和创新性的秘密武器。

对于已经比较成熟的收购业务，雀巢总部给予充分的自主性，强调长期战略的执行而不过多干涉企业的日常经营。而对于像农业这样需要从零开始建立的业务，雀巢总部往往把更多的精力放在前期的调研和团队设计上。只要确保总部的长期策略符合当地的情况，当地的团队认可了这一目标并且在能力上可以胜任，雀巢就会充分尊重员工个人的工作方式。这一点普洱的雀巢咖啡中心团队就是一个最好的案例。

王海说："瑞士总部为咖啡板块制定的长期目标是，到2025年雀巢采购的咖啡豆20%以上来自于可再生农业，到2030年这个比例将上升到50%。现在每个国家都有一个总部统一评估的工具，这个工具适用于所有的市场，根据评估的结果再来制定每个国家应该专注的点是哪一些，比如有的国家可能是土壤，有的国家可能是水，有的国家可能是生物多样性。这些方向还是总部设定的，大的方向下面根据每个市场的不一样再做一些调整。"

农业服务板块在雀巢内部属于技术部门，雀巢在全球15个国家都有农业服务团队。早期像包德、范士良、杨迪迈这些农业专家都是由雀巢瑞士总部和法国雀巢研究中心直接指派到云南的。中国的雀巢咖啡中心也是雀巢在全世界唯一一个咖啡中心，除了农业服务，它还覆盖了采购、仓储、物流、出口等功能。雀巢咖啡中心的负责人向技术部直属的咖啡品类经理汇报，主要负责原材料的采购，而咖啡终端产品的研发和销售则由市场部门的咖啡BU负责。因此雀巢咖啡中心与雀巢中国市场部的咖啡BU属于相互独立的部门。但在日常的业务沟通中，不同部门之间的衔接非常顺畅。比如感Café系列的云南风味盒，就是由雀巢咖啡中心挑选的精品咖啡批次。有时公关部也会有一些采访任务需要雀巢咖啡中心的配合，他们也会全力协助完成。"麻雀虽小，五脏俱全，我们很多部门只有一个人，需要我们农艺师协助他们，所以

农艺师每个人都是万金油。而其他国家的农艺师是不辅助采购的，他们的采购属于贸易部。"侯家志骄傲地说。在产季繁忙的时候，咖啡中心的每个人都可能要参与杯品，因为每天等待交货的样品实在太多了。

2014年加入雀巢，2017年从北京总部调任到普洱咖啡中心，总经理王海和侯家志这样的农艺师一样，在为雀巢工作的8年里经历了飞快地个人成长。"毫无疑问总部对我寄予厚望，因为在我之前的6任农艺师都是老外，我是第7任，也是第一个接手雀巢咖啡中心的中国人。虽然我之前从事的也是农业原材料方面的工作，但老实说和咖啡并不是非常相关，我到底能不能把咖啡中心的工作做好，这是总部的一个担忧。我过来以后，其实还是花了很多时间跟我的同事跑了产区的各个地方，去了解整个咖啡的最上游和最前端，同时我对下游市场也做了一些了解。"

"我发现整个产区从种植技术、田间管理再到初加工，我们的咖农已经掌握了比

雀巢咖啡中心总经理王海

较成熟的技术，不管是经验还是认知都在一个比较高的水平，但我们也觉得在种植运营方面还有机会提高。所以我过来之后，引入了很多的利益相关方，比如肥料公司，比如设备公司，让他们也来加入这个供应链。因为我相信他们在某一方面的专业技术会比我们的农艺师和咖农更高，能给咖农提供更专业的指导。所以我就希望引入这些以后，能把整个产业做得更细，更有竞争力。比如有咖农会说这家的肥料很贵，另一家更便宜。我跟他说不要只去想投入的事，要看最后的产出哪一家更好一些。我也会让肥料公司自己去算，把计算好的投入产出比告诉咖农。所以其实过去这些年，我们主要是引导咖农在运营的思路上有所提升。"

从北京总部到普洱咖啡中心，王海也感受到了两边在工作氛围上的巨大差异："我在北京总部的时候，走路都要走得快一点。那时候雀巢在北京的办公室隔壁一家是美团，另一家是阿里巴巴，有时候半夜十点十一点，他们的楼还是亮着灯的。到这边来之后，相对每天的工作节奏会更像上班一点，八点半上班，五点半下班，但我本人还是会根据工作量来计划时间。我们这边主要是一线的工作，更偏向执行层面。"

Good Food，Good Life

"雀巢最吸引我的价值观就是 Good Food，Good Life"，这是王海加入雀巢至今体会最深刻的一点。"Good Food"的理念首先就要体现在雀巢对原材料品质的把控上。在北京总部工作时，王海曾经解决了一个谷物类的原材料在品质方面的问题。

当时他们收到的原材料偶尔会有一两个批次不合格需要退货，这就导致工厂在生产计划上需要调整，造成很多损失。在王海接手后，他从农业技术等相关方面入手，从水、土壤、品种等源头上对整个原材料的供应进行了改善，确保收到的原材料尽量不出问题。

因为雀巢和农户之间是长期合作的关系而不是一锤子买卖。对农户来说，退货会产生额外的运费，这批原材料他们还要另找买家卖掉。既然大家都不开心，不如从源头上来避免拒收的发生。这也是雀巢咖啡中心在普洱推行质量培训的原因。侯家志说："我们在安排质量培训的时候，也会根据供应商的拒收率和种植的情况来分配名额，拒收次数比较多的我们会优先安排。如果既有大公司又有小农户，我们会优先安排小农户参加培训。"

但原材料品质的提升和雀巢最具优势的速溶咖啡产品线并不冲突。说到这几年逐渐兴起的精品咖啡，王海有自己的见解："其实整个咖啡产业发展，一定会有一个生态系统，我们仍然需要商业上的主流产品线，同时我们也需要一些风味比较特别的豆子，因为总有一个群体会喜欢这种消费方式。但这个群体的规模终究有多大，是需要市场去验证的，这是一个宏观层面的趋势。"侯家志也表达了自己的看法："其实你懂英文，你应该知道 Specialty Coffee 它原来不是精品咖啡的意思，它属于一个翻译的错误。在雀巢我们不说精品咖啡，我们说中高档产品，比如 Nespresso，雀巢手冲大师，还有感 Café 都属于中高档。不管是所谓的精品咖啡还是商业咖啡，它应该都是属于市场的，需要市场买单。你看法国人他就喜欢比较酸一点的咖啡，德国人就喜欢浓一点的。雀巢每年还会采购很多中粒种（就是罗布斯塔），因为东南亚人特别喜欢中粒种。咖啡市场是个大蛋糕，我们任何一家公司都只能分到这块蛋糕里的一小部分。虽然说雀巢的量很大，但雀巢依然没有能力左右市场。"

实际上，雀巢并没有因为自己所占据的市场地位而停滞不前。在雀巢的市场部有一个创新办，负责产品方面的一些创新和研发，一开始帮我们联系采访的 Jo 就来自创新办。2021 年底雀巢发布了感 Café 的

云南咖啡风味盒，雀巢咖啡研究院与炬点咖啡合作的云南咖啡风味地图项目也同期发布。2022 年雀巢咖啡研究院赞助了云南精品咖啡社群（YSCC）发起的云南咖啡公路之旅项目。从这一系列动作，我们不难看出雀巢正在积极拥抱面对中国市场的新变化。但作为一家跨国公司，雀巢在公共领域的表达极度克制。没有疯狂的广告投放和过度营销，雀巢选择了用新品的发布来表达自己对云南咖啡的新期待。

炬点咖啡：马丁治好了我的精神内耗

2022 年的情人节，中国邮政开出的第一家邮局咖啡在厦门正式营业。开业那天，一个"老外"带着充满感染力的笑容，骑着怀旧款的中国邮政自行车，扮演一位为大家投递云南咖啡的邮差。原来，邮局咖啡这次与 Torch 炬点咖啡实验室（以下简称"炬点咖啡"）发起的"山人计划"正式联名，在门店内上架了"山人计划"的云南原产地咖啡豆作为原料制作的咖啡饮品。而这位"老外"正是炬点咖啡的创始人 Marty Pollack，中文名叫马丁。

实际上，大部分的咖啡从业者对能说流利中文的马丁老师并不陌生。自炬点咖啡 2015 年成立以来，马丁作为国内为数不多的咖啡品质协会 CQI 认证的 Q - Grader（以下简称 Q 课）导师之一，一直在为咖啡从业者开展咖啡培训工作。2021 年上半年，瑞幸推出了云南红蜜处理 SOE 系列，炬点咖啡正是这支咖啡豆背后的生豆供应商。2021 年 12 月，雀巢感 Café 系列正式上线了云南咖啡风味盒，炬点咖啡与雀巢感 Café 共同研发的"云南咖啡风味地图"项目成果也同步发布。而这一次与邮局咖啡的合作，是炬点咖啡第一次以产品联名的形式正式出现在大众消费者的视线中。

在普洱当地，马丁的成功引起了一些人的好奇和猜测。有人将马丁的成功归功于他身上的犹太人基因，也有人说"外来

的和尚好念经"。但我想，在现代商业社会中，没有一家成熟的咖啡品牌会仅仅因为一个人的脸孔或者血统就拍板与他的合作。退一步讲，如果说他与第一家知名咖啡品牌的合作，其中尚且带有运气的成分，那么，随后马丁不断得到其他咖啡品牌的青睐，就不能完全说是偶然了。

作为曾经上过马丁老师 Q 课的学生，我非常喜欢他风趣开明的讲课风格。但课程日高强度的时间安排，让我们并没有机会真正了解马丁老师和他一手创办的炬点咖啡背后的故事。生活中的马丁是一个什么样的人？是什么让他选择了咖啡，又来到了普洱？这些年来，他和炬点为云南当地的咖啡产业做了什么？对云南咖啡和中国咖啡教育的未来他又有什么样的展望？他的成功又能为云南的咖啡产业带来哪些值得借鉴的经验？带着这些疑问，我给马丁老师打了电话，邀请他作为访谈对象参与到这本书的项目中。在听了我对这本书的出版计划后，他表示愿意尽力帮助我们完成这本书的创作。

我们原本约定的访谈时间是一个工作日的下午，我如约来到位于公园一号的炬点咖啡实验室。马丁老师比原计划晚到了一会儿，他非常抱歉地对我说，因为临时需要照顾家人，今天的访谈计划需要暂时取消。为了保证我们的访谈过程能尽量不

（一）

（二）

炬点咖啡

受其他工作的干扰,他约我第二天的早上7点在炬点门口见。这个时间安排看似不同寻常,但实际上非常合乎情理。在忙碌的产季,他白天无法做到有连续的一两个小时来参与我们的访谈。选择在这么早的时间开始访谈,是他在如此繁忙的日程中最好的安排。

第二天,7点还差10分钟,我到达了炬点门口。3月初的普洱,此时的天还没有亮,从门店的玻璃大门望进去,店内一片漆黑。没过多久,马丁也到了,他带我来到二楼的培训室门口。在喝过一杯让人精神为之一振的肯尼亚咖啡之后,我们正式开始了访谈。

马丁的人生经历

马丁出生在美国南部的乡村,父亲在城里的餐厅工作,母亲是全职主妇,在家照顾他和他的4个兄弟还有一个妹妹。和大部分的家庭不一样,他和他的兄弟姐妹没有去过传统的学校,而是一直在家学习上课。从小马丁就喜欢做一些小买卖,八九岁的时候他就开始收购邻居的二手玩具来倒卖,到了13岁就开始到外面的餐厅去做一些兼职的工作。他的父母很支持他去做小生意,但从来没有给过他钱。

我问马丁,你那个时候到底是喜欢赚钱还是单纯喜欢干活。他说:"我就是喜欢干活,我记得我9岁还是10岁的时候跟父母说我准备搬出去了,我很不喜欢学习,然后他们都说你还太小你做不了什么工作,我就想自己可以独立一些,工作一点也挺好的。然后那会儿也不怎么花钱,跟现在差不多。"

和现在不一样的是,那时候他不喝咖啡。虽然父亲每天都会喝咖啡,但那时候的黑咖啡又焦又苦,只有加奶加糖才能喝得下去。父母只允许孩子们喝黑咖啡,他们自然不喜欢这个味道。

到了十几、二十岁的时候,他决定出去看看,只是还不知道去哪儿。有一天他认识了一个长住在甘肃的墨西哥人,听他讲了很多中国西北的见闻,说要不你夏天有空的时候就过来看看。2005年的夏天,他决定要来中国了,此时这位墨西哥朋友已经从甘肃搬到了青海,于是他的目的地也从甘肃变成了青海。在青海民族大学学中文的时候,他遇见了来自世界各地的留学生,还有来自全国各地的少数民族学生,这种多文化多民族的环境一下子就把他迷住了,他想,要不就留在青海吧。

刚到青海的头两年,马丁跟着一个湘西的哥们儿学做虫草生意,还把虫草卖到了马来西亚和香港。直到2008年,一个美国的哥们儿手上刚好有一个便宜的店面,那时候青海的房租还不贵,他们想着在那里每天除了买卖虫草,也没其他事可干,就开了一个小咖啡馆。当时国内还没有什么精品咖啡,咖啡馆行业还是星巴克、上岛和两岸的天下,马丁他们的初衷也只是想做一些没那么难喝的咖啡。于是,当时还完全不懂咖啡的马丁从门店运营到烘焙,再到进口生豆,一点点地开始学习,为此还请了当时SCAA(现已和SCAE合并为SCA)的认证老师来教,又派了同事去美国和欧洲学习。后来他们买了一台台湾产的5公斤烘焙机,拥有了一个带食品生产许可证的小烘焙厂。

在马丁和朋友的运营下,咖啡馆从一家店面发展成了拥有糕点中央厨房的连锁品牌。在这个过程中,他发现很多想开店的人，要么懂咖啡不懂生意，要么懂生意不懂咖啡。为了让这些想开店的人不亏钱，他决定开始做咖啡教育。只是当时沿海地区想开店的人，不太愿意跑到青海来学习，于是2014年，他把咖啡教育的基地选在了中国的咖啡原产地——云南普洱。

炬点咖啡和"山人计划"

刚到普洱的马丁，人生地不熟，但他还是一点一点地建立起了自己在普洱的大本营——炬点咖啡。

炬点咖啡成立时的定位是要做咖啡教育和烘焙豆品牌。最初炬点的模式比较传统和简单，就是找一家咖啡厂代工，销售品质比较好但价格比较接地气的咖啡豆产品。在说到这一点时，马丁说："我非常反感有人用性价比高来形容他的定位，我觉得他们是在用性价比这个说辞来掩盖产品差的事实。"

要提高烘焙豆的品质，最根本的途径是使用更高品质的生豆原材料。我们现在看到的"山人计划"，不仅用了来自云南本地的精品生豆，也有来自缅甸、越南等东南亚其他产区的生豆。但实际上，"山人计划"这个项目的出发点和背后所投入的工作，要远远大于一个烘焙豆品牌。

在2014年的云南，还很难找到精品等级的生豆。此时，曾经在也门的咖啡原产地游历过的马丁，也希望能通过培训咖农改良咖啡种植和加工技术，改变生豆贸易原本靠市场吃饭的传统模式。于是他开始邀请国外其他庄园的咖啡技术专家来国内做培训，和咖农一起进行一些小批量的生产实验。这就是"山人计划"的雏形。

项目初期最大的困难，就是如何说服咖农放弃一部分商业级生豆的生产，投入精力和资源进行精品生豆的实验。起初，马丁希望用大城市里一杯咖啡的零售价来打动咖农。"我对咖农说，你们现在种的咖啡，在大城市里可以卖到三四十块一杯，咖农都不相信，觉得我在胡说八道。"由于炬点咖啡的咖啡课程会带来许多来自一线城市的咖啡师学员，他把学员带到咖农面前，亲口告诉他们城市的咖啡店里咖啡卖多少钱一杯，但大部分人还是不信。

对价格和市场前景只有口头上的承诺，这对不喜欢风险的咖农来说并不奏效。本来当时马丁已经打算通过自己承包一块地，建立一块示范基地来让咖农相信高品质的生豆可以卖出更好的价格。但咖农听了他的计划，说如果你有自己的基地，你就是我们的竞争对手。一听这话，马丁马上决定放弃自己的基地承包计划，选择将自己和咖农绑定在一起，通过预购的方式将咖农的风险转移到自己身上。

当咖农听说不需要承担风险，又可以获得更好的价格，响应的人马上多了起来。这个模式很快又被推广到了印度尼西亚、老挝、印度等其他产区。当地的庄园通过培训将所学到的技术应用到新产季的生产中，每年将实验得到的几百公斤生豆通过空运寄给马丁，再由马丁经过烘焙，以"山人计划"的名义上架销售。2017年，第一批"山人计划"的产品上线，到今年已经是第5个年头。

"后面有几个胆子大一点的，他们觉得我们也可以尝试。然后我记得我们第一次听到有人愿意用自己的豆子去尝试新的加工方式，不让我们承担这个风险，我就特别的开心，因为我们也没多少钱。但是区别是，我们相信这个东西的存在，他们不

"山人计划"是炬点咖啡早期的咖啡烘焙品牌

信。所以说谁信谁就用钱来说话，别老是去说自己多么的信，那没用。我说我信这个东西，所以我愿意为它买单。"

马丁的生意经

对于从小就热衷于做生意的马丁来说，无论是卖虫草、开咖啡馆还是做咖啡教育和生豆贸易，这些生意的本质都是简单而清晰的：低买高卖，创造利润。但在他的认知里，并不是所有有利润的生意都符合他的价值哲学，他所认可的生意模式还需要符合一条基本的经济原则，那就是个人的收入必须和个人的付出有关联。正是这

上课中的马丁

样的价值哲学，让他选择不再从事虫草生意，而是转向了咖啡。

开咖啡馆很难赚钱，这几乎是整个咖啡行业的共识，更何况是在 14 年前咖啡消

（一）

（二）

炬点咖啡与奥莱咖啡合作的咖啡鲜果处理厂仓库中的"吨袋"

费市场几乎空白的西北省会。马丁在青海开的第一家咖啡馆，至今仍在营业（因为团队离开青海已经转手）。对他来说，相比大城市，小城市虽然人流量小，但租金和各方面的运营成本更低，反而是一个优势。他相信，只要提供好的产品和好的服务，客人自然会来。在咖啡馆没生意的时候，为了让咖啡馆盈利，他尝试了很多的办法。有一些办法很"土"，比如去路边发宣传单，主动拉客人到店里来，然后把这群客人变成信任他们的人，再去分享给更多的朋友。有一些办法很创新，像是在咖啡馆举办活动，在店面多了之后开始使用中央厨房进行配送，等等。虽然一开始开咖啡馆的初衷只是为了充分利用一个闲置店面，但既然开了，他就每天挖空心思想着怎么学好咖啡的知识技能，怎么把业务做好，让咖啡馆赚钱。

当然，也不是每一个生意都是赚钱的。他曾经被不守信用的合作伙伴骗过，也因为项目本身的模式亏损过。像"山人计划"这个项目，咖农每年生产的实验性批次并不一定都能获得很好的风味，品质没有达到预期或是实验过程中产生变质的生豆，他依然会按照原先说好的价格进行收购。国外的咖啡庄园生产的实验批次，每年只有几百公斤，只能通过空运到达国内。"这是绝对亏的一个项目，因为我们空运过来三四百公斤的豆子，不管从哪里来都是亏，但是我们觉得这不叫亏，这个叫宣传和分享，而且你亏也亏不了太多。然后就开始测发过来的豆子，有的真的好喝，有的说实话一般，但是做咖啡就是这样。"

在做生意的过程中，他也有过困惑。曾经和他一起做虫草生意的哥们儿，有一次在给供应商付款时，没有按照原先说好

的金额付款，而是少付了一点。他非常不理解，但他的哥们儿告诉他，其实这个供应商并没有不高兴，而且下次还会继续和他合作。果然没过多久，这位供应商又带着礼物来拜访了。后来他也理解了，在这件事情中，没有人的利益真正受损，但在以后的经营中，他依然选择坚持自己的合作方式，就是透明和诚信。

2021年马丁为瑞幸定制加工了1000吨的云南红蜜处理生豆。在精品咖啡的供应链中，庄园每个产季能进行加工处理的咖啡豆产量有限，风味好的批次往往供不应求，无法满足像瑞幸这样的全国性连锁品牌全年的需求。这也是精品咖啡长期以来只能作为小众消费品存在的原因。而马丁采用的大批量定制模式，解决了精品咖啡生豆供应链在供应大型连锁品牌时容易遇到的库存不足和品质不稳定的问题。

在谈到他的商业模式时，马丁说："我觉得一个企业或是一个行业的成功者，不是说重复地做同样的东西，而是真正有一些实际的创新。每年都有一个精益求精的态度，我去年做得好我就享受一下，但是享受完了半个小时还是要回去干点活，去想我不足的地方在哪里，我怎么做得比现在更好，然后继续往前走。"到了今年，马丁的设备供应商和配方在行业内已经非常透明，但他从不害怕任何人模仿他的模式，因为今年他又在做新的创新。

"人是一个公司真正的核心"

在腾讯出品的创业纪录片《燃点》中，马丁说道："如果我们最好的员工离开了怎么办，那我们就去找到新的最好的员工。"马丁说，他说这话并不是出于自负骄傲，

不在乎员工的离开，相反，他非常理解尊重每一位在炬点工作过的员工的个人选择，因此才能坦然地接受他们离开的选择。"我期望从我这里出来的人，能因为他在这里待过的时间而变得更好。如果他在这里工作的时候能和我一起讨论生意模式和商业理念，最后能够自己出来创业，我会非常开心。"

豆豆是炬点咖啡最稳定的员工之一

"所以我觉得人真的是一个公司唯一的核心。因为你有好的人，你什么问题都可以解决。你没有好的人，你有钱也没用，你有资源也没用，你有啥都没用。"在炬点咖啡的日常管理和运营中，贯穿了马丁以人为本的团队哲学。有员工在拿到员工培训福利的第二天提出辞职，他也很坦然。"他在岗的时候有努力地干活，我给他工

资。他拿到了这个福利他要走，我当然不会很开心，但我也不觉得他做的是一个没有道德的行为。"曾经有因生育而休产假的女员工，因为家庭原因无法回到工作岗位，马丁会和她商量如何对她的工作内容和时间进行协调，以帮助她平衡家庭和工作。

豆豆是地道的北京人，3 年前在北京开咖啡馆创业失败后，本来只打算来云南散散心，结果待了一个产季后就直接到炬点入职了。现在她是炬点生豆贸易业务的负责人。

云南咖啡的变化和未来

从 2014 年到 2022 年，8 年的时间里，马丁亲眼见证和参与了云南咖啡在品质上巨大的提升和变化。"过去全行业基本上只做传统的大货，普通的水洗豆，也很少有人会去喝，本地也没有几个人会去做杯测。采购商有的时候会杯测，但是农户不会。一开始出现变化就是人们开始喝自己种的咖啡，然后发现咖啡是有不同的，不仅仅是大小和外观。"往年的贸易模式，是根据生豆的外观品相决定价格。当人们发现有一些咖啡确实是好喝的之后，就开始有人提出生产"非标准"的咖啡。

正如"山人计划"刚刚开始的阶段，咖农害怕承担实验失败造成的风险，于是他和咖农一起，从每年一两百公斤的量开始做，哪怕是亏损也不会亏太多。一直到现在，咖农已经开始自己尝试各种各样的处理方式。"虽然每年会有一些浪费，但这个是研发一个必然的过程，所以大家愿意去尝试，也发现这个是有出路的。"

在马丁看来，云南的精品咖啡崛起并不是由政府或任何机构在短时间内发起的

一场浩浩荡荡的革命。它开始于一个个小小的农户和一家家小小的独立咖啡馆。在过去的8年里，这些星星之火渐成燎原之势，越来越多的庄园开始加入精品咖啡的生产实践中，一幅遍及云南各个咖啡产区的精品咖啡地图由此逐渐浮现。而我们今天看到的一些开始使用云南精品生豆的咖啡品牌，实际上是在看到了产区自发的趋势后才开始真正加入进来的。

但在国内外的咖啡生豆市场中，云南的精品咖啡依然面临品质"天花板"较低和相对价格劣势的双重挑战。马丁认为，在和国际上其他产区的横向对比中，云南的精品咖啡虽然难以收获像巴拿马瑰夏或是顶级埃塞那样高的杯测分数，但如果是和其他产区同等价位的咖啡豆PK，云南咖啡已经可以做到打平或者是超越。妨碍云南咖啡品质进一步提升的原因，并不是来自卡蒂姆品种，实际上哥伦比亚和危地马拉的许多咖啡都是卡蒂姆品种，只是改了名字。对整个产区来说，未来可以改良的方向是在气象监测、土壤管理、施肥、环保等方面。和一线城市如火如荼的咖啡消费浪潮相比，云南产区当地的基础农业技术还处在相对落后的状态，这需要政府和研究机构共同在这方面增加投入。

在价格上，云南咖啡在内销时因为不需要进口关税，在国内的精品咖啡市场上存在一定的产区优势。但在国际市场上，由于欧美国家的精品咖啡消费需求量普遍比较大，来自埃塞俄比亚的G1等级生豆加上进口关税以后，在当地一公斤售价可能只要100元人民币左右，而在国内只有五六十元一公斤的云南咖啡，加上关税以后的售价也要100元人民币左右。这就导致了云南精品咖啡在出口方面存在客观上的价格劣势。

关于云南咖啡的未来，马丁的看法非常理性。正如精品咖啡的过去是从一个个小农户开始，未来云南咖啡的发展和变化，也一定是落足于每一个个体。"也许我错了，也许我太土了，但是我觉得就是这样。"如果说想把普洱咖啡真正推广出去，云南作为产区必须要跟消费者建立起一个精神上的连接。这种连接一方面建立在产品品质的基础上，另一方面可以通过发展产区的文旅产业来吸引更多人来到普洱。

"现在愿意过来的人特别多，但是整个普洱可以玩得不多。像小凹子这样的庄园只有一个，你去一天小凹子可能很好玩，但如果你真的待几天，你来炬点喝个咖啡打个卡，你有什么好玩的？炬点不过就是个咖啡厅。如果我们有几个招牌的庄园和好多个小庄园，咖啡旅游就能成为普洱的一个名片。外省的客人来到普洱，就能和普洱咖啡真正建立一个情绪上的连接。哪怕我不会永远买这个庄园的咖啡，但是我会永远对它有好感，我回去会和周边的人分享我这个假期去干什么，我会带他们去城市里的咖啡厅点一杯普洱咖啡，然后才给他们讲故事。"早在2011年，马丁就在危地马拉建立了自己的小型旅游庄园。在普洱，这个想法他也已经计划了多年，但如何获得行政审批是他目前面临的最大难题。

关于咖啡教育

在马丁刚刚开始从事咖啡教育的时候，国内的咖啡培训还不普及。有人曾经问他，咖啡不就是放在嘴里吞下去吗，为什么还要学。在青海的咖啡馆创业的过程中，马

（一）

（二）

咖啡庄园游是炬点每期 Q 课安排的固定项目

丁和他的伙伴从零开始学习，认识到教育对于企业的发展有相当大的好处。"我们不是做培训，而是我们去接受培训，发现这个东西有价值，觉得该分享。"

在他的观念里，咖啡培训一定不能脱离岗位的一线工作。"为什么鲜果加工处理课我们开得多？因为这两年我们天天都在跟鲜果打交道，它不是一个理论，它是我们真正在做，融入我们身体的东西。"如果一个课程只能传授理论的部分，而不能把实实在在的工作和技术联系在一起，这样的课程在他看来是完全没有价值的。"我不是爱咖啡而做咖啡生意，我是做咖啡生意而爱上的咖啡。从这个出发点倒推，我认为我们教授的东西必须有价值，你学习之后可以真正应用它，然后把你的职业发展和生意做得更好，你才有过来学习的必要。"

这两年有很多爱好者开始学习咖啡课程，对这种现象马丁也从一开始的纠结逐渐变得释怀。"我记得很清楚，第一个爱好者学生过来自我介绍的时候，他说他学过一点手冲，也买了一台烘焙机，学了一点烘焙。我当时很挣扎，觉得他肯定是被忽悠来的，所以我就一直观察他。在课程结束的时候我问他，你觉得这个值吗？因为对我自己来说，我对很多东西感兴趣，但我不会花几万块钱去学。结果他说，他觉得超级值，因为这个过程中他既学到了新的技能，又能沿着他喜欢的话题结交到几个新的朋友。之后我就没有这种挣扎的心态了。因为别的行业其实也是这样，就像有人就是因为喜欢红酒，就跑到欧洲的各个酒庄去喝一圈，然后报一个红酒品鉴课，没有人会觉得不正常。我觉得咖啡也是一

样的。但是不管是内行人还是外行人，他都应该睁大眼睛搞清楚这个课程到底是干吗的。哪怕他非常清楚他只是为了一张证，我也没有必要拦着他，因为大部分的内容还是要靠他自己真正的努力去学。"

在访谈的两个半小时中，马丁表现出来的坦率和真诚，让访谈的过程格外舒爽流畅。面对任何来找他寻求合作或是支持的人，他的态度总是开放和明朗的。他不会去顾虑他的谈话内容会冒犯谁，而只会真实而直接地表达出他的观点。

在回顾过去人生的种种决定时，我几乎听不到马丁的任何焦虑和犹豫。无论是第一次来到中国选择了留在青海，还是后来决定放弃虫草生意，开始从事咖啡教育事业，他做决定的过程听起来总是轻松明快的。相比需要等到深思熟虑万事俱备才开始执行他的计划，他宁愿在行动的过程中去一步一步思考和完善，努力做到最好。当事情的结果并不那么尽如人意时，他也可以坦然接受，然后重新思考如何改善，或是马上开始下一个项目。面对行业和市场的困境，他不会去追随市场的潮流，而是选择主动做一个创新者，去寻找能改变困境的方法，避免陷入持续的精神内耗中。

开放的态度和日复一日地创新，是马丁身上最鲜明的两个关键词。马丁的诚信和直接也让炬点在过去 2 年里陆续吸引到一些头部企业的合作。我想，这为咖啡行业里那些总是对明天忧心忡忡的从业者提供了一个很好的案例，只有选择主动去创新而不是盲目跟随市场的潮流，才能获得不害怕的底气。大浪淘沙过后，市场和社会终将给予他们应得的回报。

参考文献

1. Adriana Farah. Coffee Production, Quality and Chemistry [C]. London: The Royal Society of Chemistry, 2019.

2. Andrea Illy. Rinantonio Viani, Espresso Coffee, The Science of Quality [M]. America, Elsevier Academic Press, Second Edition, 2005.

3. Franz A. Koehler. Coffee for the Armed Forces: Military Development and Conversion to Industry Supply [M]. QMC Historical Studies Series II, No. 5, Washington D. C., 1958.

4. James Hoffmann. 世界咖啡地图 [M]. 王琪, 谢博戎, 黄俊豪, 译. 北京: 中信出版集团, 2020.

5. Jiayi Ma, Jinping Li, Hong He, Xiaoling Jin, Igor Cesarino, Wei Zeng, Zheng Li. Characterization of sensory properties of Yunnan coffee [J]. Current Research in Food Science 5, 2022, 1205 – 1215

6. Scott Rao. Coffee Roasting: Best Practices [M]. 2020.

7. Steward Lee Allen. 咖啡瘾史: 一场穿越 800 年的咖啡冒险 [M]. 简瑞宏, 译. 广州: 广东人民出版社, 2018.

8. United States Department of Agriculture, Coffee: World Markets and Trade [R], 2023.

9. William H. Ukers. All About Coffee [M]. The Project Gutenberg EBook, 2009.

10. World Coffee Research. Arabica Coffee Varieties [OL]. https://varieties.worldcoffeeresearch. org/varieties.

11. World Coffee Research. Sensory Lexicon [OL]. https://worldcoffeeresearch. org/resources/sensory – lexicon.

12. 陈德新. 中国咖啡史 [M]. 北京: 科学出版社, 2017.

13. 陈治华. 咖啡加工学 [M]. 北京: 中国林业出版社, 2020.

14. 董文江, 张丰, 赵建平, 胡荣锁, 陆敏泉. 云南不同地区生咖啡豆的风.味前体物质研究 [J]. 现代食品科技, 2016 (32) 1: 290 – 296.

15. 董文江, 张丰, 赵建平, 谷风林, 陆敏泉. 云南地区烘焙咖啡豆的风味指纹图谱研究 [J]. 热带作物学报, 2015, 36 (10): 1903 – 1911.

16. 杜华波, 李学俊, 陈云兰. 普洱咖啡质量特征研究 [J]. 产业发展, 2018, 2: 17 – 20, 16.

17. 方英楷. 浅谈屯垦戍边思想的含义和由来 [J]. 兵团党校论坛, 1995, 1.

18. 韩怀宗. 第四波精品咖啡学 [M]. 北京: 中信出版社, 2023.

19. 韩怀宗. 世界咖啡学 [M]. 北京: 中

20. 黄家雄，罗心平. 咖啡研究 60 年（1952—2016 年）［M］. 北京：科学出版社，2018.

21. 李学俊. 咖啡栽培学［M］. 北京：中国林业出版社，2021.

22. 林蔚仁. 雀巢百年中国路［J］. 北京：中国工业和信息化，2018.

23. 隆阳区文学艺术界联合会. 云南省农业科学院热带亚热带经济作物研究［J］. 永昌文学，2022.

24. 罗群. 民国时期云南边地垦殖与边疆开发研究［J］. 学术月刊，2018（50）：159－174.

25. 明庆忠. 云南地理［M］. 北京：北京师范大学出版社，2016.

26. 桑多尔·卡茨. 发酵圣经［M］. 王秉慧，译. 北京：中信出版社，2020.

27. 汪若菡. 创造共享价值［M］. 北京：中信出版集团，2017.

28. 云南省地方志编纂委员会. 云南省志第三十九. 农垦志［M］. 昆明：云南人民出版社，1998.

29. 云南省咖啡产业工作组，云南省咖啡产业专家组. 2021 年云南省咖啡产业报告［R］. 云南省农村农业厅，2022.

30. 云南省咖啡产业工作组，云南省咖啡产业专家组. 2022 年云南省咖啡产业报告［R］. 云南省农村农业厅，2023.

31. 云南省统计局. 2022 年云南统计年鉴［R］. 2023.

32. 张明达，王睿芳，李艺，胡雪琼，李蒙，张茂松，段长春. 云南省小粒咖啡种植生态适宜性区划［J］. 中国生态农业学报（中英文），2020（28）2：168－178.

后　记

经过了将近两年的调研和写作，《云南咖啡》书稿终于告一段落。当我刚刚有了写本书的想法时，我对云南咖啡、对云南这个产区有着太多的好奇和疑问，而这本书的创作过程，也是这些疑问逐渐得到回答的过程。2024 年的开端，我再一次回到了云南。从德宏芒市、保山潞江坝到普洱，重新见到了曾经参与到这本书访谈中的老朋友，也算是和这个项目作一次短暂的告别。

和 2022 年相比，这些朋友都发生了显而易见的改变。大开河村梅子家的咖啡厅盖好了，每天来访的游客络绎不绝，门口的停车场几乎都是停满的状态。咖啡吧台的小伙伴们和梅子一样年轻，点单出品井井有条，咖啡厅旁的民宿尚未完工，但已经能看出结构和分区。一位过去做传统大货贸易的朋友搭建好了她的小咖啡厅，开始向每一位来的访客分享产地文化和更高品质的咖啡豆。最惊喜的发现，要属于来自德宏芒市的一位老朋友。两年前，他经历了一个合作项目的散伙，在寻觅了两年后，他终于找到了理想中的种植基地，并邀请我这次一定要去看一下。

可持续发展的终极价值是"幸福"

种植基地在一个村子里，因为处理厂的设备刚刚落成还没有正式投产，我们先暂时隐去这个村子的名字。正值产季，村里随处可见铺在地上晾晒的带壳豆，这些就是过去 20 多年供养着本村村民的商业带壳豆，当地人称之为"统货"，每年的产量可以到 500 吨。刚刚到达这里，朋友迫不及待地带我去看散落在村民的房屋周围的咖啡树。咬开从树上摘下的红色鲜果，里面的咖啡豆颗粒很大，体形饱满。刚刚经历完第二轮采摘，树上的挂果数量不多，还有一些绿果在静静地等待成熟。朋友说，虽然这里的咖啡鲜果有着很高的天然品质，但过去这里的村民一直习惯用处理统货的方式进行加工，导致这个村子在生豆信息的标签上失去了自己的名字。先天的优势只能为这里的咖啡豆赢得每千克多 2 块钱的溢价。

开着越野车继续往上爬坡，是朋友在这里与本地村民合种的瑰夏地块。在我们到达这里的前一天，村里突然遭遇了极端的冰雹天气，刚刚种下去没多久的瑰夏树苗，叶片上出现了黑色的低温冻伤。这里的海拔已经达到了 1600 米以上，朋友说，他没有给这些树苗喷防冻液，就是为了观察它们到底能不能凭借自身的抵抗力在极端气候下生存下来。只要这段时间这些树苗挺过去了，就不会影响后面的挂果。

当天晚上我们在村民家里的客厅喝咖啡到深夜。第二天早上，朋友带我们去村民家中吃杀猪饭。年关将至，最近这里的村民家家户户都在杀猪。到了村民家中，我们先是围坐在院子的空地上烤肉，带着焦香的腊肉和五花肉一入口便香气四溢。眼看着烤肉就要填饱肚子了，正式的饭菜又开始上桌。当地原生态的蔬菜自带清甜，不需要复杂的烹饪方式，只是简单煮汤就很鲜美。饭菜下肚，我们心满意足地回到村民家的院子里烘豆子。朋友直接拿出刚刚脱好壳的水洗豆进行分筛，大部分生豆都在 16 目以上，14 目以下及破损豆的数量很少。经过了几轮烘焙，这两天的水洗豆和日晒豆样品新鲜出炉。朋友说，接下来我要给村民烘他们要喝的豆子了。

自从他来到这里，开始和本村的村民合作种植和生豆加工，几乎每天晚上都会有村民到他这里来喝咖啡。人数最多的时候，一桶近 20 升的农夫山泉水只用一个晚上就喝完了。正烘着豆子，又有一位村民来找他，一边等着自己的口粮豆，一边问他今年自己家里的咖啡应该做成什么样。朋友告诉他，只要按照他的品质要求来做，几百公斤的豆子完全不用担心卖不掉。

吃过晚饭，我们又坐到了茶桌前，开始冲今天我们烘好的几个样品。水洗的豆子有明显的焦糖甜，日晒的豆子则有点杂味。朋友说，现在的条件要做日晒还有点问题，每次刚晒几天就突然下雨，导致一直晾晒不干，发酵也失去了控制，他正在研究引进干燥棚的技术方案，一定要做出好的日晒。

喝到夜里 12 点多，我们听到不远处传来民族乐器的奏乐声和村民的嬉闹声。原来，有一户人家明天要举办婚礼，按照习俗前一天他家会请乐手来演奏三弦，带领村民们一起"打跳"。虽然每个人的舞蹈风

格自成一派，但村民们脸上的笑容是幸福且相似的。舞到兴奋时，甚至有人举起了吃饭的小矮桌，和其他人打闹起来。

"打跳"的活动一直持续到凌晨，有点疲惫的我们只好先离开。回去的路上，村民跟我们说，这里地处中缅边境，有时山那头的缅甸在打仗，村里还能感觉到震动。前段时间缅北战事再次爆发，当缅甸正在炮火连天的时候，这边的村民还在一边听着炮火声一边打牌。这样的时刻，他们才真正体会到稳定带来的幸福。

是的，幸福。我突然茅塞顿开，这也许就是我最近一直在思考的问题的答案。这几年我们的行业和社会层面涌现了越来越多关于咖啡产业链可持续发展的讨论，似乎这一概念成为一种品牌营销的"口头禅"和官方理念，这反而激起了一部分从业者和消费者的逆反心理：咖啡产业链的可持续发展与他们无关，他们追求的是个体利益的最大化。与此同时，咖啡行业下游的市场竞争"内卷"日益加剧，从业者的生存压力过大，身体和心灵的健康状态被打破。对消费者来说，便宜的咖啡越来越多，一方面降低了日常消费的成本，另一方面却也增加了踩雷的概率，因为 9.9 元、8.8 元的单杯价格根本难以维持一杯高品质咖啡的成本，而品牌为争夺流量采用的营销策略不经意间提高了消费者对产品品质的预期，品牌的口碑反而遭到流量的反噬。

社交媒体的崛起，让我们容易被太多的声音和信息干扰，以至于常常忽略了流量现象背后的本质上，忘记了我们的初心。其实可持续发展的理念终究还是要回归到人类社会分工的本质：每个人在各自的位置上从事自己的工作，通过创造价值获得

满足生存和生活所需的劳动报酬和可投入再生产的收入，免于对饥饿、战争等风险的担心。

当我在孟连和今天的这个村子看到村民脸上流露出的幸福感，我彻底放下了我对可持续发展理念的质疑。通过生产品质更好的咖啡，为市场创造额外的价值，地区的产业和劳动者才能获得更多可分配的利润。但我们关心的不仅仅是咖农的幸福，咖啡产业链每一个环节的从业者和消费者都应该拥有获得幸福的权利。以创造和分享价值代替对有限资源的争夺和无限制地开发，也许是从业者面临产业困局时的唯一解法。

这本书的写作已经结束，但我在这个村子却看到了一个新的开端。在离开前一晚的"夜咖"环节，朋友对我说，未来5年，他将在这个村子里扎根，和这里的咖啡村民一起改进这里的种植和加工工艺，刚刚结束的2023年正是转变的开始。当下，我和他们约定，接下来的三到五年，我也将持续追踪这个村子咖啡产业的变化。每个产季，我都会来到这里亲眼见证新产季的咖啡被处理和加工的过程，并将这些记录分享给其他咖啡从业者和消费者。如果您对这个村子的后续感兴趣，可以关注公众号"两栖咖啡实验室"，并回复关键词"云南咖啡"来关注我们的动态。